不同舌式和耳式鞋

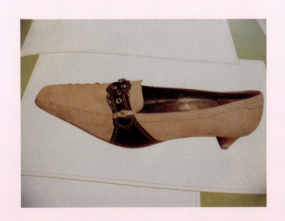

女 春 鞋

女 凉 鞋

女 秋 鞋

女 靴 鞋 (一)

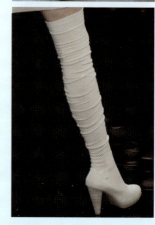

拉链长靴

鞋类设计与工艺专业系列教材

皮鞋设计教程

黎福明　编著

中国物资出版社

图书在版编目（CIP）数据

皮鞋设计教程/黎福明编著．—北京：中国物资出版社，2010.9（2014.1重印）
鞋类设计与工艺专业系列教材
ISBN 978 - 7 - 5047 - 3539 - 3

Ⅰ.①皮…　Ⅱ.①黎　Ⅲ.①皮鞋—设计—职业教育—教材　Ⅳ.①TS943.712

中国版本图书馆 CIP 数据核字（2010）第 168511 号

策划编辑　寇俊玲
责任编辑　张利敏
责任印制　何崇杭
责任校对　孙会香　杨小静　梁　凡

中国物资出版社出版发行
网址：http://www.clph.cn
社址：北京市西城区月坛北街 25 号
电话：(010) 68589540　邮政编码：100834
全国新华书店经销
中国农业出版社印刷厂印刷

开本：787mm×1092mm　1/16　印张：25　彩插：4　字数：652 千字
2010 年 9 月第 1 版　2014 年 1 月第 2 次印刷
书号：ISBN 978 - 7 - 5047 - 3539 - 3/TS·0042
印数：3001—5000 册
定价：**48.00** 元
（图书出现印装质量问题，本社负责调换）

内 容 提 要

　　本书根据鞋类设计人员的思维方式，对鞋样设计的原理、步骤、操作要领作了细致的描述，同时结合企业实际情况，参照学校教学模式对旧有的鞋类设计数据比较繁杂的形式进行了精练的简化，列举大量的图例进行分解，使基础差的学员也能在短期内掌握所需要的知识。

　　全书重点讲述：脚型与楦型的基础认识，鞋类平面转换为曲面的原理，鞋款设计实例分析，鞋底部件的设计等。

　　本书特别适合用做制鞋企业和学校培训教材，也可作为专业技术人员提高素质的参考。

前　言

随着我国制鞋行业的转型和发展，人们对鞋的要求已从穿着提升到艺术的审美上。对鞋的要求不只是对脚起保护功能，同时兼顾舒适和保健作用，对鞋的功能进行分类，以配合个人的穿着对环境所需，对人的整体服饰起衬托协调作用；在鞋的工艺制作上也要求设计者对鞋各部件之间饰物搭配能考虑到综合的配套美化作用（如装饰配件、鞋用材料、工艺创作等）；而在鞋的设计上又要考虑鞋用材质、艺术造型、个性特色、地域连锁化、品牌效应等。鉴于市场对鞋产品品牌及质量不断提升，有志于服务与推广鞋业发展的技术人员综合素质也不断提高，笔者结合多年从事鞋的工作经验，联系理论与实践，编《皮鞋设计教程》作为技术设计参考资料，供鞋类设计人员学习和提高个人的综合素质。

本书针对皮鞋帮样设计的原理在设计应用中应注意的事项、步骤，作了更详细的描述，同时根据鞋的实际情况，按鞋的品种进行分类，按皮鞋类型进行原理分层次展示鞋帮设计过程，把教学理论与实际操作有机地结合起来，将具体的鞋款作了展开和显示，尽量做到由浅到深，逐步提高，以基础为主，引导思维的开发与创新，使学员在掌握了原理的同时，再结合实际需要来进行款式的变化，起到"举一反三"的作用。

本书所列鞋的图例、数据、尺寸等供参考，以此为引导，再结合市场的具体要求来设计鞋款，要加强设计者自身对美术和艺术的修养，同时要善于收集有关资料进行研究，提高自身对物体审美的视觉能力，多练习创作思维的开发和创新，同时在鞋款设计中反复训练，要做到多动脑、多动手，真正把造型独特兼有艺术线条的"非直非曲"之造型概念更好地反映到鞋的设计创作上来。

在编写过程中，得到广州白云技师学院各位教师的大力支持和帮助，特别是第四章第八节靴鞋设计实例，有从事鞋样开发多年经验的何泽兵老师提供资料，在此表示诚挚的感谢！

黎福明

2010 年 5 月于广州白云技师学院

目　　录

第一章 皮鞋的设计知识

皮鞋设计是现有企业或开发部门对鞋的产品进行制作的步骤之一,其制作属于鞋的前期开发一小部分,不同于早前集研发于一身的皮鞋设计要求,应属于企业内部前期的制作,技术人员多数是对照鞋的图纸(或鞋样)进行仿制和制取样板,而设计者应具备鞋产品造型开发的基本知识,包括美术基础、材料化工、模具知识、品牌营销等,本教材注重有关鞋样设计的基础,在掌握原理的基础上再进行鞋的设计和创作。

第一节 皮鞋设计的风格和色彩

一、风格

皮鞋产品的风格并不完全取决于设计者,这是因为皮鞋产品必须经过用特殊的材料精细加工,再经过众多员工的集体制作和创造。所以在不同的地区,它的风格往往还包括历史因素、风俗习惯、人情爱好、穿着习惯等。在新花样、新款式、新品种不断推陈出新的情况下,其风格也是在不断变化和发展的,最后才形成具有地方特色的传统产品。

形成独具风格的品牌产品有十个因素:

(1)质量的稳定性。皮鞋产品的牌子实际上代表了一个企业的信誉,而产品牌子信誉的基础是产品的质量,产品要取得用户的信任,首先要保证产品质量的稳定性。

(2)品种要有适应性。创品牌要做到产品适应市场消费变化的要求,尤其是适应一年四季穿着服饰的变化。

(3)产品结构要有特殊性。产品结构的特殊性,即产品结构要新颖,要有个性和特点,具有一种特色,不能老是仿制他人的产品造型、结构,跟在别人后面走。

(4)价格要有合理性。企业设计生产一个品种,要考虑两个方面,即品种经济效益和品种的价格是否合理,如果是没有效益的品种,这个企业是不会生产的,如果价格过高,也会失去市场竞争能力。

(5)品种的实用性、装饰性、新颖性。爱美之心人皆有之,在当前,人们物质文化生活水平提高的条件下,对皮鞋这个产品,只考虑其实用性已经不够了,必须符合消费者的意志和感情,人们穿着皮鞋除了劳动工作需要外还追求美化生活。

(6)商标使用的持久性。品牌产品是经过市场的长期考验,广大消费者长期穿用实践以后,才树立了信誉的产品;要用时间去经营所创立的品牌效应。

(7)广告宣传的必要性。广告是一门科学,也是一门艺术。说广告是科学是因为广告要反映流通领域的客观规律,要符合规律,要有科学性。说广告是艺术是因为广告要有创意、文字、图案、水彩、字体的艺术性。

(8)经营要有灵活性。随着国家搞活经济的一系列政策措施的执行,我国对外贸易日

益发展，城乡经济非常活跃，市场竞争日趋激烈，在这种新形势下，企业要发展就必须灵活经营，才能在市场竞争中开辟和巩固市场阵地，这是创品牌、保名牌的重要环节。

（9）产品数量要满足市场。一个受市场欢迎的品牌产品，如果不能大量生产，不能保证市场上有足够的供应量，消费者的需求得不到满足，那产品就得不到消费者的广泛认可，也就不可能成为品牌产品。

（10）服务工作的及时性。企业必须围绕自己的产品做好服务工作，对自己产品的使用价值在消费过程中负责到底，为用户介绍产品性能、特点、使用和保养方法，提供各种服务，为消费者解决"后顾之忧"。

以上十点是每个设计人员必须了解和掌握的，并且要掌握好开发、生产、流通、消费四个方面，才能更好地完成产品设计任务。

二、色彩

色彩是皮鞋设计中的一个重要因素，对皮鞋产品色彩的运用，需要研究现代消费者的心理和生活习惯，好的皮鞋设计，包括造型、色彩、材质加工，色彩在皮鞋造型设计中起到一定的作用，色彩可以说是一种专门学科。

1. 色彩的属性

（1）光与色。光与色是紧密相联的，在阳光照射下大自然呈现五颜六色，无光也就无色。可见的阳光，通过三棱镜之后会呈现红、橙、黄、绿、青、蓝、紫的鲜明光谱，如果将这些光合成，又成为白色阳光。

（2）色彩的要素。色相、明度、纯度三者称为色彩的要素。色相是指各种颜色之间的差别；明度是指明暗的差别，每一种颜色都有它们自身的明暗差别，另外，不同的颜色其明度也不同；纯度是指颜色的饱和度。

（3）色的调配。红、黄、蓝称三原色，用两个原色调配称为间色，用两个色相调配称为复色。

（4）色调的冷暖、对比、调合。红色看起来是暖色，蓝色看起来是冷色。"暖""冷"这两个词，只有当它们指的是某一颜色偏向另一个颜色的时候，才能获得它们的特有意义。把一种紫分解成蓝红看上去会是冷的，若是红蓝则是暖的。在图中处于相对位置的色彩，互为补色，由于它们之间没有共同因素，所以可以起到对比的作用，因而称对比色。而邻近的色彩，含有较多的共同因素，故为调和色。

（5）固有色、光源色、环境色。物体本身的颜色称为固有色，光源的色彩称为光源色，周围环境的颜色称为环境色，这三者都是同时存在和互相影响的。

2. 色彩的对比

不同色相、不同明度、不同纯度并列时相互衬托着相互对比的作用。

（1）色相对比。两种不同色相的颜色并置在一起，会产生强烈的对照，三原色中的红、黄、蓝互相并置会产生对比。

（2）明度对比。色彩明度对比有两种：一种是色相相同明度的对比。如淡红与深红，同是一种色相的色彩，因明度不同，产生了对比。另一种是不同色相与不同明度的对比。如淡红色与深绿色对比。

（3）纯度对比。色彩纯度离不开色相与明度。皮鞋色彩如何配置，没有一定模式，但一般有以下几种方法：

①同种色的调合。也叫同一色的调合，如淡红→红→深红等。

②类似色的调合。凡色相似的配置取得调合的效果。如红→红橙→橙，其中均含有红色，类似色相调合。

③对比色的调合。达到对比色的调合有几种方法，可把两色中的一种色彩的纯度减弱，比如红或黄（或白）配置时可用大红色或浅黄色，或两色并置时，可一色面积大一些也可一色面积小一些。还可在两色中间用金色、铝色、灰色间隔形成缓冲，取得调合效果。

皮鞋的鞋面和鞋里采用黑色和白色、浅色和深色的对比色，充分显示鞋面材料的质感，给人以明快、整洁感觉。

3. 皮鞋色彩的使用

皮鞋色彩使用的依据有两个方面：一方面根据社会时装的普遍色调，考虑同服装色彩的相互协调；另一方面考虑穿用对象、穿用季节和工作、生活的周围环境。就色彩来讲，儿童多数喜爱单纯、明快、活泼的色彩；男性青年人多数喜欢淡雅轻松、明快的色彩；女青年喜欢鲜艳、华丽、漂亮的色彩；成年人喜欢素净、庄重的色彩；其中南方人喜欢素雅明快的颜色；北方人喜欢庄重的色彩；从事文化、体育、卫生工作者喜欢暖色皮鞋；冬季人们更喜欢素静稳重的皮鞋。

皮鞋上色彩的使用，除注重对人们服装和工作、工作环境、季节的协调美要求外，还要考虑皮鞋自身不同色彩的对比和统一的美。

皮鞋上色彩使用常遇到的问题是用什么相互搭配才好看，这当中除了存在着色彩与调合的问题之外，还有人们的习俗爱好和社会因素，这就要求设计人员注意色彩的恰当运用和搭配。如红色使人感到炽热、奔放；黄色使人感到高贵、温暖、柔媚；蓝色使人感到深远、开阔；绿色使人感到活泼、娇嫩。春季设计淡雅粉红、淡玫瑰色、淡紫色及中间色的鞋类，以显示女性的青春健美、温柔、妩媚；男性穿着银灰色、桔黄色、淡棕色皮鞋，显得潇洒大方。

鞋类色彩的配色、谐调，必须从整体设计，才能出新意。这得从以下八个方面考虑。

（1）设计鞋类色彩，必须与流行色的服装结合。

（2）帮面色彩和装饰件色彩的配色，以谐调为上。

（3）多色彩帮面应突出主色调。

（4）帮底部件彩度相近组合一起，可以得到相得益彰的效果。

（5）帮跟部件的色彩明度上的差异不宜过大，这样配出的颜色既谐调，又受人欢迎。

（6）帮面造型与色彩的配合。

（7）楦型造型与色彩的配合。

（8）皮鞋色彩镶接。

三、世界各地喜欢的色彩

世界各国和不同地区，对色彩的喜好，往往因时代、国家民族、文化教育、风俗习惯、宗教信仰、政治因素不同而异。因此，在使用色彩时应该尊重各民族的风俗习惯、投其所好。

1. 亚洲地区

一般来说东方各国色彩同宗教、民族的关系比西方各国更为密切。

(1) 缅甸。爱好鲜明的色彩。

(2) 斯里兰卡。喜爱红色、绿色。

(3) 泰国。一般喜欢鲜艳色彩。

(4) 日本。金色、银色、白色、紫色，表示华丽、名贵。

(5) 马来西亚。金色象征长寿，绿色有宗教意义，黄色是王室所用的颜色。

(6) 新加坡。喜用红色，忌用黄色。

(7) 印度尼西亚。使用原色的红、黄，但也有明度＋1的白和水色，淡黄色和明度＋3的粉红、绿黄。

(8) 伊朗。粉红色、黄、水色、青紫和白、明度＋1的鲜红、红、绿使用较为广泛，其他是深色的藏蓝色和茶色。

(9) 印度。绿色和桔色被认为是好的，较为流行。

(10) 中国香港。喜欢鲜艳色彩，蓝色不太流行。

(11) 巴基斯坦。一般流行鲜明的色彩，其中以国旗的翡翠绿为最美。桔红色也较为流行。

(12) 叙利亚。伊斯兰教以黄色象征死亡，平时避免使用。以青蓝为最美，其次是绿色、红色。

2. 非洲地区

非洲处于热带，阳光强烈，一般喜欢强烈的色彩。

(1) 埃及。绿色代表国家，较流行，有的人常把蓝色看做邪恶。

(2) 摩洛哥。和大多数流行鲜明的伊斯兰教国家相比，摩洛哥较爱好稍暗色。

(3) 突尼斯。基于宗教，对色彩有各自爱好，流行绿、白、红色。

(4) 东非。除了白、粉红、水色这些浅色流行外，还有红、深黄、天蓝、茶、黑色。

(5) 西非。广为流行红、绿、蓝和明度＋1的茶、藏蓝和黑。

(6) 南非。红、白、水色、藏蓝的配色，引人注目。

3. 拉丁美洲地区

拉丁美洲对于色彩的爱好与欧洲相类似，一般是鲜明的单色。

(1) 巴西。认为紫色表示悲伤，黄色表示绝望，暗茶色象征将遭受不幸。

(2) 古巴。受美国影响很大，一般居民喜爱鲜明的色彩。

(3) 秘鲁。紫色在十月举行宗教仪式时采用，平时避免使用。

(4) 厄瓜多尔。红、绿、茶、白、黑色分别表示国内五大政党，一般不用上述五种颜色，黄色表示医药卫生。

4. 美洲地区

(1) 美国。一般来说，对色彩没有特殊爱好，红色表示干净，绿色被认为是庄重的颜色。

(2) 加拿大。除分散的部落中的各种宗教徒外，对色彩无特殊爱好。

5. 欧洲地区

(1) 奥地利。绿色最为流行，在国内广泛应用。

（2）法国。嫌恶墨绿色，东部男孩穿着流行蓝色，少女穿着粉红色。

（3）英国。喜欢蓝色和金黄色，红色被认为是干净的。

（4）德国。南方比北方流行较为鲜明的色彩，也用黄、黑、蓝、桃红色，与意大利相似，德国人不把黄色称黄色，把白色称为金色，喜爱金色和黑色的配色。

第二节　皮鞋的基本结构

皮鞋组合结构涉及类别、工艺等各个方面，因而它们的组合结构不胜枚举。

一、皮鞋品种分类

皮鞋品种可按不同方法分类，例如，按用途分为民用鞋、军用鞋、运动鞋等；按季节分为凉鞋、满帮鞋、棉鞋等；按制鞋方法可以分为缝制鞋、胶粘鞋、注射鞋等。以下简单介绍几种鞋类。

1. 民用鞋

人们日常穿用的统称为民用鞋，如男、女、童鞋；鞋面通风为凉鞋；面与里双层的为夹鞋，又称满帮鞋；鞋内絮有保暖里子的称为棉鞋或棉靴。

2. 军用鞋

供军人穿的鞋统称为军用鞋；军用鞋中有战士鞋和干部鞋，其中还分"海军""陆军""空军"等各种专用鞋。

3. 旅游鞋

旅游鞋属于体育运动员穿的运动鞋类中的一种，它原名"训练鞋"，也称健身鞋。其特点轻便、柔软，适于旅游者穿用，所以称为旅游鞋。在运动鞋中还有跑鞋、跳鞋、足球鞋、冰刀鞋、举重鞋等鞋。

二、皮鞋工艺分类

将原材料或半成品的加工方法和技术等称为工艺。所谓制鞋工艺，是将原辅材料或鞋帮与外底的结合加工成产品。这里讲述鞋帮与鞋底结合的"制底"方法，是根据鞋帮和鞋底的材料、款式、用途等分别采用不同的加工方法。

1. 皮鞋工艺

皮鞋标准中有模压皮鞋、硫化皮鞋、胶粘皮鞋和线缝皮鞋四种工艺。除此之外，还有注塑皮鞋和注胶皮鞋，合称为注射工艺。

（1）缝制工艺。线缝皮鞋的缝制工艺，除了插帮之外都要经过绷帮。

（2）胶粘工艺。胶粘工艺，鞋帮经绷帮黏合于内底，外底采用氯丁胶黏合。它不受外底模具限制，花色易变，工艺技巧较强，属高、中档轻型产品，适合高档场所穿用，也适用于旅游鞋。

（3）模压工艺。模压工艺中鞋帮与鞋底的结合有两种。一种是鞋帮与内底结合，在鞋楦上绷帮定型，然后转换于金属楦，再置于配有胶料的底模穴内经过模压机高温硫化制底。另一种是鞋帮与中底（帆布类）结合。

（4）硫化工艺。其鞋帮与中底的结合和套帮模压工艺相仿，以缝纫机缝合，不绷帮面

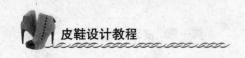

直接套上铝楦。其制底不受模具所限，要有底花纹的胶（片）底与其黏合，就进入硫化罐，经高温硫化，完成后启罐盖，取出楦即成。

该工艺工序最简易，生产效率最高。硫化鞋能防潮，稍能绝缘，适用于日常穿着，但对农村更适合。其缺点是产品成型和透湿性稍差。

（5）注射工艺。其制底工艺与模压工艺大致相仿。生产效率高，成本较低，塑料则能耐油、绝缘，注压工艺生产民用鞋、旅游鞋、劳保鞋都适用。

2. 皮鞋生产的工艺流程

皮鞋生产的工艺流程包括四个重要阶段：裁断、制帮、制底和整饰，各个阶段是由许多不同的工序组成的，由于制鞋工艺组合方法不同，因而各项工序安排的程序也不一致。

一般流程为：原料挑选—裁断—制帮—制底—整饰。

三、部件的组成及名称

鞋帮或鞋底是由若干个零件组合的，组织成为整件叫做组合。各个组成部件的搭配和排列叫结构。现代皮鞋主要是由帮面、衬里、内底、外底、主跟、包头、鞋跟、沿条等组成。

1. 部位对应

在足的上、下、前、左、右的每一位置称为部位，如第一跖趾、内外腰窝、踵心、踝上、腿肚等的位置，这些部位相对于鞋楦或鞋上的每一个位置，即为鞋楦或皮鞋的部位。

2. 部件

由若干零件组成的一个部分叫做部件。如鞋前包头、中帮、鞋耳等称为部件，也把零件和部件合称为零部件。皮鞋部件是根据形状，在鞋上所处的位置、所起的作用以及所使用的材料和性质而命名的。部件名称如表1-1所示。

表1-1 部件名称

名　称	定　义
前　帮	鞋帮前部所有部件
后　帮	鞋帮后部所有部件
包　头	前帮小趾端点以前的部件
中　帮	前帮小趾端点以后的部件
鞋　舌	跗背部位像舌头的部件
鞋　身	跗背部位像耳朵的部件
后中帮	鞋身与外包跟之间的后帮部件
外包跟	包于主跟外面的后帮部件
保险皮	起补强作用的部件（包括三角形、半圆形、长条形等）
前条皮	前帮中线上面压缝的条形部件
前帮盖	前帮中部的椭圆形的部件
前帮围	前帮边缘的U形部件
横　条	横装在跖趾部位的条形部件
鞋带条	绕过脚背的条带皮

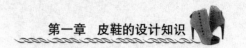

名　称	定　义
鞋钎皮	固定鞋钎用的皮
沿口皮	沿口、包口用的长条皮（包括宽、窄）
护口皮	保护鞋口的条形里部件
护耳皮	鞋身里面装鞋跟的衬皮
前衬里	前部鞋帮的里部件（一般采用布里）
鞋舌里	鞋舌的里部件（一般采用皮里）
后衬里	后部鞋帮的里部件（一般采用皮里）
后跟里	脚后跟部位鞋帮的里部件（一般采用皮里）
中　衬	在鞋里与鞋面之间的衬线、衬布
合缝衬布	后帮中缝合时里面的衬布
鞋　带	在鞋帮上，便于部件的提拉，保持鞋的原形
鞋带里	鞋绊带的里部件（一般采用皮里）
编织件	采用纺织皮革做成的部件
条　皮	成条带形状的部件（包括宽、细、直、弯）
毛　口	脚腕和鞋口部件的边缘安装的毛皮部件
反口皮	鞋口部位由里向外的翻转的部件
装饰件	起装饰作用的部件
嵌线皮	夹在两部件轮廓线间的条皮
靴　筒	覆裹小腿的筒形部件
靴筒里	靴筒的里部件
外　底	接触地面的鞋底（包括带跟与不带跟的成型底）
外中底	内底与外底中间的一层鞋底（包括各种材料）
内　底	接触脚底的鞋底
主　跟	脚跟部位鞋帮面与鞋里之间所夹的支撑定型部件
内包头	脚前端鞋帮面与鞋衬里之间所夹的支撑定型部件
沿　条	内底下面添加的半个内底形状的部件
盘　条	后跟部位与沿条连接的U形部件
半内底	内底下面添加的半个内底形状的部件
插鞋跟皮	装在盘条面上的皮革
鞋跟里皮	皮跟的每一层皮革
鞋跟面上	接触地面的鞋跟部件（包括皮革橡胶）

名　称	定　义
鞋跟固条皮	装鞋跟时垫平用的条皮
皮　跟	用皮革做成的鞋跟
胶　跟	用橡胶做成的鞋跟
木　跟	用木材做成的鞋跟
塑料跟	用硬质塑料做成的鞋跟
卷　跟	外底后跟口卷起来的鞋跟（包括高卷跟、中高卷跟）
压　跟	外底后跟口压住口的鞋跟（包括高跟、中跟、平跟）
长插跟	跟的长度达腰窝部位的鞋跟（包括高型、低型）
前　掌	外底面上腰窝以前的部件
前插掌	帮脚与外底间插进的前掌
装饰沿条	起装饰作用的沿条（一般用橡胶做成）
假皮跟	具有皮跟观感的鞋跟（里边是木跟或塑料跟）
包鞋跟皮	包裹在木跟或塑料跟外面的皮革部件
包内底皮	包裹内底边缘的皮革部件
鞋　垫	垫在内底面上与脚底接触的部件（包括泡沫垫）
鞋帮部件	鞋帮部件的总称

3. 部分部件的作用

（1）鞋帮。鞋帮是鞋的鞋底以外的部分，它是由帮面和衬里往往还衬上补强材料构成的。

（2）中帮。中帮是位于小趾端点以后的部件，是区别整个鞋的美观舒服、耐穿及屈挠要求的部分。

（3）衬里。泛指鞋帮的里子（内垫也属于里类）。它虽处于鞋的内腔，但对它的技术要求却不能忽视，它必须具备吸湿、耐磨、支撑耐折等性能，凡显露之处还需注意是否雅观。

（4）内底。位于鞋内底面接触脚底的鞋底称为内底，它在结构上是结合鞋帮和外底的主体。前半截底受曲挠作用及汗水的侵蚀，后半截底处架空部位，承受力不弱于前半截。内底要坚硬，要直接支撑人体并使鞋不致变形，它是皮鞋的基础，是重要部件。

（5）外底。位于接触地面的鞋底，又称大底，自腰窝之前称前掌，后端称后掌，它承受不同环境地面的冲击、摩擦，不仅保护皮鞋底部，而且对人体还要起缓冲作用。

（6）内包头。内包头衬托在鞋头的帮面和衬里之间，对鞋帮支撑定型，维持鞋形美观，部分劳保鞋的内包头还需采用金属片制成，以防重压伤趾事故。

（7）主跟。衬托在后帮面与衬里之间的硬衬，称主跟。它支撑定型，维护后帮鞋形，控制脚掌不偏于鞋腔。

（8）鞋舌。鞋舌位于鞋帮口门即跗背部位，它主要维护跗背，以防外界或鞋跟等戳脚，在某种式样上，也起到美观的作用。

（9）鞋跟。鞋跟位于外底后端，又称后掌，它起调节人体平衡以及缓冲等作用，也是磨损集中点。

（10）特殊品种。绝缘鞋、耐高温鞋、耐油鞋等。

第三节　脚型与楦型的关系

鞋楦是制鞋的主要依据，而人们的脚型又是鞋楦的主要依据，人类脚型的生长也和其他事物一样，有它一定的规律，不了解脚型生长的基本规律，就不可能设计出结构合理、符合脚型的鞋楦，也就不可能生产出穿着舒服的各种皮鞋。因此，设计人员必须掌握并且熟悉脚、楦、鞋三者的内在关系，才能完美地搞好设计。

一、脚的结构

"脚"，0～20岁随年龄在长大，20～25岁则生长缓慢，25岁以后则不再生长了。脚是人腿的下端，是接触地面支持身体的部分，是人体下肢的一个有机组成部分。

1. 脚的外形

脚的外形包括脚趾、脚背、脚心、脚弯、脚腕、踝骨、脚掌、后跟、腿肚、骨冈等，如图1-1所示。

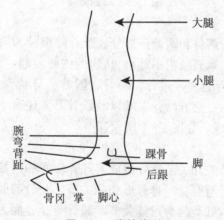

图1-1　脚的外形

2. 脚的骨骼

人体共有206块骨头，分成颅骨、躯干骨和四肢骨三个部分，共同组成了身体的支架。每块骨骼是由骨质、骨髓和骨膜三部分组成。而骨的主要成分是有机物和无机盐。老年人的骨含无机盐多，有机物少，故容易出现骨折，儿童则反之，故儿童鞋的制作要考虑骨骼易于变形，故肥度要加大，以避免后天性的畸形脚发生。

人体的下肢骨骼包括大腿骨（俗称股骨）、小腿骨（胫骨及腓骨）和脚骨，如图1-2（a）所示。

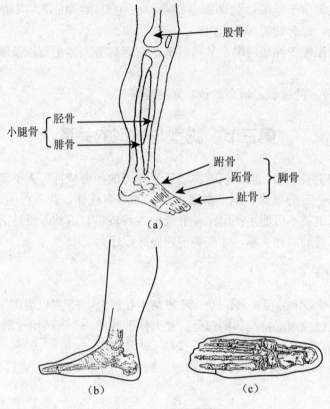

图 1 - 2 脚的骨骼

　　脚的骨骼包括：趾骨、跖骨和跗骨三部分。趾骨除拇趾为两节外，其余为三节，跖骨共有五根（第一趾叫拇趾，第五趾叫小趾），从脚的内侧数起，分别为第一、第二、第三、第四、第五跖骨，跗骨包括七块，跟骨、距骨、骰骨、舟状骨和第一、第二、第三楔骨（从脚的内侧数起）。在第一、第五跖骨末端以及跟骨下方还有小籽骨。总之，脚骨（除小籽骨外）是由 26 个骨块组成，如图 1 - 2 所示。

　　3. 脚的关节

　　关节是由关节囊、关节腔和关节软骨组成。各骨块间的连接就是活动连接。各骨块件形成了不同的关节，如股骨与胫骨、腓骨形成膝关节，距骨与胫骨、腓骨形成踝关节。各跗骨间为跗骨关节，跗骨与趾骨间为跗趾关节，跖骨与趾骨间为跖趾关节，各趾骨间为趾骨关节，跗骨与跖骨间为跗跖关节，跖骨与趾骨间为跖趾关节，各趾骨间为趾骨关节。

　　4. 脚弓

　　脚的骨块互相连接成的弓状结构称为脚弓。沿纵向的称为纵弓，沿横向的称为横弓，由距骨、舟状骨、三块楔骨和第一、第二、第三跖骨构成的称为内纵弓，由跟骨、骰骨和第四、第五跖骨构成的称为外纵弓。脚的横弓有两个，前横弓是由跖趾关节构成，后横弓由楔骨和骰骨构成。

　　脚依靠脚弓的结构和附着的韧带而产生弹性。人在站立或行走时，内外纵弓和后横弓始终保持弓状结构，但前横弓却不是这样。当人静止站立时，前横弓保持弓状；在行走时，当人的重心移至跖趾关节部位的瞬间，前横弓的弓状就消失。重心继续向前移动，前横弓又恢复其弓状。若脚的前横弓部分有关韧带受到损害，将失去弹性，前横弓下塌后，将会引起后横弓和内纵弓下塌，形成平脚。平脚的脚掌面是完全触及地面的，使脚的骨骼相互位移和变形。因此，平脚患者，若长时间站立或行走，脚就会感到劳累和疼痛，影响身体健康和工作效率，有时穿着前掌凸度过大的鞋，也会引起前横弓下塌，从而造成平脚。所以，鞋不适合脚是造成后天性平脚的重要原因之一。

5. 脚的皮肤和生理机能

包裹着人体最外层的覆盖物叫皮肤。在显微镜下观察的纵向切片，可以看见为三层组织。上面一层很薄，叫表皮层；中间一层很厚，叫真皮层；下面一层叫皮下组织。这三层是皮肤的主要组织结构。此外，还有附属的毛囊、汗腺、脂腺、脂肪细胞、血管、竖立肌等组织，如图 1-3 所示。

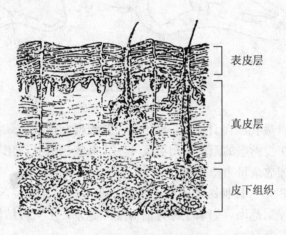

图 1-3　皮肤结构

在正常情况下，人体在神经系统的调节下，一边产生热量，一边又把过多的热量通过皮肤的出汗和皮下血管的扩张排出，以保持人体稳定的正常温度。人体散向外界的热量约 8% 是经过皮肤的，人脚也是一样，在外界温度为 14℃～16℃ 时，脚的皮肤温度变动于 20℃～32℃，脚掌面温度是人体最低的，脚背比脚掌高 1℃～1.5℃，小腿比脚背高 3.7℃ 左右，当外界温度为 10℃ 以下时，脚长时间泡在水里，就会冻伤。

脚部皮肤与人体其他部位皮肤一样，也能进行呼吸，不断排出 CO_2，并随着温度的增加而增多。

人在劳动和运动后，就会感到很热，并会出汗，出汗的数量不仅与劳动（或运动）的强度有关，而且与皮肤单位面积内汗腺的数量有关。脚心至脚前掌部位易出汗，而后跟、脚背等则较少。而汗的成分除水外，还含有机物和无机物，这些有机物在细菌的作用下容易分解成酸性，对皮肤有一定的刺激作用，腐蚀袜和鞋，并产生恶臭。

由于人体含有大量的水分，经常有水分从表面蒸发。在外界温、湿度正常，人处在静止状态下，脚主要是以水蒸气的形式排出体内的水分。当激烈劳动和运动时，则以汗的形式排出水分。

所以设计人员必须了解脚型的生理机能，选用符合脚型规律的鞋楦，还要熟悉材料的性能特点，使鞋既能保护脚不受外来因素的伤害，又穿着舒适。

二、脚型测量及规律

1. 脚的特征部位点

要了解脚型规律，就必须对脚的每一特征点的作用要掌握，如图1-4所示为脚的特征部位点示意。

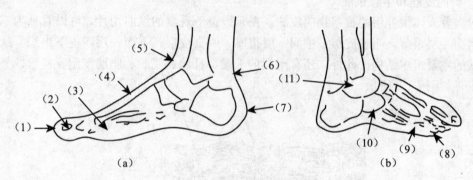

图1-4 脚的特征部位点

（1）脚趾端点（以最长脚趾计算）100%。一般指拇趾前端点，即按脚长来计算，自拇趾顶端至脚后跟点在投影点的距离，用英文小写l来表示脚长，用英文大写L来表示楦长，造楦时在此向前加放余量为楦头。

（2）拇趾外凸点90%。以拇趾最边沿点计算，在此边沿点确定前后±5毫米范围，一般为设计凉鞋内侧的控制范围，如条子凉鞋向后缩5毫米，不对称结构凉鞋向前移5毫米，作为凉鞋头型的控制参考尺寸。

（3）第一跖趾关节点72.5%。此点在第一跖趾最外侧，在此边沿点确定前后±5毫米范围，也可确定前后±5毫米作为凉鞋口门的控制尺寸范围，此点也是量脚围的基本控制点。

（4）前跗骨突点55.3%。在脚背中间最突处，是鞋的前、中帮分界处。

（5）舟上弯点38.5%。在距骨与胫骨交点，是鞋的中帮后端控制点，一般鞋舌的设计就在此点之前，往后设计就会出现顶脚背现象。

（6）后跟骨上沿点21.66%。脚后跟最凹处，是便鞋后帮高的控制点。

（7）后跟骨突度点8.68%。脚的后跟最突处，一般设计后帮整件部件时，作开口车缝位。

（8）小趾前端点82.5%。小趾前端位置，是凉鞋前端控制点，在此点的前后确定±5毫米范围，如向前5毫米一般设计不对称凉鞋或帮部件较大的凉鞋，向后5毫米是设计条子鞋的参考尺寸范围。

（9）第五跖趾关节点63.5%。在第五跖趾外边沿边，经过此点与第一跖趾关节点，用软皮尺量脚一圈，量出脚的围度，用英文S来表示。

（10）第五跖骨粗隆点41%。在第五跖骨末端有个明显的凸起，一般是浅口鞋外帮最低控制点，也是口型控制点。

（11）外踝骨中心下沿点22.5%。在外踝骨最凸处下面。

2. 脚型测量

我国的脚型测量以测膝盖以下为主，选用自然站立姿势进行，它比较接近运动的尺寸。站立尺寸较稳定，便于操作，而且必须赤脚测量。

测量脚型的主要工具有皮带尺或特制的鞋用布带尺、钢皮卷尺、游标卡尺、高度游标卡尺、竹制画笔及踏脚印器等，如图1-5所示。

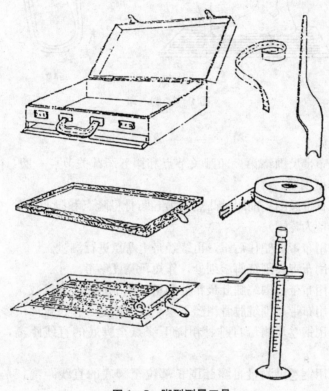

图1-5　脚型测量工具

（1）带尺，狭而柔软，用于测量脚型各个围长部位。测量时带尺呈平伏拉紧状态。

（2）钢皮卷尺及游标卡尺，用于测量各直线部位。

（3）高度游标卡尺，用于测量直线高度部位。

（4）竹制画笔及踏脚印器，用于画脚型轮廓线及踩踏脚印。先将脚型测量图纸平放在垫板上，然后在带木框的橡皮膜上涂上印色油，并覆在测量纸上，被测者直立，先将左脚踩在垫板上，然后将右脚缓慢而平稳地放在橡皮膜上，并使两脚用力相等。用画笔的弹齿尖端在橡皮膜上画出各标志点的位置，然后再用画笔的双齿垂直于垫板板面，在橡皮膜上沿脚的轮廓描画出脚的轮廓线。最后被测者轻轻而平稳地将右脚提起，即可取出脚印图纸，如图1-6所示。

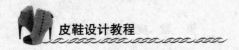

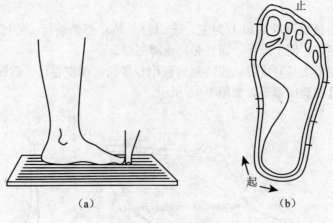

图 1-6 脚 印

直接测量方法如下：

（1）跖围。用布带尺围绕第一跖趾关节点和第五跖趾关节点一圈，得出尺寸的脚围，用 S 表示。也可作楦围度。

（2）跗围。用布带尺围绕前跗骨凸点，第五跖骨粗隆点和脚心凹处（在此跗围前为腰围，在此跗围后测量为背围）。

（3）兜跟围。用布带尺兜住后跟，再绕经舟上弯点进行测量。

（4）脚腕围。用布带尺围绕脚腕细处，作短靴宽度参考尺寸。

（5）脚肚围。用布带尺围绕腿肚最粗处测量，作中靴筒口宽度数。

（6）膝下围。用布带尺围绕腓骨粗隆下缘点进行测量，作长靴筒口参考尺寸。

（7）膝下高。用钢卷尺测量自腓骨粗隆下缘点至脚底的直线距离，是长靴高度参考尺寸。

（8）脚肚高。用钢卷尺测量自腿肚围长部位至脚底的直线距离，是中筒靴高度参考尺寸。

（9）脚腕高。用钢卷尺测量自脚腕围长部位至脚底的直线距离，是短靴高的参考尺寸。

（10）外踝骨高度。用量高仪测量自外踝骨下缘点至脚底的直线距离，是设计便鞋外帮高度控制尺寸。

（11）后跟凸度点高度。用量高仪测量自后跟凸点至脚底的直线距离，是设计鞋楦后容差的根据。

（12）舟上弯点高度。用量高仪测量舟上弯点（距骨与胫骨交点）至脚底的直线距离，便于确定鞋中帮后端控制点。

（13）前趾骨凸点高度。用量高仪测量自前跗骨凸点至脚底的直线距离，是决定鞋楦跗面高的尺寸，也是便鞋前、中帮分界点。

（14）第一跖趾关节高度。用量高仪测量自第一跖趾关节最高处至脚底的直线距离。

（15）拇趾高度。用量高仪测量拇趾前端的厚度，是决定鞋楦头厚、薄的主要尺寸，如图 1-7 所示。

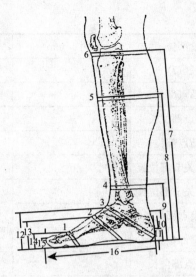

图 1-7　脚各部位测量位置

将测量结果记入表1-2。

表 1-2　　　　　　　　　　　脚型测量

姓名		性别		年龄		民族	
籍贯		职业		肥瘦型		备注	
编　号		测量部位		尺寸（mm）		规律值	
1		跖围（S）				100 ％ S	
2		跗围				100 ％ S	
3		兜跟围				131％S	
4		脚腕围				男 89.25％S/女 83.2％S	
5		脚肚围				男 139.34％S/女 131.76％S	
6		膝下围				男 130.91％S/女 120.98％S	
7		膝下高				154.02 ％ l	
8		脚肚高				121.88 ％ l	
9		脚腕高				52.19 ％ l	
10		后跟突点高				8.68 ％ l	
11		外踝骨中心下沿点高				20.14 ％ l	
12		舟上弯点高				33.61 ％ l	
13		前跗骨高				23.44 ％ l	
14		第一跖趾关节高				14.61 ％ l	
15		拇趾高				8.54 ％ l	

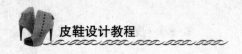

编　号	测量部位	尺寸（mm）	规律值
16	脚长（l）		100％l
17	拇趾外凸点部位长		90％l
18	小趾端点部位长		82.5％l
19	小趾外凸点部位长		78％l
20	第一跖趾关节部位长		72.5％l
21	第五跖趾关节部位长		63.5％l
22	前跗骨突点部位长		55.3％l
23	外腰窝部位长		41％l
24	舟上弯点部位长		38.5％l
25	外踝骨中心部位长		22.5％l
26	第一跖趾轮廓宽		43％B
27	第五跖趾轮廓宽		57％B
28	基本宽度（B）		40.39％S
29	外腰窝轮廓宽		46.7％B
30	踵心轮廓宽		67.7％B
31	后跟边距		4％l

3. 脚印分析

脚印分析是对脚各部位点在长、短、高、宽、肥、瘦上的尺寸，它主要是以坐标原理来确定各尺码数据。

具体的分析方法如下：

（1）首先在脚印图上，以第二跖趾的中段 1/2 确定中心点，在脚后端经 O_1 点，连直线 A_1O_1，并过 O_1 作 A_1O_1 的垂线，即在脚印图纸上定出坐标图，A_1O_1 线叫中轴线，如图 1-8 所示。

（2）经脚最长跖趾定前端点，过此点作中轴线的垂线，得出 A_1O_1 为脚长，用 l 来表示，如图 1-8 所示。

A_1 脚趾端点部位点 $A_1O_1 = 100％l$　　　A_2 拇趾外凸点部位点 $A_2O_1 = 90％l$

A_3 小趾端点部位点 $A_3O_1 = 82.5％l$　　A_4 小趾外凸点部位点 $A_4O_1 = 78％l$

A_5 第一跖趾部位点 $A_5O_1 = 72.5％l$　　A_6 第五跖趾部位点 $A_6O_1 = 63.5％l$

A_7 前跗骨突点部位 $A_7O_1 = 55.3％l$　　A_8 外腰窝部位点 $A_8O_1 = 41％l$

A_9 舟上弯点部位点 $A_9O_1 = 38.5％l$　　A_{10} 外踝骨中心部位点 $A_{10}O_1 = 22.5％l$

（3）根据每部位的规律值，来计算出各尺寸的长度，并作每点的坐标垂线如图 1-8 所示，得出以下尺寸：

①中轴线 A_1O_1。在脚趾前端点上，作 AA_1 的垂线，连 A_1O_1 即为脚长的中轴线，在槌

上叫楦中轴线。

②分踵线 RO。在第三趾外侧和第四趾内侧定 R 点，在脚后跟边距上作 1/2 找 O 点。将 RO 连线即为分踵线，楦底样上分踵线将楦后半部分（即从腰窝开始）分成内外对称等份。

③宽度线。将各特征点长度的规律计算出来后，作每点的坐标垂线，连接脚边沿，得出各类的宽度线。

④斜宽线 $A'_5A'_6$。将脚的第一跖趾部位点 A'_5 与第五跖趾部位点 A'_6 连线，即为脚和楦的斜宽线 $A'_5A'_6$。

⑤前掌凸度点 W。中轴线 A_1O_1 与斜宽线 $A'_5A'_6$ 的相交点即为前掌凸度点。楦底样前凸度点接触于地面 W 点。

⑥踵心线 M_1M_2。它占脚长的 18%，得出 M_0，经过 M_0 作分踵线 RO_1 的垂线，分别相交于边沿点 M_1 和 M_2，由于楦后半部分两边是对称的，所以在踵心线上 $M_1M = M_2M$。

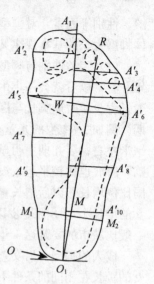

图 1-8 脚印分析

⑦踵心点 M。踵心线 M_1M_2 与分踵线 RO 相交于 M 点，M 点即为踵心点，是脚的后跟最受力的支撑点。在中底设计勾心时必须过 M 点，而设计底型时，特别是细高跟掌面需建立于踵心点上，同时注意跟造型与地面垂直。

⑧基本宽度 B。按脚的最宽部位来计算，即脚的第一跖趾部位宽 A'_5A_5 与脚的第五跖趾部位宽 A'_6A_6 两段相加，即为基本宽度，用 B 来表示：即基本宽度 $B = A'_5A_6 + A_6'A_6$，如图 1-9 所示。

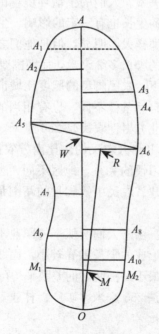

图 1-9 楦底样分析

4. 脚型规律

人的脚型生长有它一定的发展规律，但是人们的生活环境和劳动条件不同，以及年龄、性别等因素，对脚型的形成和它的生长规律都有一定的影响。根据有关资料，我国人体脚型生长的基本规律具体如下：

(1) 年龄性别与脚型的生长关系。一般男性脚的生长发育期为 20 年左右，女性为 18 年左右，以后就会停止生长发育，但是在这期间脚长与围长的每年增长量不是平均的。一般是青少年时期脚长与围长的增长量大于少年时期，而青年时期的增长量又不同于少年时期。例如 1～4 岁的儿童在这期间的脚长一般每年增长量为 10 毫米左右，跗围的增长为 8 毫米左右；婴儿期更明显，因此婴儿期间的脚型肌肉比较丰富，整个脚的形状显得饱满浑圆，脚底也比较平坦，没有明显的足弓，4 岁至 12、13 岁，脚长与跗围的增长量每年按不同比例增长，以后增长量逐渐减少；而且男女性的脚型生长逐渐显出差别，男的增长大，女的增长小，18～20 岁以后称作成人脚型，生长在农村的青少年的脚型停止生长发育期，一般比城市的要延迟 1 年左右。

成人的脚型，男女差异很大，一般与体型、身高有关系，根据有关资料说明，成年男女的脚长在相同的条件下，他们的跗围最大与最小的差距可达 50 毫米左右，同年龄男性脚与女性脚的长度，差距一般为 30～50 毫米。脚型基本宽度的差距一般也可达 5～8 毫米。

人们在买儿童鞋的时候，往往只说明是几岁孩子穿的，营业员就会递给你相应尺寸的鞋，一般说来基本能够适应，这就说明儿童脚型的差异较小，而买成人鞋，如果只说明是给多大年龄人穿的，就不行了，其原因在于成人脚型的差异较大，不仅是同龄的男女性脚型差异较大，即使是同年龄、同性别之间脚型差异也是非常大的，所以成年人的年龄大小，不能代替他们脚的大小。

(2) 生活环境与脚型的生长关系。人们的生活环境，由于地理、气候以及城市、农村山区等自然条件的不同，对脚型的生长也有一定的影响，生活环境的不同与脚型生长的关系，虽然不像性别、年龄的差异那样大而明显，但是他们之间的差异也不能忽视。例如全国成年农民的平均脚长比城市人的脚长多 2 毫米，而跗围要大 8 毫米左右；由此可以看出，农民与城市人在相同脚长的情况下，农民脚型的肥度比城市人要大一个型号左右。即使同样是农民，脚型由于生活地区的自然条件不同，也有相当的差异。根据调查，南方男性农民脚长的平均值是 249 毫米，而北方男性农民是 256 毫米，两者差距 7 毫米，女性农民的脚长差距是 5 毫米，由此可以得出北方农民的脚比南方农民的脚平均要长。从肥度来说，由于地理的自然条件不同和生活习惯的关系，地区不同，也有差别。例如，山西省农民中等脚长的跗围是 250.6 毫米，福建省农民中等脚长的跗围是 257.5 毫米，这是与赤脚劳动的生活习惯有关。

(3) 职业劳动与脚型的关系。由于人们所从事的职业不同，承担的劳动强度不同也会产生脚型生长的差异。但是为此形成的脚长差异较小，而跗围的差异较大，在相同脚长的条件下，他们之间的最大跗围与最小跗围两者的差距平均可达 10 毫米左右。如在脚长同样为 250 毫米时，那么跗围平均值是 253 毫米，矿产、林业等重体力劳动者的跗围平均值是 249 毫米，脑力劳动者是 243 毫米。

脚的长度与肥度，还会因受到气候的影响而热胀冷缩，这是与脚的肌肉热胀冷缩有关，这个热胀冷缩的系数，脚长一般为 3～5 毫米，围长一般也在 3～5 毫米。

掌握脚型的生长规律，是制鞋设计的重要依据，我国幅员辽阔，人口众多，地区之间的自然条件差异很大，加上人们所从事的劳动和生活环境的不同，我们在制鞋设计上必须掌握上述脚型生长基本规律，不仅要注意它的造型结构和穿着观感，还应从鞋的规格上加以精心设计，达到更加合理，从而使鞋服从于脚，让各种不同脚型的人穿上合脚满意的鞋。

掌握脚型规律，不仅是制鞋的重要依据，而且是鞋楦设计和制定鞋型号的重要依据，因此，掌握脚型规律，是掌握整个制鞋技术的一门基础知识。

5. 脚的部位系数

脚长与各特征部位关系用回归方程式来表示比例计算：

$$脚的各特征部位÷脚长×100\%＝脚的长度部位系数$$

脚跖围与各特征部位的比例关系：

$$各特征部位围度÷围长×100\%＝脚的围度部位系数$$

跖围与脚基本宽度的比例关系：

$$基本宽度÷围长×100\%＝基本宽度部位系数$$

高度系数与长度系数相同。

脚的各部位系数如表1-3所示。

表 1-3 　　　　　　　　　　各部位系数　　　　　　　　　　单位：mm

序号	部位名称	部位系数	成年、大童			中童、小童	
			25（Ⅲ）男	23（Ⅱ）女	21.5（Ⅱ）	18（Ⅱ）	14.5（Ⅱ）
1	脚长	100%l	250	230	215	180	145
2	拇趾外凸点	90%l	225	207	193.5	162	130.5
3	小趾端点部位	82.5%l	206.3	189.8	177.4	148.5	119.6
4	小趾外凸点部位	78%l	195	179.4	167.7	140.4	113.1
5	第一跖趾关节部位	72.5%l	181.3	166.8	155.9	130.5	105.1
6	第五跖趾关节部位	63.5%l	158.8	146.1	136.5	114.3	92.1
7	腰窝部位	41%l	102.5	94.3	88.2	73.8	59.5
8	踵心部位	18%l	45	41.4	38.7	32.4	26.1
9	后跟边距	4%l	10	9.2	8.6	7.2	5.8
10	跖趾围长	0.71+K	246.5	225.5	0.9%l+K	0.9%l+K	0.9%l+K
11	跗围长	100%S	246.5	225.5	100%S	101%S	102.42%S
12	兜跟围长	131%S	322.42	295.41	130%S	130.3%S	129.59%S
13	基本宽度	40.39%S	99.30	90.9	40%S	40.34%S	40.54%S
14	第一跖趾轮廓宽	43%B	42.70	39.09	42.6%B	42.14%B	42.29%B
15	第五跖趾轮廓宽	57%B	56.60	51.81	57.4%B	57.86%B	57.71%B
16	踵心全宽	67.7%B	67.23	61.54	68.7%B	69.91%B	70.31%B

6. 脚肥瘦型计算公式

$$S＝b·l＋K$$

式中 S 表示脚的围度，b 为相关系数，l 表示脚长，K 为常数。

例如，中国鞋号的脚长每变化 10 毫米时，脚围度的变化为 7 毫米，即 b 成人相关系数为 0.7，儿童相关系数为 0.9。常数 K 与脚的肥瘦型有关。

成年男女，$S=0.7l+K$

脚肥瘦型$n=$Ⅰ型时，$K=57.5$

$n=$Ⅱ型时，$K=57.5+7=64.5$

$n=$Ⅲ型时，$K=57.5+14=71.5$

$n=$Ⅳ型时，$K=57.5+21=78.5$

$n=$Ⅴ型时，$K=57.5+28=85.5$

儿童 $S=0.9l+K$

$n=$Ⅰ型时，$N'=11.5$

$n=$Ⅱ型时，$N'=18.5$

$n=$Ⅲ型时，$N'=25.5$

假设 $n=0$ 时，则 $K=50.5$，$K'=4.5$

即成人 $n=[S-(0.7l+50.5)]\div7$ 　　　　儿童 $n=[S-(0.9l+4.5)]\div7$

例如成人分为五型，中间有半型。

　　　Ⅰ型　Ⅰ型半　Ⅱ型　Ⅱ型半　Ⅲ型　Ⅲ型半　Ⅳ型　Ⅳ型半　Ⅴ型

男中间型Ⅱ半～Ⅲ半，女中间型Ⅰ型～Ⅱ型。

儿童分为三型，中间有半型，Ⅱ型为中间型。

　　　Ⅰ型　Ⅰ型半　Ⅱ型　Ⅱ型半　Ⅲ型

例如：

①男成人 $S=239.5mm$ 　　　$l=250mm$ 　　　问 $n=?$ 型

根据公式 $n=[239.5-(0.7\times250+50.5)]\div7=2$ 即属Ⅱ型

假设 $n=2.3$ 属Ⅱ型半　　　$n=2.7$ 属Ⅲ型

②女成人 $S=218.5mm$ 　　　$l=230mm$ 　　　问 $n=?$ 型

根据公式 $n=[218.5-(0.7\times230+50.5)]\div7=1$ 　　　Ⅰ型

③儿童 $S=171.5mm$ 　　　$l=170mm$ 　　　问 $n=?$ 型

根据公式 $n=[171.5-(0.9\times170+4.5)]\div7=2$ 　　　Ⅱ型

根据脚长与跖围的相关公式，可以计算出任何脚长下的跖围。

例如：

①男 $l=250mm$ 　　　Ⅱ型半时　　　问 $S=?$

$S=0.7l+50.5+7N$

　$=0.7\times250+50.5+7\times2.5$

　$=243mm$

②女 $l=230mm$ 　　　Ⅰ型半时　　　问 $S=?$

$S=0.7l+50.5+7N$

　$=0.7\times230+50.5+7\times1.5$

　$=222mm$

③儿童 $l=170mm$ 　　　Ⅰ型半时　　　问 $S=?$

$S=0.9l+4.5+7N$

$= 0.9 \times 170 + 4.5 + 7 \times 1.5$

$= 168mm$

我国成年男女及儿童脚型规律如表1-4所示。

表1-4 　　　　　　　　　　　我国成年男女及儿童脚型规律

	成年男女	大童	中童	小童
脚长	100％脚长	100％脚长	100％脚长	100％脚长
拇趾外凸点部位	90％脚长	90％脚长	90％脚长	90％脚长
小趾端点部位	82.5％脚长	82.5％脚长	82.5％脚长	82.5％脚长
小趾外凸部位	78％脚长	78％脚长	78％脚长	78％脚长
第一跖趾关节部位	72.5％脚长	72.5％脚长	72.5％脚长	72.5％脚长
前掌凸度部位	68.5％脚长	68.5％脚长	68.5％脚长	68.5％脚长
第五跖趾关节部位	63.5％脚长	63.5％脚长	63.5％脚长	63.5％脚长
跗骨突点部位	55.3％脚长	55.3％脚长	55.3％脚长	55.3％脚长
腰窝部位	41％脚长	41％脚长	41％脚长	41％脚长
外踝骨中心部位	22.5％脚长	22.5％脚长	22.5％脚长	22.5％脚长
踵心部位	18％脚长	18％脚长	18％脚长	18％脚长
后跟凸点高度	8.68％脚长	8.88％脚长	9.27％脚长	9.64％脚长
外踝骨高度	20.14％脚长	20.14％脚长	20.14％脚长	20.14％脚长
后跟骨上端点高度	21.66％脚长	21.66％脚长	21.66％脚长	21.66％脚长
脚腕高度	52.9％脚长	49.14％脚长	49.14％脚长	49.14％脚长
腿肚高度	121.88％脚长	110.17％脚长	110.17％脚长	110.17％脚长
膝下高度	154.02％脚长	140.34％脚长	140.34％脚长	140.34％脚长
跖趾围长	0.7脚长+常数*	0.9脚长+常数*	0.9脚长+常数*	0.9脚长+常数*
前跗骨围长	100％跖围	100％跖围	101％跖围	102.42％跖围
兜跟围长	131％跖围	131％跖围	130.3％跖围	129.59％跖围
脚腕围长	86.23％跖围	90.25％跖围	90.25％跖围	90.25％跖围
腿肚围长	135.55％跖围	125.96％跖围	125.96％跖围	125.96％跖围
膝下围长	125.95％跖围	120.65％跖围	120.65％跖围	120.65％跖围

注："*"成年男女一型的常数为57.5，儿童一型的常数为11.5；每增加一型加7毫米。

三、鞋楦

鞋楦是以木材、塑料为原料根据人们的脚型及制鞋的要求，设计加工而成的制鞋模具。随着现代制鞋工业的迅速发展，制鞋生产的工艺技术也在不断发展和提高，在楦型的设计方面逐步趋于科学合理，它以适合脚型构造的科学原理为基础，使楦型结构有助于脚的生理健康，以满足各种不同穿着对象的需求为前提，并讲究楦体造型的新颖、舒适、美观大方。鞋楦生产，由原来的手工操作，逐步实现了机械化生产，实现了数控机床深加工，利用鞋的计算机三维CAM技术进行修改和调整楦体的造型，不断提高鞋楦的技术质

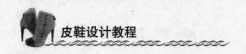

量，使鞋楦生产适应了现代制鞋工业技术发展和大量生产的需要。

（一）中国鞋号的特点

鞋号是鞋长度的标志，在鞋号中还有型号，是表示鞋的肥瘦标志，过去我国采用的鞋码十分混乱，皮鞋、布鞋、胶鞋、塑料鞋都不一样，有的用法码，有的用英码等。为改变我国鞋号的混杂情况，轻工部自 1956 年起进行大量调查研究，经过多次试验和试穿，找出了我国脚型的基本规律及其鞋号的特点，制定出一套较科学合理的"中国鞋号"，达到"四鞋"统一，结束了混乱的落后面貌。而现在市场上根据顾客的需要，结合人体脚型产生了更多品种、类型、细分的楦型。

大量调查发现，成人的脚是基本不变的，所以中国鞋号是以脚长为基础制定，即脚长多少厘米就穿多少号的鞋，如脚长 24.8～25.2 厘米的，就穿 25 号的鞋，脚长 25.3～25.7 厘米的，就穿 25.5 号鞋。

1. 鞋号分类

中国鞋号从婴儿 9 号开始到成年鞋 30.5 号左右，每类型有中间号，并有半号码，如表 1-5 所示。

表 1-5　　　　　　　　　　　　　　中国鞋号分类　　　　　　　　　　　单位：mm

分类 ＼ 鞋号	范　围	中间号
婴　儿	90～125	11#
小　童	130～160	14.5#
中　童	165～195	18#
大　童	200～230	21.5#
成年女子	215～250	23#
成年男子	235～270	25#

2. 号差

相邻两鞋号之间楦底样长度的差距，整号差±10 毫米，半号差±5 毫米。

例如：男素头楦 25 码楦底样长 $L=265mm$，其前后码楦底样长是多少？

即 23.5 码楦底样长 $L=265-5\times3=250mm$

24 码楦底样长 $L=265-5\times2=255mm$

24.5 码楦底样长 $L=265-5\times1=260mm$

25 码楦底样长 $L=265\pm5mm$（中间码）

25.5 码楦底样长 $L=265+5\times1=270mm$

26 码楦底样长 $L=265+5\times2=275mm$

26.5 码楦底样长 $L=265+5\times3=280mm$

24.5 码楦底样长 $L=265+5\times4=285mm$

3. 型差

在相同鞋号时，每两整型之间跗围长度的差值，整型差±7 毫米，半型差±3.5 毫米。

例如：男素头楦 25 码Ⅱ半型楦跖围 $S=239.5mm$，在同一鞋号长度不变情况下，其前后型的楦跖围长是多少？

即25 码Ⅰ型楦跖围长　　$S=239.5-3.5×3=229mm$

25 码Ⅰ型半楦跖围长 $S=239.5-3.5×2=232.5mm$

25 码Ⅱ型楦跖围长　　$S=239.5-3.5×1=236mm$

25 码Ⅱ型半楦跖围长 $S=239.5±3.5mm$（中间型）

25 码Ⅲ型楦跖围长　　$S=239.5+3.5×1=243mm$

25 码Ⅲ型半楦跖围长 $S=239.5+3.5×2=246.5mm$

25 码Ⅳ型楦跖围长 $S=239.5+3.5×3=250mm$

4. 围差

在同一肥瘦型内两鞋号之间距围长度的差值，整围差±7毫米，半围差±3.5毫米。

例如：男素头楦 25 码楦跖围长 $S=239.5mm$，在同一鞋号围度不变情现下，其前后码楦的距围是多少？

即23.5 码楦跖围长 $S=239.5-3.5×3=229mm$

24 码楦跖围长 $S=239.5-3.5×2=232.5mm$

24.5 码楦跖围长 $S=239.5-3.5×1=236mm$

25 码楦跖围长 $S=239.5±3.5mm$（中间型）

25.5 码楦跖围长 $S=239.5+3.5×1=243mm$

26 码楦跖围长 $S=239.5+3.5×2=246.5mm$

26.5 码楦跖围长 $S=239.5+3.5×3=250mm$

有关全国儿童及成年男女脚型的尺寸如表 1-6～表 1-8 所示。

表 1-6　　　　　　　　　　　　　　男子脚型尺寸　　　　　　　　　　　　　　单位：mm

号 N	24 (240)	24.5 (245)	25 (250)	25.5 (255)	26 (260)	26.5 (265)	27 (270)	27.5 (275)	号差 围差
Ⅱ型	232.5	236	239.5	243	246.5	250	253.5	257	±5
Ⅱ型半	236	239.5	243	246.5	250	253.5	257	260.5	±3.5
Ⅲ型	239.5	243	246.5	250	253.5	257	260.5	264	±3.5
型差	±3.5	±3.5	±3.5	±3.5	±3.5	±3.5	±3.5	±3.5	

表 1-7　　　　　　　　　　　　　　女子脚型尺寸　　　　　　　　　　　　　　单位：mm

号 N	21.5 (215)	22 (220)	22.5 (225)	23 (230)	23.5 (235)	24 (240)	24.5 (245)	25 (250)	号差 围差
Ⅰ型	208	211.5	215	218.5	222	225.5	229	232.5	±5
Ⅰ型半	211.5	215	218.5	222	225.5	229	232.5	236	±3.5
Ⅱ型	215	218.5	222	225.5	229	232.5	236	239.5	±3.5
型差	±3.5	±3.5	±3.5	±3.5	±3.5	±3.5	±3.5	±3.5	

表 1-8　　　　　　　　　　　　　　儿童脚型尺寸　　　　　　　　　　　　单位：mm

号　N	16.5 (165)	17 (170)	17.5 (175)	18 (180)	18.5 (185)	19 (190)	19.5 (195)	20 (200)	号差　围差
Ⅰ型	163.5	168	172.5	177	181.5	186	190.5	195	±5
Ⅰ型半	167	171.5	176	180.5	185	189.5	194	198.5	±3.5
Ⅱ型	170.5	175	179.5	184	188.5	193	197.5	202	±3.5
型差	±3.5	±3.5	±3.5	±3.5	±3.5	±3.5	±3.5	±3.5	

（二）外国鞋号

1. 法国鞋号

法国鞋号采用楦底长厘米制，流行于欧洲，如前段时间所说买 40 号鞋，就是法码称号，它是以 100 毫米开始记号，鞋码由儿童 16 号开始，到男鞋 48 号止。如表 1-9 所示。

表 1-9　　　　　　　　　　　　　　法码分类　　　　　　　　　　　　　单位：mm

分　类	鞋号范围	中间号	楦底样长
婴儿（2~18 个月）	16~22#	19#	126.7
小童（5~7.5 岁）	23~26#	24#	160
中童（8~10 岁）	30~33#	31#	206.67
大童（10.5~14 岁）	34~39#	36#	240
成年女子	34~42#	36#	240
成年男子	38~48#	41#	273.33

长度差号为±2/3 厘米，即 0.67 厘米。

宽度围差为±4 毫米或±5 毫米，一般取 4 毫米。

型有七个，A、B、C、D、E、F、G 来表示肥瘦，型差为±5 毫米。法码男女鞋长、围尺寸如表 1-10 所示。

表 1-10　　　　　　　　　　　法码男女鞋长、围尺寸表　　　　　　　　　单位：mm

N　号	L	A 1	B 2	C 3	D 4	E 5	F 6	G 7	型　差
34	227	181	186	191	196	201	206	211	±5
35	233	185	190	195	200	205	210	215	±5
36	240	189	194	199	204	209	214	219	±5
37	247	194	199	204	209	214	219	224	±5
38	253	198	203	208	213	218	223	228	±5

N		A	B	C	D	E	F	G	型 差
号	L	1	2	3	4	5	6	7	
39	260	202	207	212	217	222	227	232	±5
40	267	206	211	216	221	226	231	236	±5
41	273	210	215	220	225	230	235	240	±5
42	280	215	220	225	230	235	240	245	±5
43	287	219	224	229	234	239	244	249	±5
44	293	223	228	233	238	243	248	253	±5
45	300	227	232	237	242	247	252	257	±5
46	307	231	236	241	246	251	256	261	±5
47	313	236	241	246	251	256	261	266	±5
48	320	240	245	250	255	260	265	270	±5
号差 围差	±20/3	一般围差±4mm，在 31#，36#，41#时为±5mm							

2. 英国鞋号

英国鞋号也叫英码，也叫香港码，通用于英联邦国家。英国鞋号分儿童和成人两大类，都是由 0～13 号，0 号楦底样为 4 英寸；儿童 1 号楦底样长由 $4\frac{1}{3}$ 英寸开始，至 13 号的 $8\frac{1}{3}$ 英寸（110～211.6 毫米），中间有半号；而成人 1 号是从儿童的 13 号 $8\frac{1}{3}$ 英寸开始，2 号＝$8\frac{1}{3}$＋1/3＝$8\frac{2}{3}$ 英寸，直到成人 13 号 $12\frac{1}{3}$ 英寸（220.1～321.6 毫米）。

整号差 1/3 英寸（8.46 毫米），半号差 1/6 英寸（4.23 毫米）。

整围差 1/4 英寸（6.35 毫米），半围差 1/8 英寸（1.06 毫米），特殊围差 3/10 和 2/32 英寸。

型差±1/4 英寸（6.35 毫米），特殊型差 3/16 英寸（7.62 毫米）。

英制与公制换算：1 英寸＝25.4 毫米。

常用英码男鞋号如表 1-11 所示。

表 1－11　　　　　　　　　　常用英码男鞋号　　　　　　　　　单位：in

鞋号	5	$5\frac{1}{2}$	6	$6\frac{1}{2}$	7	$7\frac{1}{2}$	8	$8\frac{1}{2}$	9
楦底样长	10	$10\frac{1}{6}$	$10\frac{1}{3}$	$10\frac{1}{2}$	$10\frac{2}{3}$	$10\frac{5}{6}$	11	$11\frac{1}{6}$	$11\frac{1}{3}$
D 型	$8\frac{1}{2}$	$8\frac{5}{8}$	$8\frac{3}{4}$	$8\frac{7}{8}$	9	$9\frac{1}{8}$	$9\frac{1}{4}$	$9\frac{3}{8}$	$9\frac{1}{2}$
E 型	$8\frac{3}{4}$	$8\frac{7}{8}$	9	$9\frac{1}{8}$	$9\frac{1}{4}$	$9\frac{3}{8}$	$9\frac{1}{2}$	$9\frac{5}{8}$	$9\frac{3}{4}$
F 型	9	$9\frac{1}{8}$	$9\frac{1}{4}$	$9\frac{3}{8}$	$9\frac{1}{2}$	$9\frac{5}{8}$	$9\frac{3}{4}$	$9\frac{7}{8}$	10
G 型	$9\frac{1}{4}$	$9\frac{3}{8}$	$9\frac{1}{2}$	$9\frac{5}{8}$	$9\frac{3}{4}$	$9\frac{7}{8}$	10	$10\frac{1}{8}$	$10\frac{1}{4}$
备注	号差：1/3　　半围差：1/8　　围差：1/4　　型差：1/4								

英国女鞋号相对较复杂。肥瘦型分为 11 个档，其中 A、B、C 型为正常变化肥瘦型；AA、AAA、AAAA 型则越来越瘦，为过瘦型。D、E、EE、EEE、EEEE 则越来越肥，属于过肥型。过瘦过肥时都属于特殊变化。女鞋是以 B 型，$5\frac{1}{2}$ 号的跖围 $8\frac{1}{8}$ 英码为基础，根据型差和围差的变化推出，如表 1－12 所示。

表 1－12　　　　　　　　　　常用英码女鞋号　　　　　　　　　单位：in

型　　号	4	$4\frac{1}{2}$	5	$5\frac{1}{2}$	6	$6\frac{1}{2}$	7	$7\frac{1}{2}$
AAAA	$6\frac{31}{32}$	$7\frac{1}{16}$	$7\frac{5}{32}$	$7\frac{1}{4}$	$7\frac{11}{32}$	$7\frac{7}{16}$	$7\frac{17}{32}$	$7\frac{5}{8}$
AAA	$7\frac{5}{32}$	$7\frac{1}{4}$	$7\frac{11}{32}$	$7\frac{7}{16}$	$7\frac{17}{32}$	$7\frac{5}{8}$	$7\frac{23}{32}$	$7\frac{13}{16}$
AA	$7\frac{11}{32}$	$7\frac{7}{16}$	$7\frac{17}{32}$	$7\frac{5}{8}$	$7\frac{23}{32}$	$7\frac{13}{16}$	$7\frac{29}{32}$	8
A	$7\frac{7}{16}$	$7\frac{9}{16}$	$7\frac{11}{16}$	$7\frac{13}{16}$	$7\frac{15}{16}$	$8\frac{1}{16}$	$8\frac{3}{16}$	$8\frac{5}{16}$
B	$7\frac{11}{16}$	$7\frac{13}{16}$	$7\frac{15}{16}$	$8\frac{1}{16}$	$8\frac{3}{16}$	$8\frac{5}{16}$	$8\frac{7}{16}$	$8\frac{9}{16}$
C	$7\frac{15}{16}$	$8\frac{1}{16}$	$8\frac{3}{16}$	$8\frac{5}{16}$	$8\frac{7}{16}$	$8\frac{9}{16}$	$8\frac{11}{16}$	$8\frac{13}{16}$

英码儿童鞋长、围尺寸如表 1－13 所示。

表 1 - 13 　　　　　　　　英码儿童鞋长、围尺寸　　　　　　　　单位：in

号 型	4	$4\frac{1}{2}$	5	$5\frac{1}{2}$	6	$6\frac{1}{2}$	7	$7\frac{1}{2}$
D	$8\frac{7}{32}$	$8\frac{5}{16}$	$8\frac{13}{32}$	$8\frac{1}{2}$	$8\frac{19}{32}$	$8\frac{11}{16}$	$8\frac{25}{32}$	$8\frac{7}{8}$
E	$8\frac{13}{32}$	$8\frac{1}{2}$	$8\frac{19}{32}$	$8\frac{11}{16}$	$8\frac{25}{32}$	$8\frac{7}{8}$	$8\frac{31}{32}$	$9\frac{1}{16}$
EE	$8\frac{19}{32}$	$8\frac{11}{16}$	$8\frac{25}{32}$	$8\frac{7}{8}$	$8\frac{31}{32}$	$9\frac{1}{16}$	$9\frac{5}{32}$	$9\frac{1}{4}$
EEE	$8\frac{25}{32}$	$8\frac{7}{8}$	$8\frac{31}{32}$	$9\frac{1}{16}$	$9\frac{5}{32}$	$9\frac{1}{4}$	$9\frac{11}{32}$	$9\frac{7}{16}$
EEEE	$8\frac{31}{32}$	$9\frac{1}{16}$	$9\frac{5}{32}$	$9\frac{1}{4}$	$9\frac{11}{32}$	$9\frac{7}{16}$	$9\frac{17}{32}$	$9\frac{5}{8}$

表中在过肥和过瘦时，半号差用 3/32 英寸，型差用 3/16 英寸。

3. 美国鞋号

美国鞋号的制定和英国鞋号有关，但不相同。男鞋和男童鞋的鞋号和英码大致相同，女鞋和女童鞋与英码差距较大。

（1）美国男鞋号。美国男鞋号采用楦底样长英寸制，但测量时是直线测量楦底前端和后端点的长度，其测量结果比楦底样实际长度要短。再加上美国鞋号起始记号的长度不是 4 英寸而是 $3\frac{11}{12}$ 英寸，故美国鞋码比英码长度要相差一个号。确定美码时，是在英码的基础上加一个号，相应肥度上减一个型。例如：英码 8E＝美码 9D。

（2）美国女鞋号。美国女鞋号比男鞋要复杂，正常肥瘦型为 A、B、C 型，过瘦的型为 AAAA、AAA、AA，过肥的型是 D、E、EE。整号差和半号差与英码相似，但除了 B 型之外，每变化一个肥度，楦底样长要用±1/24 英寸来修正，变肥时＋1/24 英寸，变瘦时－1/24 英寸。正常型差也是 1/4 英寸，过肥过瘦时型差是±3/16 英寸。围差变化较简单，整围差是±1/4 英寸，半围差是±1/8 英寸。

制定美国女鞋号是按英国 5 号 D 型推出的，即英码 5D＝美码 $6\frac{1}{2}$ B。

英码 5D：楦底样长 10 英寸。跖围 $8\frac{1}{2}$ 英寸。

美码 $6\frac{1}{2}$ B：楦底样长 10 英寸。跖围 $8\frac{1}{2}$ 英寸。

关于中国鞋号与外国鞋号的差别，我们取中间码加以对比，如表 1 - 14 所示。

表 1-14	中国与外国中间码的区别		单位：mm
	中国	法国	英国
号差	5	6.67	4.23
围差	3.5	4 或 5	3
男鞋	25	41	8
女鞋	23	36	6

（三）楦型

鞋楦是制鞋不可或缺的，款式的变化，穿着是否舒适，都和鞋楦有关，所以鞋楦也是制鞋艺术化的表现先驱，它包含雕刻艺术及功能价值。不像其艺术只要求心理的升华，注重的是感官的刺激，一双看起来非常好看的鞋子，我们穿着不一定合适，由错误鞋楦制作出来的鞋子，甚至常常使我们痛苦万分。

1. 鞋楦的分类

由于使用材料的不同，加之制鞋工作者的需求各异，鞋楦包括木楦、铝楦、塑料胶楦。

（1）木楦。最早的鞋楦是用木材以手工方式一双双雕刻完成的，先把木材锯成楦坯，再以刀轮锉成所需之形状，然后磨光打蜡。制楦前必须用烟熏法、电热法或高压烘干法干燥，用时约 2～4 星期，优点为轻便可打钉，易于手工操作制鞋，缺点为不耐高温，易变形及龟裂。

（2）铝楦。铝楦是由木楦为模心翻砂铸法而成，铝经高温熔化至冷却同样有热胀冷缩的现象，优点为生产速度较木楦快，用过的旧铝楦，可以熔化再制成不同款式的铝楦，故价格较低，缺点是不能打钉，只局限于结帮机操作，对于手工绷帮操作困难较大。

（3）塑胶楦。和木楦制法相同，以塑胶代替木材，制成所有木楦的缺点它都没有，所以是目前制作鞋类的理想鞋楦之一。

一般鞋楦可分为两大部分，从鞋楦的最宽点分为两段，后段为功能部分，前段为流行部分，无论此楦是尖头、小圆头、圆头、方头、足形状（斜头）都是前段部分的变化，而后段部分大小规格应该是一样的。

2. 鞋楦的构造

鞋楦的构造有整体、开盖、两截、弹簧楦。

（1）整体楦。整体是将整个楦连成一体。不作任何处理，只留必要工艺，如女鞋、凉鞋、拖鞋。

（2）开盖楦。整体连成一体，只是在楦背上分两个开盖面。一般是靴楦类。

（3）两截楦。在楦中间截断，将楦分成前、后两部分。如深头鞋楦类。

（4）弹簧楦。比较先进的楦型，是在楦分开前、后的基础上，中间上弹簧，生产鞋时分开，出楦时利用弹簧将楦合并，如图 1-10 所示。

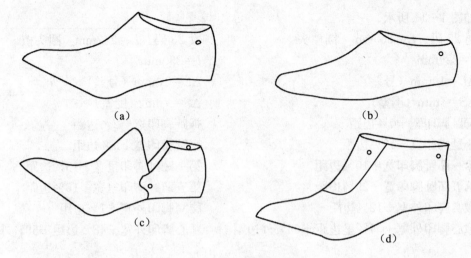

(a)   (b)

(c)   (d)

图 1-10 楦的种类

鞋是楦的反映，但是楦型并不等于鞋形。因为楦型是鞋的内腔的反映，至于鞋形还要经过帮样款式、穿着的对象、制鞋原料的选用、服装配合及加工工艺等，才能体现真相，因此还需要加以综合考虑合理选择，一般可按以下原则选择楦型：

3. 鞋楦头型的选择

头型是鞋楦主要特征的反映。鞋楦头型的选择一般应与跟型搭配和原料等相适应。例如：跟型较高、较细或原材料很厚，鞋楦头一般不宜太宽、太高，前后要配搭。如鞋头尖细的，鞋跟相应选择细型的跟，裤脚宽大则皮鞋的头型就可宽大些，一般还应与帮样设计相适应。

4. 楦体造型的选择

楦体造型的选择，不仅关系到鞋的形式，而且直接影响穿着的舒适度，因此楦体造型的选择是十分关键的，它应与帮样的结构、款式以及穿着对象结合起来考虑，分别加以选择，要求楦体丰满，而不显粗俗，楦体线条自然，符合鞋楦标准，要避免单纯追求造型的线条美观，而忽视了穿着的舒适要求。

皮鞋的品种很多，可分为一般穿用、劳动保护、文体专用三大类。在一般穿着中，按结构式样又分为素头楦、舌式楦、三节头鞋楦、浅口鞋楦、靴楦和各式凉鞋楦等，下面加以说明。

(1) 素头鞋楦。前帮未加修饰的低腰鞋楦叫素头鞋楦。它在鞋楦的设计中，具有一定代表性，而设计深头鞋、满帮带鞋、成人男鞋楦长度大于脚长 15 厘米，楦跖围小于脚跖围 3.5 厘米，楦跗围与脚跗围相同。而成人女鞋楦长度大于脚长 12 厘米，其他与男鞋楦相同。当平跟时跖围小跗围大，随着跟的增高，人的重心向前移动，跖围越小，跗围就越大。童鞋楦的长度大于脚长 12 厘米，围度与楦围会随着鞋减小，距离增大，而跟成人号差 10 毫米，围差 7 毫米。

各宽度部位的尺寸，除了主要考虑生理构造、动静关系外，还应顾及皮鞋质地柔软、耐磨、富有弹性且楦体两侧内体安排不受工艺限制等，底样各部宽度尺寸可以适当缩小，里腰窝弯度曲线尤其可以加大，特别是女鞋楦，整个脚被包裹在皮鞋里面，下面举例说

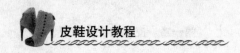
明，如图 1-11 所示。

男 25 码　L＝265mm　圆楦头　　　　　　女 23 码　L＝242mm　圆头楦

l＝250mm　　　　　　　　　　　　　　　l＝230mm

ΔL＝10mm（号差）　　　　　　　　　　ΔL＝10mm（号差）

ΔS＝7mm（围差）　　　　　　　　　　ΔS＝7mm（围差）

拇趾脚印宽＋0％边距　　　　　　　　　　拇趾脚印宽－2％边距

小趾脚印宽＋13％边距　　　　　　　　　　小趾脚印宽＋9％边距

第一跖趾脚印宽＋10％边距　　　　　　　　第一跖趾脚印里宽＋13％边距

第五跖趾脚印宽＋29％边距　　　　　　　　第五跖趾脚印里宽＋16％边距

腰窝脚印外宽＋12％边距　　　　　　　　　腰窝脚印外宽＋1％边距

踵心脚印外宽＋54％里边距＋66％外边距　　踵心脚印外宽＋48％边距＋59％外边距

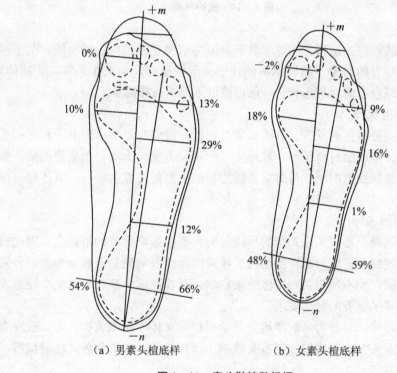

（a）男素头楦底样　　　　　　　　（b）女素头楦底样

图 1-11　素头鞋楦数根据

（2）舌式鞋楦。舌式皮鞋从其帮面呈舌形而得名，又称套式鞋、船鞋或睡装鞋，其特点是没有鞋带，浅口，穿脱方便，变化较快，深受青年人喜爱。

舌式楦长度与素头楦相同，但楦跗围比素头楦小 3.5 毫米，基本宽度减小 1.3 毫米，女舌式鞋由于前帮较浅口鞋长，故可与素头楦相同。无论男女舌式楦，筒口两侧的肉体比素头楦小，但踵心部位的肉体不宜过小，后跟弧线用浅口鞋，故弯度应比素头楦略大，一般以楦后高 70 毫米处的楦斜长比楦底长大 1 毫米。

（3）三节头鞋楦。三节头鞋以帮面由前、中、后三部分组成而得名，因其款式稳健、大方，形状挺括而经久不变，是男鞋中历史悠久而又数十年不衰的品种，三节头鞋楦各尺寸与素头鞋楦相同，只因结构的需要，鞋楦前头比较长，一般长 5 毫米，而超长则达到 10 毫米，主要在放余量上增加长度。

（4）女浅口鞋楦。前帮较浅，脚背大部分裸露在外的鞋叫浅口鞋，又称圆口鞋，其特点是穿着方便，讲美观线条，还可做舌式鞋、一带鞋、平跟鞋、中跟鞋和高跟鞋。

浅口鞋楦因其特点，与同型号的女素头鞋相比，底样长可依根据要求来增加或缩小，跖围和基本宽度都比女素头鞋小半个型，随着跟的增高，前跷降低跗围减少，跖围则越大，楦体后身逐渐下靠，筒口和腰窝渐渐收缩，底心凹、前掌平、着地面积大。

（5）靴楦。鞋帮高于外踝骨但低于脚腕最细处的鞋，或高于脚腕以上的鞋叫做高跟腰靴鞋。此种靴楦的底样和宽度与素头皮鞋楦相同，只是楦跖围净加半个型（3.5 毫米），楦跗围也适当增加，主要是筒口较长，短靴设计时，筒口较便鞋长，而要设计中筒靴时，即筒口更加宽大。这主要考虑脚穿着时，脚的兜跟围宽度所致。

（6）凉鞋楦。适合夏季穿用的皮鞋叫做皮凉鞋，可分为满帮凉鞋和全空凉鞋。满帮凉鞋楦可用素头楦，而全空凉鞋楦也分为前攀带和后攀带。对于前攀带结构，楦的跖围，基本宽与满帮凉鞋楦相同，头式较低，后身肉体亦较小。后跟曲线弧度较大，楦的前端点至楦后高 70 毫米处楦斜长与楦底长相等。后攀带结构，为了使鞋"跟脚"，其楦跖围和基本宽度较满帮小半型，其他与前攀带基本相同。

（7）劳保鞋楦。主要是一种专业劳动保护用品，起劳动保护作用，要求能承受长时间的重体力劳动需要。一般做成高腰楦，楦底样与靴楦相同，但跖围和跗围要大半型 3.5 毫米，头厚 5 毫米，整个楦身显得圆滑丰富。

（8）童鞋楦。儿童所穿的鞋叫做童鞋，由于儿童脚发育不成熟，皮肉娇嫩，容易受损伤，而且变化较快，所以儿童楦型不宜太瘦太实，肉体安排要舒适合脚，鞋头要较宽、较大，跖围随着鞋号越小，围度要大，以利于儿童脚型的发育。

（9）拖鞋楦。拖鞋是只有前帮而没有后帮的鞋，它穿脱方便，适宜室内穿着，可分为满帮拖鞋和全空拖鞋。满帮拖鞋楦楦面和楦的里外腰窝曲线弧度较小，且肉体丰富、厚实。全空拖鞋与全空凉鞋楦相同，鞋号小半个号。

（10）旅游鞋楦。主要适合青年学生和一般体育运动者穿用，一般是深头和包脚，分高腰和矮帮，放余量 16 毫米，后容差 4 毫米，楦底样长较短。不分男女楦型，楦前头较高，后跟弧曲线较直，内腰窝曲线较直，平跟，头较大，整体楦型肥大，不考虑线条。同时根据运动需要，可按运动类型细分各种鞋楦，如蓝球鞋楦、羽毛球鞋楦、短跑和长跑鞋楦等。

各种鞋楦尺寸及童鞋楦尺寸如表 1－15、表 1－16 所示。

表 1－15　　　　　　　　　　各种鞋楦尺寸　　　　　　　　　　单位：mm

项目　品种	楦底样长	放余量	后容差	跖围	跗围
25# 男素头楦Ⅱ型半	265	20	5	239.5	243.5
23# 素头楦Ⅰ型半	242	16.5	4.5	218.5 中跟	217.5 中跟
25# 男舌式楦Ⅱ型半	265	20	5	236	238
25# 男舌式超长楦Ⅱ型半	270	25	5	236	237～234

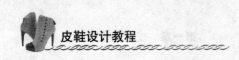

项目 品种	楦底样长	放余量	后容差	跖围	跗围
25# 男三节头楦Ⅱ型半	270	25	5	239.5	243.5
25# 男三节超长楦Ⅱ型半	275	30	5	239.5	243.5
25# 女浅口鞋楦Ⅰ型半	240	14.5	4.5	215 中跟	212 半跟
25# 女浅口超长楦Ⅰ型半	245	16.5	4.5	215 中跟	212 中跟
25# 男后空凉鞋楦Ⅱ型半	255	9	4	236	244
23# 女前后空凉鞋Ⅰ型半	237	10.5	3.5	215 中跟	218 中跟
23# 男满帮托鞋楦Ⅱ型半	265	19	4	243	255
23# 女满帮托鞋楦Ⅰ型半	242	15.5	3.5	222 半跟	229 中跟
25# 男带保楦Ⅱ型半	265	20	5	246.5	251.5
23# 女劳保楦Ⅰ型半	242	16.5	4.5	223.5	228.5
25# 旅游鞋楦Ⅱ型半	262	16	4	239.5	243.5
21.5# 旅游鞋楦Ⅰ型半	227	15.5	3.5	211.5	215.5
18# 旅游鞋楦Ⅱ型半	192	15	3	187	191
14.5# 旅游鞋楦Ⅱ型半	157	14.5	2.5	162.5	166.5

表 1-16　　　　　　　　　　　　童鞋楦尺寸　　　　　　　　　　单位：mm

项目　　品种	楦底样长	放余量	后容差	跖围	跗围	跟高	筒口长	后身高
25# 男高腰楦Ⅱ型半	265	20	5	243	248		110	100
25# 男超长靴楦Ⅱ型半	270	25	5	243	248		110	100
23# 女靴楦Ⅱ型半	242	16.5	4.5	222	222		102	95
23# 女超长靴楦Ⅱ型半	245	19.5	4.5	222	222		102	95
14.5# 素头楦Ⅱ型半	157	15	3	162.5	166.5	13	61	50
14.5# 靴楦Ⅱ型半	157	15	3	166	171	14	68	68
14.5# 凉鞋楦Ⅱ型半	152	10	3	162.5	168.5	13	61	50
18# 素头楦Ⅱ型半	192	15.5	3.5	187	191	15	73	56
18# 靴楦Ⅱ型半	192	15.5	3.5	190.5	195.5	16	83	75
18# 凉鞋楦Ⅱ型半	187	10.5	3.5	187	193	15	73	56
21.5# 素头楦Ⅱ型半	227	16	4	211.5	215.5	17	88	62
21.5# 靴楦Ⅱ型半	227	16	4	215	220	18	98	81
21.5# 凉鞋楦Ⅱ型半	222	11	4	211.5	217	17	88	62

5. 鞋楦的部位名称

鞋楦的名称一般以脚型部位点来命名，如图 1-12 所示。

（1）楦前头。鞋楦最前部分，是在脚趾与放余量位置，可分尖头楦、方头楦、圆头楦等。

（2）跗面。楦前中间部位与脚背面相附，主要设计鞋的横胆位，是前、中帮的分界点。

（3）骨冈（内、外）。楦两边最宽处，以脚的第一跖趾点为内骨冈，脚的第五跖趾点为外骨岗，是测量楦围的主要依据。

（4）腰窝（内、外）。在楦两边最窄处，以脚的内窝为内侧，外窝为外侧。

（5）后跟。在楦最后面，分短、高两种，是设计鞋后帮和靴后帮位置。

（6）后跟弧中线。在楦最后面，从楦后面看是一直线，这是设计鞋后帮控制线，主要控制内、外两侧的长度。

（7）筒口。在楦的后部上面，以脚的踝骨和脚腕舟点附近，便鞋长度较短、较窄，靴类长度较长、较宽，这主要以脚腕来参考。

（8）背中线。在楦的正中央，侧面看是弯线，正面看是直线，主要控制鞋的宽度，会影响鞋对称的大小变化，是设计人员较难画的曲线。

（9）底棱。它是楦面与楦底的交界线，是设计楦底样的尺寸线。

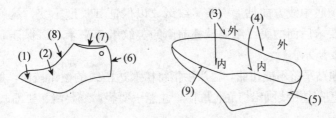

图 1－12　鞋楦的部位名称

6. 鞋楦的主要控制线

（1）楦底样长。楦的前端点 A 与后端点 O 之间的曲线长度，即楦底长，如男 25 码楦底样长为 $L=265\text{mm}$。

（2）楦底长。A、O 两点之间的直线距离，受鞋后跟高度影响，楦越高，长度越短。

（3）楦斜长。A、B_1 两点之间长度，是以附其楦面上曲面尺寸来测量，一般有内、外两种，有些楦内、外两侧长度不同，以测量为准。

（4）楦后高。B_1O 为楦后身高，便鞋楦与靴鞋楦高都不同，以各要求为准。

（5）筒口长。B_1B_2 为楦筒口长，一般不少于 105 毫米，靴楦可达 120 毫米以上，筒口宽度一般在 20 毫米左右，浅口鞋较窄，深头鞋较宽。

（6）前跷高。A_1A 为楦前跷高，在楦体测量时，一般在 5～10 毫米，跟越高，前跷越低，平跟有时可达 15 毫米。

（7）后跷高 OO' 为后跷高，也叫后跟高，一般以净楦来测量。设计底型时，先测量后跷高，再确定前跷高的尺寸。

（8）踵心垫高。先在楦底样上计算出踵心点位置，然后在确定后跟高同时，测得踵心点到地面之间的高度，就是踵心垫高，在设计掌型时，不论平、高跟，都要经过 M 点，特别是女高跟，细掌型的，必须建立于 M 点上，如图 1－13 所示。

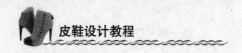
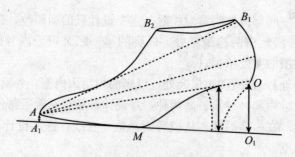

图 1-13　鞋楦的主要控制线

7. 楦底样复制

标准的楦底样板，是各种模具设计的主要依据。采用的方法是直接从楦体上糊楦取样，将其剪裁成型。使用工具包括鞋楦、美纹纸（宽度 15 毫米左右）或牛皮纸（100 克）、铅笔、白样板、美工刀、剪刀。按以下步骤操作：

（1）首先按楦底中线方向粘上一条美纹纸，以保证其长度不变，然后从楦头开始粘上美纹纸的宽度，要求后面的美纹纸要重叠前面的美纹纸 5 毫米，以保证取出时不会变长和分离，如图 1-14 所示。

（2）美纹纸须贴平整不能扭曲，再用手指将楦底边沿线的棱角按出，用硬物将楦底样重复押平，再用铅笔按边沿线画出楦底轮廓印，注意手要轻，线要清、要细，如图 1-14 所示。

（a）　　　　　　　　　　　（b）

图 1-14　楦底样复制

（3）在楦边线 10 毫米外，用剪刀剪出楦底样边侧多余的美纹纸，然后从楦前头依次掀起美纹纸，手要轻，动作要慢，不要将整体楦底样分离，如图 1-15 所示。

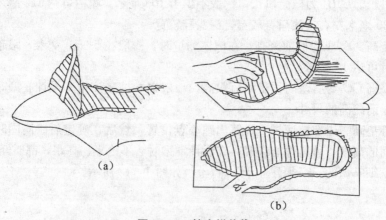

（a）

（b）

图 1-15　楦底样剪裁

（4）将其贴在硬的白样板上，注意先按中心点，往楦的两侧粘贴，先确定其宽度，再按中心点，往楦的前后粘贴，再确定其长度不变，最后以中心往四面扩散，将楦底样全部粘贴到白样板上，要平展服贴，为保证其长度和宽度不变，检查确定后，用剪刀按铅笔线剪下轮廓，注意以线内为剪取标准，即得出楦底样板，如图 1-15 所示。

（5）楦底样出来以后，按各脚型特征部位点，在楦底样上标出各控制点，并将其宽度线、斜宽线、分踵线、踵心线标出来，如图 1-16 所示。

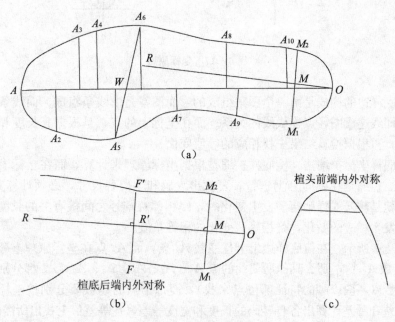

图 1-16 楦底样制取

①分踵线的选取。在楦的后半部分（内、外腰窝）分别作为 FF' 和 M_1M_2 的平行线，并在两线上分别作 1/2 取中点 R' 和 M，然后将两点连成一直线 RO，即为分踵线，如图 1-16所示。

②中轴线的选取。在楦前头作对称线，找出 A 点，即楦前是对称状，将 AO 连线，即为楦的中轴线（也叫楦底中线），如图 1-16 所示。

8.楦底样扩缩

楦底样板是各种鞋的模板制作的基础，当楦底样标准的中号样板复制好后，必须按其所需尺寸码数进行扩大和缩小，有多种方法，下面简单介绍。

（1）坐标原理扩缩。无论是哪一种扩缩方法，都是以坐标原理来演变的。在坐标系内，分别有长度向 L 和宽度向 S，当正方向和负方向的每一格相等时，即每一格就可代表一个码数，假设在正格和负格上分别定出码数 24、25、26，并将它们连成线，即可以看出有一个四方形，将每一方形的对角连出一条斜线并延长，在斜线上按±码差找出大、中、小码的点，在斜线上找出每个码的相等差值，按每一等差就可以找出相应的鞋码，如图 1-17所示。

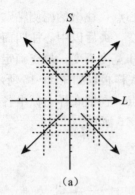

（a）

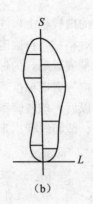

（b）

图1-17　坐标原理

因为楦底样边的构成是由一个图案组成的，而图案是由线条组成，而线条又是由无数点所组成，即线连成图，点连成线的关系；而在坐标上的点，是根据其长度和宽度的相交点来确定的，再根据换算结果来找相应的等值变化。

（2）楦底样坐标扩缩法。楦底样扩缩是根据坐标原理来计算，而在坐标上分别有长度数和宽度数。扩缩是在中间号上进行，要找出大码和小码各尺寸，必须计算其等值变化。何谓等差，就是鞋号式样肥瘦型发生变化时，使相邻两鞋号之间楦有关的长度、宽度、围度、高度也发生相应的变化，是指这些变化的相等差值。

如图1-17所示，在楦底样边沿上任意找A_2点，而A_2点在坐标原理上分别有长度数$A_2'O$和宽度数A_2A_2'，那么其他所要找的点A_3、A_4、A_5、A_6、A_7、A_8都分别有各自的长度数和宽度数（一般以脚的特征部位点来找），而每个点的码数要分别按坐标原理，按鞋号的所需号差和围差计算出各自鞋码的长度和宽度等差，在等差值上找出所需码数。

①长度等差公式：

$$\frac{楦底样长等差}{楦底样长度}=\frac{某特征部位的等差}{某特征部位长度}$$

则$\Delta L/L=\Delta X/X$

$\Delta X=（\Delta L\cdot X）/L=\pm$长度等差

②宽度等差公式：

$$\frac{楦跖围等差}{楦围度}=\frac{某特征部位的等差}{某特征部位宽度}$$

则$\Delta S/S=\Delta X/X$

$\Delta X=（\Delta S\cdot X）/S=\pm$宽度等差

下面以实例加以说明。

例：以25码男素头楦的各特征部位点来说明。

a. 求男25码素头楦$A_2'O$，$A_3'O$，$A_4'O$，$A_5'O$的长度等差？

已知25码　　$L=265mm$　　　　　　　　　$\Delta L=\pm 5mm$（中国鞋号）

$A_2'O=220mm$　　　　　　　$A_3'O=190mm$

$A_4'O=176.3mm$　　　　　　$A_5'O=153.8mm$

求：各$\Delta X=\pm$？

解：根据公式$\Delta X=（\Delta L\cdot X）/L=\pm$长度等差

得 $A_2'O=(5×220)÷265=±4.15$mm

$A_3'O=(5×190)÷265=±3.58$mm

$A_4'O=(5×176.3)÷265=±3.33$mm

$A_5'O=(5×153.8)÷265=±2.9$mm

从上述公式计算得知，每一点的长度不同，所得的等差也不同，长度等差是随着长度数越短，得出的等差值就越小。式中："＋"是表示加大一个号码，"－"是表示减小一个号码，如此类推计算出所找的码数。

b. 求男 25 码 Ⅱ 型半素头楦 A_2A_2'，A_3A_3'，A_4A_4'，A_5A_5' 的宽度等差？

已知 25 码 $S=239.5$mm $\Delta S=3.5$mm（中国鞋号）

$A_2A_2'=33.6$mm $A_3A_3'=49.3$mm

$A_4A_4'=36$mm $A_5A_5'=52$mm

求：各 $\Delta X=±$？

解：根据公式 $\Delta X=(\Delta S·X)/S=±$宽度等差

得 $A_2A_2'=(3.5×33.6)÷239.5=±0.5$mm

$A_3A_3'=(3.5×49.3)÷239.5=±0.73$mm

$A_4A_4'=(3.5×36)÷239.5=±0.53$mm

$A_5A_5'=(3.5×52)÷239.5=±0.77$mm

注：在求等差时，以实际楦的长度和围度的尺寸来计算。

从例 a、b 中可以看出 A_2 点分别有长度和宽度的等差值±数，在此点的等差值±数上进行加减，就可以找出此点的各大、中、小码的点，将各自码数的点相互连接成图即可得到各尺码的楦底样，同理其他各点都可换算得出，下面列出各点的等差。

A_2 长度 $220±4.15$mm A_3 长度 $190±3.58$mm

宽度 $33.6±0.5$mm 宽度 $49.3±0.75$mm

A_4 长度 $176.3±3.33$mm A_5 长度 $153.8±2.9$mm

宽度 $36±0.53$mm 宽度 $52±0.77$mm

A_6 长度 A_7 长度 A_8 长度

宽度 宽度 宽度 ……

下面从点 A_2 中可看出，要找出大码和小码点的等差，在其长度和宽度上加、减即可。

步骤一：

在原 25 码的 A_2 点长度是 220 毫米，＋4.15 向前移动一码得 $25\frac{1}{2}$ 码 A_2 点长度，－4.15 向后退一码就得 $24\frac{1}{2}$ 码 A_2 点，分别根据坐标原理作其大、小码的中轴线的垂线，如图 1-20 所示。

步骤二：

然后在 A_2 点宽度 33.6 毫米上，＋0.5 得 $25\frac{1}{2}$ 码 A_2 点，－0.5，就得 $24\frac{1}{2}$ 码，这要注意，由于长度线上分别给出大、小码，故应用圆规或分规分别扎点找大、小码。这样大、小码都分别有长度和宽度相交点。

从相交点看出，大、中、小三点正好在同一线上，将其连成一斜线，这样斜线上两点

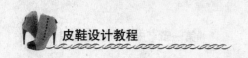
之间的距离，就是我们要找的每个码的等差变化，每前进一码或后退一码，就是我们要找的码数。

再从 A_3 点中也可找出大、小码，但 A_3 其所在坐标右侧，故方向不同，如图 1-18 所示。

步骤三：

同理。在点 A_3 长度上 190 毫米+3.58，向前移动一码得 $25\frac{1}{2}$ 码，-3.58 后退一码得 $24\frac{1}{2}$ 码，再分别根据坐标原理作其大、小码的中轴线的垂线，如图 1-18 所示。

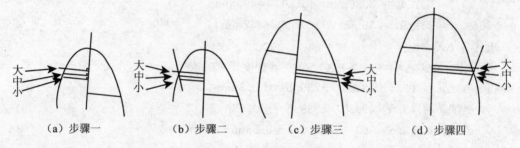

（a）步骤一　　　（b）步骤二　　　（c）步骤三　　　（d）步骤四

图 1-18　坐标原理分解

步骤四：

从 A_3 宽度上 49.3 毫米+0.75，向前移动一码得 $25\frac{1}{2}$ 码，-0.75 后退一码得 $24\frac{1}{2}$ 码，也就是用圆规或分规，在大码线及小码线上找相交点。在大、中、小的相交点基础上，分别有其各码的等差值，在等差值的基础上可轻松找出各尺码的特征点，如图 1-19 所示。

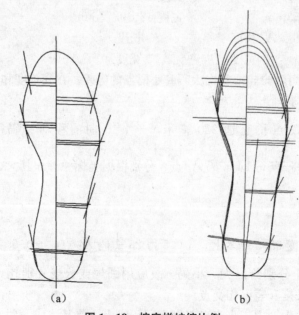

（a）　　　　　　　　　　（b）

图 1-19　楦底样扩缩比例

其他点 A_4、A_5、A_6、A_7、A_8 如此类推，分别可找出各尺码点的等差值，从图1-19中可看出每点的等差值，当长度越短的时候，它们的等差值就越小；而 A 点是楦底样的总长，它只有长度，而没宽度，故在 A 点上±5毫米，就可找出各尺码。

从每一斜线上找出各自的尺码，用楦底样分别量画出各尺码的比例图，注意按每一小段来分层标画，如图1-19所示。

（3）经验数据根据扩缩。楦底样经验数根据扩缩，是根据坐标原理演变出来一种较方便的扩缩方法，也是根据其长度和宽度来换算的，但带有经验之操作，具体如下：

①首先画出楦底轮廓，在楦底样上定出长度 AO，并连出中轴线，再根据楦围度定出楦底样斜宽线 A_5A_6。在图中可以看出长度线上分成两段 AW、WO，斜宽线也分成两段线 A_5W、A_6W，这样可根据坐标原理来计算其等差值。

②设定男素头楦25码的尺寸来计算：

如：男25码 $L=265mm$ $\Delta L=\pm5mm$ $S=239.5mm$ $\Delta S=\pm3.5mm$

测量长度 $AW=100mm$ $WO=165mm$

宽   度 $A_5W=40mm$ $A_6W=50mm$

求各尺寸的等差值？

解：根据长度公式 $\Delta X=（\Delta L \cdot X）/L$

得 $AW=（5\times100）\div265=\pm1.9mm$

$WO=（5\times165）\div265=\pm3.1mm$

根据宽度公式 $\Delta X=（\Delta S \cdot X）/S$

得 $A_5W=（3.5\times40）\div239.5=\pm0.6mm$

$A_6W=（3.5\times50）\div239.5=\pm0.7mm$

如图1-20所示。

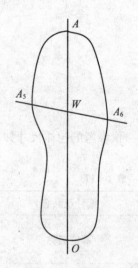

图1-20 经验扩缩

③分别根据长度 A 和 O 点及宽度 A_5 和 A_6 点的等差，在各自连线上找出大、小码的等差值，然后按长度方向先确定长度线，并根据大、小码将每一小段画出，再按宽度方向定宽度线，最后按中码画出放大和缩小码的线段，注意分段来完成，如图1-21所示。

④在画出大、小码的长、宽线后，按每段各方向将缺线段补画上，由于楦底样后部较长，故应分两段次来画，一定要按方向来确定，这样大码就可完成。细码就反之，如图2-21所示。

在扩缩操作时，只能按每一个码逐级进行，即 25 码放大 $25\frac{1}{2}$ 码、缩小 $24\frac{1}{2}$ 码，25 码不能跨越到 26 码、$26\frac{1}{2}$ 码、$23\frac{1}{2}$ 码，在做的过程中可直接用硬样板来完成。

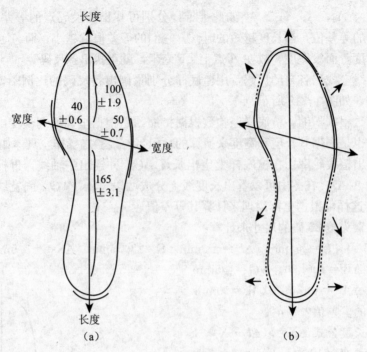

图 1-21 经验扩缩实例

供参考的楦体尺寸如表 1-17 所示。

表 1-17 楦体尺寸 单位：mm

编号及品名	跟高 40 女素头鞋楦		跟高 25 男素头鞋楦	
部位名称	23（Ⅰ型半）		25（Ⅱ型半）	
	尺寸	等差	尺寸	等差
楦底样长	242	±5	265	±5
放余量 m	16.5	±0.34	20	±0.38
脚趾端点部位	22.5	±4.66	245	±4.62
趾外凸点部位	202.5	±4.18	220	±4.15
长度 小趾外凸点部位	174.9	±3.61	190	±3.58
第一跖趾部位	162.3	±3.3	176.3	±3.33
第五跖趾部位	141.6	±2.93	153.8	±2.90
腰窝部位	89.8	±1.86	97.5	±1.84
踵心部位	36.9	±0.76	40	±0.75
后容差	4.5	±0.09	5	±0.09
围长 跖围	218.5	±3.5	239.5	±3.5
跗围	217.5	±3.5	243.5	±3.6

编号及品名		跟高40女素头鞋楦		跟高25男素头鞋楦	
部位名称		23（Ⅰ型半）		25（Ⅱ型半）	
		尺寸	等差	尺寸	等差
宽度	基本宽度	77.6	±1.2	88	±1.3
	拇趾里宽	28.6	±0.44	33.6	±0.50
	小趾外宽	44.5	±0.69	49.3	±0.73
	第一跖趾里宽	32.3	±0.50	36	±0.53
	第五跖趾里宽	45.3	±0.70	52	±0.77
	腰窝外宽	33.7	±0.52	39.5	±0.58
	踵心全宽	51.7	±0.80	59.6	±0.88
楦体尺寸	总前跷	37.5	±0.60	29	±0.42
	前跷	14	±0.22	18	±0.26
	后跷高	40	±0.64	25	±0.37
	头厚	16.5	±0.26	20	±0.29
	后跟突高点	20.3	±0.33	22.4	±0.33
	后身高	66	±1.06	70	±1.02
	前掌凸度	5	±0.08	6	±0.09
	底心凹度	6	±0.10	6	±0.09
	踵心凸度	3	±0.05	4	±0.06
	筒口宽	20	±0.32	26	±0.38
	筒口长	90	±1.86	100	±1.89
	楦斜长	237.2	±4.90	263.5	±4.97

（四）脚与楦的换算关系

脚长是制定鞋号的基础，也是设计楦型长度的依据，无论哪一式样的鞋楦，其楦底样长均大于脚长。而楦型是依据脚的外部形态来设计，它必须通过长度、宽度、高度和围度来设计，并要考虑其美观造型、市场趋势、顾客心理、地区特点来设计楦型。要真正了解楦型，还要了解以下几个基础概念：

1. 换算公式

（1）楦底样长＝脚长＋放余量－后容差（如图1－22所示）。用代号表示，$L=l+m-n$。

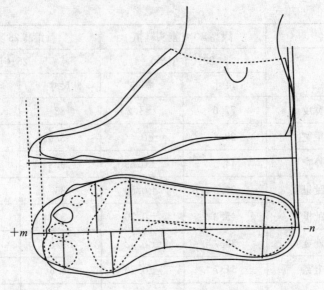

图 1-22 脚与楦的关系

（2）放余量 m。从图中我们看出，在脚趾前端点与楦前面有一空间距离，这是因为：其一受气候季节的变化，测量同一双脚时，冬季为248毫米，在夏季为252毫米长；其二从事劳动强度的不同，脚长也不同，重体力劳动者足弓韧带被拉长，可引起足纵弓下塌，脚长可增长5毫米；其三行走路程多少，活动多少使脚长增长5～8毫米；其四鞋式的不同需要，一般规律是鞋头越瘦，楦底长比脚长越大；相反，鞋头越肥宽大，增长就减少。

为了保证脚在鞋内有一定的活动余地，使脚不至于顶鞋头，须加一定的量，这个量叫放余量，也就是脚趾端点在底中线上投影点与楦前端点之间的距离。

放余量是通过感觉极限试验，结合各种鞋的不同结构，加上一定的经验值而确定的。它一般有两种叫法，一种叫放余量，另一种叫基本放余量，是楦底样长比脚长大的实际量，也就是说减去后容差后的放余量。

男素头楦 25 码放余量不小于10 毫米		女素头楦 23 码放余量不小于8 毫米	
25 码三节头楦	25mm	23 码一般素头楦	16.5mm
一般素头楦、舌式	20mm	超长素头楦	19.5mm
超三节头楦	30mm	浅口鞋楦	14.5mm
男凉鞋	9mm	女凉鞋	10mm
男靴	20mm	靴楦	16.5mm

综上述楦长和脚长的关系：$m=L-l+n$。

（3）后容差 n。从图中也看出，在楦体前端点、后端点，后跟凸点处于平衡状态时，通过这三个点作水平面的垂线时，后两条垂线之间的距离即为后容差。

后容差是脚后跟凸点在底中线上投影点与楦后端点之间的距离，一般取后跟边的50%，规律值为 $n=2\%l$。

为什么要减后容差。这是因为人脚后跟都有一定的凸度，为了使鞋的后跟能跟脚走，则要求各种鞋楦后跟也应该有适合的凸度。而各种鞋楦的后容差由于鞋的材料、结构不同，也各不相同。例如皮鞋和满帮鞋因主跟材料较硬，后容差可大些；主跟较软，后容差小些，布鞋最小，如后容差偏大，可容易穿着时松"坐跟"。

根据规律值 $n=2\%l$ 可得出各数根据。

男 25 码　　　　　$n=2\%\,l=0.02\times250=5$

女 23 码　　　　　$n=2\%\,l=0.02\times230=4.6$

童 $21\frac{1}{2}$ 码　　　$n=2\%\,l=0.02\times215=4.3$

童 $18\frac{1}{2}$ 码　　　$n=2\%\,l=0.02\times180=3.6$

童 $14\frac{1}{2}$ 码　　　$n=2\%\,l=0.02\times145=2.9$

综上述楦长和脚长的关系：$n=L-l-m$。

从上各式中可看出，放余量是脚趾前端的一般空间量，而后容差是脚后跟与楦底间的距离，那么，我们可以利用公式来计算出各鞋楦的长度：$L=l+m=n$，如图 1-23 所示。

例：25 码男素头楦　$L=l+m-n$

　　　　　　　　　$=250+20-5=265$

超长、三节头楦　$L=250+25-5=270$

　　　　　　　　$L=250+30-5=275$

男凉鞋楦　　　　$L=250+9.5-4.5=255$

23 码女素头楦　$L=l+m-n$

　　　　　　　　$=230+16.5-4.5=242$

超长楦　　　　　$L=243+3=246$

女凉鞋楦　　　　$L=230+10-4=236$

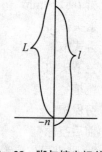

图 1-23　脚与楦坐标关系

从纵坐标图中也可看出，脚长是 $A_1O_1=l$，是有后容差量在其中，而楦长是 $AO=L$，它有放余量和减去后容差的长度。当楦型变化时，脚长基本不变，主要改变的是放余量；主要改变的是楦头造型，头型如薄小、高厚、尖窄、方扁、圆形。在长度上，仅以脚长为需要也不符合实际穿着，还要根据品种的不同使它的长度有所不同。比如加长放余量，人们看鞋款时会感到偏长，整体造型就觉得偏瘦。一般规律是，鞋前头越瘦，放余量越大；相反，鞋前头越肥，放余量越小。不同款式皮鞋的放余量和后容差如表 1-18 所示。

表 1-18		不同款式皮鞋的放余量和后容差						单位：mm
品种 部位	男素 头楦	男三节 头楦	男全空 凉鞋楦	男拖 鞋楦	女素 头楦	女浅口 鞋楦	女全 空凉鞋	女满帮 凉鞋楦	大童素 头楦
后容差	5	5	4	4	4.5	4.5	3.5	3.5	4
放余量	20～25	25～30	9	16.5	16.5	10.5	16.5	16
后跟凸点高	22.4	22.4	22.4	22.4	20.3	20.3	20.3	20.3	19.5

这里我们牢记后容差在公式中所起的作用。因为在楦底样长和脚长关系上，后容差起主导作用。在以后设计工作中，我们就感觉到楦体上要找的控制点，实际上就是按脚型规

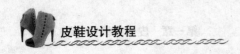

律在楦体上所找的控制点，而帮样设计过程，就是脚型设计过程。

2. 脚跖围与楦跖围的关系

脚跖围是在走路时会发生弯曲的关键部位，它承受着人体重量和劳动的负荷。如果鞋楦跖围安排不妥，不仅穿着不舒适，也容易造成鞋跖趾部位的早期破损。因为脚跖趾部位的肉体较为圆滑饱满，因此，鞋楦跖趾部位安排应同脚的实体接近，这样穿着时既有线条，又显美观、舒适又不感到夹脚。

经过感觉极限实验和实践的测定，最佳楦跖围为两个范围：①男女楦跖围要小于脚跖围3.5毫米，大童楦跖围要小于脚跖围2.5毫米，中童楦跖围要大于脚跖围6.5毫米，小童楦跖围大于脚跖围13.5毫米。②男女楦跖围至跗围前一般的底板要凸出（似弓形）2毫米，大童凸出1.5毫米，这是参数，因脚受冷热气候的变化而收缩、膨胀，还有脚肥瘦之分；另外还要考虑鞋的品种、式样、跟高、材料以及加工工艺不同等因素，对楦跖围的确定都有一定的影响。同一型号脚跖围与楦跖围并不完全相等，而是根据鞋的跟高和鞋的式样而变化的。

例如：

男 $l=250mm$	Ⅱ型半	$S=243mm$	女 $l=230mm$	Ⅰ型半	$S=222mm$
素头楦	$239.5<S$	-3.5	素头	$218.5<S$	-3.5
舌式楦	$236<S$	-7	女浅口	$215<S$	-7
三节头楦	$239.5<S$	-3.5	女靴	$222=S$	
靴楦	$243=S$		全空凉鞋	$215<S$	-3.5
劳保楦	$246.5>S$	$+3.5$	女劳保楦	$225.5>S$	$+3.5$
前后空凉鞋	$293.5<S$	-3.5	平跟	$223.5>S$	$+1.5$

3. 脚跗围与楦跗围的关系

跗围是脚的一个重要围的尺寸。若楦跗围太小，成鞋或"压脚面"，跗围太大，鞋又不跟脚。跗围尺寸合理的鞋子，不仅能绑住脚背，拖住脚心，使脚保持在正确的位置上，防止脚向"前冲"，而且还不会妨碍血液的循环、皮肤的呼吸和鞋内空气的循环。

跗围是指脚背、脚心的围长，它在皮鞋内主要是控制脚在一定空间位置上。除了空头空跟凉鞋或浅口门的女鞋之外，其他各类鞋的品种都关系到跗围。各种品种的跗围都各不相同，较为合理的楦跗围应大于脚的跗围1～1.5毫米或相等于脚跗围，因为楦跗围小了做出的鞋会压痛脚，过大就不合脚，更为重要的是楦跗围适当稍大一点，可以使楦的底心凹底接近脚形，使设计的鞋帮的腰部拖住足弓，穿着起来就合脚、舒适，所以楦的跗围一般比脚的跗围大。

4. 脚兜跟围与楦兜跟围的关系

胶面胶鞋中的工农雨鞋、轻便鞋、工矿靴等及皮鞋中的马靴等高腰靴楦的兜跟围的处理，有十分重要意义。脚兜跟围指的是脚腕至脚后跟的围长，是用于设计制造各种高帮靴鞋类的控制数根据。高腰靴楦的兜跟围须大于脚的兜跟围，但不能太大，穿着脱落虽方便，但行走时不跟脚，太小则虽跟脚型，但穿脱较困难。因此，各种靴楦兜跟围要处理恰当。根据经验，轻便靴、工矿靴的楦兜跟围应比脚兜跟围大45～50毫米，马靴、楦兜跟围比脚兜跟围大40毫米为宜。

为适应同样长度脚型而肥瘦不同的人们需要，鞋楦的肥瘦分为五个型号，中间有半型，根据全国脚型的调查分析，城市男性的脚型肥围一般在Ⅰ型半至Ⅱ型半之间，女性脚型肥围在Ⅰ型Ⅱ型之间，农民的脚型肥围一般比大城市居民大一个型号左右，如图1-24所示。

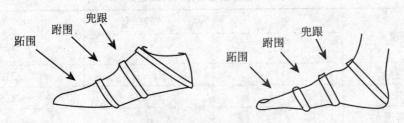

图 1-24 三种围的测量

男25码Ⅱ型半，女23码Ⅰ型半的楦围、跗围、兜跟围与脚围的关系，如表1-19所示。

表 1-19　　　　　　　　　　楦围、跗围、兜跟围与脚围关系　　　　　　　　单位：mm

鞋　种		跖围		跗围		兜跟围	
		脚	楦	脚	楦	脚	楦
胶鞋	解放鞋	243	243	243	249.9	319.42	—
	网球鞋	243	239.5	243	243.6	319.42	—
	轻便鞋	222	225.5	222	225.5	291.91	321.5
	棉胶鞋	177	190.5	178.81	197.5	231.69	—
皮鞋	男素头鞋	243	239.5	243	243.6	319.42	—
	男三节头鞋	243	239.5	243	243.6	319.42	—
	女圆口鞋	222	215	222	212	291.91	—
	女棉鞋	222	222	222	222	291.91	—
	童素头	177	183.5	178.81	187.5	231.69	—
布鞋	男橡筋	243	238.5	243	248.6	319.42	—
	女一带	222	214	222	213	291.91	—
	女拉锁棉	222	221	222	223	291.91	—
	童棉筋	177	182.5	178.81	188.5	231.69	—
塑料鞋	男满帮	243	239.5	243	247.6	319.42	—
	男全空	243	236	243	246.1	319.42	—
	女40跟	222	215	222	223.25	291.91	—
	童全空	177	183.5	178.81	193.5	231.69	—

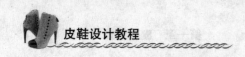

另外，解放鞋童装楦跖围与脚跖围关系、楦跟高对楦跖围和楦跗围的影响，如表1-20、表1-21所示。

表1-20　　　　　　　　　　解放鞋童装楦跖围与脚跖围关系　　　　　　单位：mm

部　位	鞋　号		
	$14\frac{1}{2}$	18	$21\frac{1}{2}$
脚围	149	180.5	212
楦围	166	190.5	215
楦围比脚围大	17	10	3

表1-21　　　　　　　　　　楦跟高对楦跖围和楦跗围的影响　　　　　　单位：mm

	女素头楦		女浅口楦		女靴楦		女凉鞋楦	
	跖围	跗围	跖围	跗围	跖围	跗围	跖围	跗围
20	216.5	220.5	213	215	220	225	213	221
30	216.5	218.5	213	213	220	223	213	219
40	218.5	217.5	215	212	222	222	215	218
50	218.5	215.5	215	210	222	220	215	216
60	220.5	215.5	217	210	224	220	217	214
70	220.5	211.5	217	206	224	216	217	212
l	230		230		230		230	
m	16.5		14.5		16.5		10.5	
n	4.5		4.5		4.5		4.5	
$L=l+m+n$	242		240		240		237	

女超长楦 $m=19.5$ 　$L=242$

跟高↑　跖围↑　跗围↓

5. 脚型宽度与楦型的关系

（1）楦型宽度的确定。是根据脚的宽度来确定的，也是按楦型设计要求与成鞋穿着舒适度、外形美观、节约原材料有关。皮鞋的内膛底的宽度是依据楦型宽度而定的；楦型底宽度是根据脚印线和轮廓线而定的。楦跖围太宽，鞋必然偏扁塌，既浪费材料，穿着也不舒适；相反，宽度太窄，虽然底部用料较省，但由于脚第一、第五跖趾关节骨骼多，肌肉少，压缩性差，加之它经常承受人体重要和劳动负荷，会造成夹脚，穿着不舒适。故而设计楦型宽度时，它的基本宽度不宜太小（紧），紧了会使穿着不舒服，行走不便，尤其是在脚受热膨胀后夹脚痛，为此楦型基本宽度要求保留足够的边距数量，如图1-25所示。

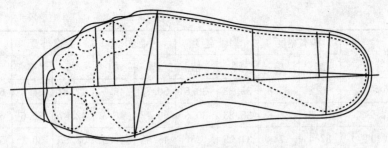

图1-25　脚宽与楦型的关系

　　(2) 脚拇趾里宽及小趾外宽与楦拇趾里宽及小趾外宽的关系。从图中可看出，鞋楦拇趾和小趾部位是脚对应部位宽度最凸出点，如果鞋楦拇趾及小趾部位太窄，容易挤疼脚趾，造成鞋帮顶穿，但是太宽会影响鞋头的造型美观，保留量应少，由于人在行走时，脚外趾向外有较大的活动量，同鞋帮的摩擦厉害，但它的压缩性又小，所以穿着尖头式皮鞋时，行走时脚趾容易感到挤痛，除小趾脚印保留外，小趾边距的保留量要大些，对该部分不能安排过窄、过紧，要与穿着和款式统一，如图1-25所示。

　　(3) 脚腰窝和楦腰窝的关系。脚型里腰窝宽度较小，从穿着舒适及关节省鞋底用材料来讲，各种鞋楦里腰宽度都比较小；而鞋楦的侧棱圆滑，鞋楦底盘的腰档里段曲线较弯，其宽度就比较窄，制成皮鞋，使穿着服脚、舒适，这是皮鞋的特点，在设计帮样时，对腰窝的外段边距数不宜过大，注意美观，穿着舒服。

　　至于鞋楦的外腰窝宽，由于脚型比部位的活动量较小，而且肌肉又多，外腰窝宽度可以小一些。而塑料鞋，由于鞋帮只有几根带子组成，为避免"勒脚"，第五跖趾以后，需要有较大的宽度，所以除保留脚印外，其边距还需保留19.94%。其他鞋类就较小，如图1-25所示。

　　(4) 脚踵心宽和楦踵心宽的关系。人脚踵心部位肉体十分圆滑饱满，它处于脚的后跟部位，是人体重量和劳动负荷的主要承受部位。人站立时，踵心两侧肌肉要向外膨胀，加上各种鞋的工艺要求，又不允许楦型踵心部位两侧肉体与脚型一样，所以应保留较多的边距，以保证楦踵心两侧有一定容量。但也不能太宽，要注意皮鞋整体线条美观，如表1-22所示。

表1-22　　　　　　　　　　　**"四鞋"主要品种楦底宽度**

男25# Ⅱ型半　女23# Ⅰ型半　童18# Ⅰ型半　　　　　　　　单位：mm

鞋　种		基本宽度		拇趾宽度		小趾外宽		腰窝外宽		踵心全宽	
		脚	楦	脚	楦	脚	楦	脚	楦	脚	楦
胶鞋	解放鞋	95.8	85.8	35.23	30.6	50.22	46.5	42.87	36	63.73	57
	网球鞋	95.8	85.8	35.23	30.1	50.22	45.7	42.87	35.4	63.73	56.1
	轻便鞋（女）	87.4	74	31.95	26.1	45.68	39.9	38.95	30.7	58.04	49
	棉胶鞋（童）	69.31	63.7	27.2	23.1	39.18	35.6	30.92	26.1	46.67	42

鞋　种		基本宽度		拇趾宽度		小趾外宽		腰窝外宽		踵心全宽	
		脚	楦	脚	楦	脚	楦	脚	楦	脚	楦
皮鞋	男素头	95.8	85.8	35.23	30.6	50.72	46.5	42.87	36.6	63.73	57
	男三节头	95.8	85.8	35.23	30.6	50.72	46.5	42.87	36.6	63.73	57
	女圆口（40跟）	87.4	74	31.95	25	45.68	40.9	38.95	30.1	58.04	48.1
	女棉口（40跟）	87.4	75.3	31.95	25.5	45.68	41.7	38.95	30.7	58.04	49
	童素头	69.31	63.7	27.2	23.6	39.18	36.3	30.92	26.7	46.67	42
布鞋	男橡筋	95.8	87.1	35.23	30.6	50.72	47.2	42.87	36.6	63.73	57.9
	女带	87.4	74	31.95	25.7	45.68	39.9	38.95	30.7	58.04	49
	女拉锁靴	87.4	75.3	31.95	26.2	45.68	40.6	38.95	30.8	58.04	49.9
	童橡筋	69.31	65	27.2	23.2	39.18	36.3	30.92	36.7	46.67	42.9
塑料鞋	男满帮	95.8	85.8	35.23	30.6	50.72	46.5	42.87	37.2	63.73	57
	男全空	95.8	84.5	35.23	30.1	50.72	45.8	42.87	36.6	63.73	56.1
	女40跟	87.4	74	30.95	25	45.68	40.9	38.95	30.7	58.04	48.1
	童全空	69.31	63.7	27.2	23.6	39.18	36.3	30.92	27.3	46.67	42

6. 脚的跷度与楦的跷度的关系

（1）脚前跷与楦前跷。当人脚在空中自由悬空不负重力时，由跖趾部位到脚趾前端部位之间形成向上弯曲，并与脚底在地面形成一定的角度，这个角度是脚的自然跷度，叫脚前跷，一般为15°左右，脚的前端点距离地面之间的高度叫脚前跷度。

楦的前跷，是以脚的前跷为依据，并考虑到鞋的式样和结构要求来设计的。前跷越高，鞋的跖趾围在走路时弯曲变化就越小，还可以降低人脚弯曲鞋子的力量，减少鞋前头的磨损速度，减小鞋帮弯曲部位的褶子；前跷过低，会加快鞋头的磨损速度，使鞋面起褶。而前跷太高，必然导致鞋前掌凸度过大，影响穿着，严重的会造成脚跖趾横弓的下塌，促使两侧腰窝的鞋帮起褶，使鞋变型。所以鞋的前跷必须适度，一般控制在15~18毫米为最佳。如高于18毫米，脚趾感觉向上扳起，不舒适。低于15毫米，帮面易起褶，鞋头磨损比较快。

（2）脚后跷与楦后跷。后跷是指脚后跟垫起的高度，叫鞋的后跟高，人在走路时必须先把脚后跟抬起才能迈步。一般抬起的高度为50毫米，如穿着后跷为25毫米的鞋子，人在起步时就可省一半的起步力量，行路感觉轻快，减少疲劳。后跷还能保护鞋的后掌部位和绱合处免受磨损和破坏，减少外底与地面的接触面积，防止水分从腰窝和后掌部位透入鞋内，使人体重量比较恰当地分布于脚的各个部位，提高脚弓的弹性以及固定鞋的形状，增加鞋的线条美，后跷越高，线条越明显。

（3）前跷与后跷的关系。当楦摆放于地面坐标时，楦的后跟接触地面于一点时，楦前头完全抬起为楦的总前跷。而楦后端在坐标抬起的高度叫后跷高，那么当后跷有一定高度时，楦前端点也抬起一定的高度，叫前跷高。而脚的生理特点，按前跷与后跷在一定高度比例时，楦的前掌凸度点总会在一轴心线上，如图 1-26 所示。

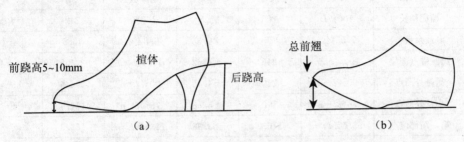

图 1-26 前跷与后跷

从图 1-26 可看出，人脚在前后跷运动时并不是简单的杠杆运动规律，而是较复杂的原理，因为前后掌部位长度的支承点 O 是随着前后跷的变化而移动的，但不会太大，一般是当前跷降低，后跷抬高时，凸度点 O 就会向前移动，反之则相反。根据研究，女鞋后跷每抬高 10 毫米，前跷就降低 1 毫米，男鞋后跷每抬高 5 毫米，前跷即降低 1 毫米。通常情况下，男、女鞋楦前后跷关系如表 1-23 所示。

表 1-23　　　　　　　　　男、女鞋楦前后跷关系　　　　　　　　单位：mm

品　种	后跷	前跷	品　种	后跷	前跷
男　鞋	25	18	女　鞋	20	16
	30	17		30	15
	35	16		40	14
	40	15		50	13
	45	14.5		60	12
	50	14		70	11
				80	10

7. 脚型与楦型的规律值换算

从脚型图分析及测量中得知，脚型的各特征部位是按一定的规律来排列的，设计人员必须要熟练掌握和正确应用这些规律，对指导设计工作有着十分重要作用，因为这些都是根据长度、宽度、高度、围度以及各号差、围差尺码的要求来设置的。

而规律值的确定是要按每地区的人群，按一定的比例调查分析得出，例如按 100 个人的脚长来换算，就可发现中等脚长在分析中占大比例，两头最大、最小是小数；而这大部分当中，它们脚的特征部位点在占脚长的比例上，代表了每地区的规律数值。那么，我们就可以利用这一规律在楦体上找出的数据。然后，按递增尺寸要求，计算出其他码数的脚控制点。下面先看规律值表，注意素头楦、靴、凉鞋按基本尺寸计算。

表 1-24　　　　　　　　　　　素头楦体尺寸（一）　　　　　　　　　单位：mm

鞋　号		跟高 25mm　25#　Ⅱ型半			跟高　23#　Ⅰ型半		
	部位名称	规律值%	尺寸	等差	规律值%	尺寸	等差
长度	楦底样长	100%L	265	±5	100%L	242	±5
	放余量	7.55%L	20	±0.38	6.82%L	16.5	±0.38
	脚趾端点部位	100%l−n	245	±4.62	100%l−n	225.5	±4.66
	拇趾外凸点	90%l−n	220	±4.15	90%l−n	202.5	±4.18
	小趾外凸点	78%l−n	190	±3.58	78%l−n	174.9	±3.61
	第一跖部位点	63.5%l−n	176.3	±3.33	72.5%l−n	162.3	±3.35
	第五跖部位点	72.5%l−n	153.8	±2.9	63.5%l−n	141.6	±2.93
	腰窝部位	41%l−n	97.5	±1.84	47%l−n	89.6	±1.86
	踵心部位	18%l−n	40	±0.75	18%l−n	36.9	±0.76
	后容差	2%l	5	±0.09	2%l	4.5	±0.09
围度	跖围	100%S	239.5	±3.5	100%S	218.5	±3.5
	跗围	101.67%S	243.5	±3.6	99.54%S	217.5	±3.5
	部位名称	规律值%	尺寸	等差	规律值%	尺寸	等差
宽度	基本宽度	36.74%S	88	±1.3	35.51%S	77.6	±1.2
	拇趾里宽	38.18%B	33.6	±0.5	36.8%B	28.6	±0.44
	小趾外宽	56.02%B	49.3	±0.73	57.35%B	44.5	±0.69
	第一跖部位点	40.09%B	36	±0.53	41.62%B	32.3	±0.5
	第五跖部位点	59.09%B	52	±0.77	58.38%B	45.3	±0.7
	腰窝外宽	44.89%B	39.5	±0.58	43.43%B	33.7	±0.52
	踵心全宽	67.33%B	59.6	±0.88	66.62%B	51.7	±0.8
楦体尺寸	跷度　总前跷	12.11%S	29	±0.42	17.16%S	37.5	±0.60
	前跷	7.52%S	18	±0.26	6.41%S	14	±0.22
	后跷高	10.44%S	25	±0.37	18.31%S	40	±0.64
	头厚	8.35%S	20	±0.29	7.55%S	16.5	±0.26
	后跟突点高	9.35%S	122.4	±0.33	9.29%S	20.3	±0.33
	后身高	29.23%S	70	±1.02	30.21%S	66	±1.06
	前掌凸度	2.51%S	6	±0.09	2.29%S	5	±0.08
	底心凹度	2.51%S	6	±0.09	2.75%S	6	±0.1
	踵心凸度	1.67%S	4	±0.06	1.37%S	3	±0.05
	筒口宽	10.86%S	26	±0.38	9.15%S	20	±0.32
	筒口长	37.74%L	100	±1.89	37.19%L	90	±1.86
	楦斜长	99.43%L	263.5	±4.97	98.02%L	237.2	±4.9

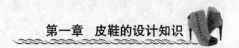

续 表

鞋 号		跟高17mm 25½# II			跟高15mm 18# II			跟高13mm 14½# III		
	部位名称	规律值%	尺寸	等差	规律值%	尺寸	等差	规律值%	尺寸	等差
长度	楦底样长	100%L	227	±5	100%L	192	±5	1001%L	157	±5
	放余量	7.05%L	16	±0.35	8.07%L	15.5	±0.4	9.55%L	15	±0.48
	脚趾端点	92.95%L	211	±4.65	91.93%L	158.5	±4.13	81.21%L	127.5	±4.06
	拇指外凸点	83.48%L	189	±4.17	82.55%L	158.5	±4.13	81.21%L	127.5	±4.06
	小趾外凸点	72.11%L	163.7	±3.61	71.3%L	136.9	±3.57	70.13%L	110.1	±3.51
	第一跖部位点	66.92%L	151.9	±3.35	66.15%L	127	±3.31	65.03%L	102.1	±3.25
	第五跖部位点	58.37%L	132.5	±2.92	57.71%L	110.8	±2.89	56.65%L	89.1	±2.84
	腰窝部位	37.09%L	84.2	±1.85	36.61%L	70.3	±1.83	35.99%L	56.1	±1.8
	踵心部位	15.29%L	34.7	±0.76	15.05%L	28.9	±0.75	14.71%L	23.1	±0.74
	后容差	1.76%L	4	±0.09	1.82%L	3.5	±0.09	1.91%L	3	±0.1
围度	趾围	100%S	211.5	±3.5	100%S	187	±3.5	100%S	162.5	±3.5
	跗围	101.89%S	215.5	±3.6	102.14%S	191	±3.6	102.46%S	166.5	±3.6
	部位名称	规律值%	尺寸	等差	规律值%	尺寸	等差	规律值%	尺寸	等差
宽度	基本宽度	36.692%S	77.6	±1.3	35.94%S	67.2	±1.3	35.75%S	58.1	±1.3
	拇趾里宽	38.79%B	30.1	±0.5	40.33%B	27.1	±0.52	41.48%B	24.1	±0.54
	小趾外宽	56.96%B	44.2	±0.74	59.23%B	39.8	±0.77	60.93%B	35.4	±0.79
	第一跖趾外宽	40.98%B	31.8	±0.53	40.9%B	27.5	±0.53	40.96%B	23.8	±0.53
	第五跖趾外宽	59.02%B	45.8	±0.77	59.08%B	39.7	±0.77	59.04%B	34.3	±0.77
	腰窝外宽	44.97%B	34.9	±0.58	44.94%B	30	±0.58	45.09%B	25.2	±0.59
	踵心全宽	67.78%B	52.6	±0.88	67.61%B	45.5	±0.88	67.81%B	39.4	±0.88
楦体尺寸	跷高 总前跷	11.352%S	24	±0.4	10.7%S	20	±0.37	9.85%S	16	±0.34
	前跷	6.622%S	14	±0.23	0.42%S	12	±0.22	6.15%S	10	±0.22
	后跷高	8.042%S	17	±0.28	8.02%S	15	±0.28	8%S	13	±0.28
	头厚	8.042%S	17	±0.28	8.56%S	16	±0.30	9.23%S	15	±0.32
	后跟突点高	9.222%S	19.5	±0.32	9.09%S	17	±0.32	8.8%S	14.3	±0.31
	后身高	29.312%S	62	±1.03	29.95%S	56	±1.05	30.77%S	50	±1.08
	前掌凸度	2.362%S	5	±0.08	2.41%S	4.5	±0.08	2.46%S	4	±0.09
	底心凹度	2.132%S	4.5	±0.07	1.87%S	3.5	±0.07	1.54%S	2.5	±0.05
	踵心凸度	1.652%S	3.5	±0.06	1.6%L	3	±0.06	1.54%S	2.5	±0.05
	筒口宽	10.172%S	21.5	±0.36	10.43%L	19.5	±0.36	10.77%L	17.5	±0.38
	筒口长	38.772%S	88	±1.94	38.02%S	73	1.9	38.85%S	61	±1.94
	楦斜长	98.68%L	224	±4.93	98.96%S	190	4.95	99.36%S	156	±4.97

从表1-24中可看出脚的各特征部位点在楦体中的位置,并按长度、宽度、高度等差公式计算出各等差值,即可在此基础上推算出各尺码的数根据。

例如：求 25 码男素头楦拇趾外凸点在楦上的尺寸是多少？

已知 25 码　脚长 $l = 250$mm　　　后容差 $n = 5$

∵ 根据规律值 $A_2O_1 = 90\% \ l$（在脚上尺寸）

∴ 在楦上尺寸 $A_2O = 90\% \ l - n$

$$= 90\% \times 250 - 5$$

$$= 220 \text{（mm）}$$

又如：求 25 码男素头楦第五跖趾在楦上的尺寸？

已知　25 码　脚长 $l = 250$　　　后容差 $n = 5$

∵ 根据规律值 $A_5O = 63.5\% \ l$（在脚上尺寸）

∴ 在楦上尺寸 $A_5O = 63.5\% \ l - n$

$$= 63.5\% \times 250 - 5$$

$$= 153.75 \text{（mm）}$$

从上面公式换算过程中，我们可以按照规律来计算每特征点在楦体上的尺寸，但注意楦长和脚长之间的关系。这里是计算中间码。那么，我们要换算大码、小码的根据，又如何计算呢？这里我们有两个方法来换算：一是利用前面坐标扩缩原理，在等差的基础上换算即可，另一种是利用规律值来计算。

例如：求 26 码素头楦拇趾外凸点在楦上的尺寸？

方法1：已知 25 码　$A_2O = 90\% l - n = 220$mm　　　$L = 265$mm　　　$\Delta L = 5$mm

　　　∴ 根据长度等差公式计算 $220 \pm$？

　　　即 $\Delta X = (\Delta L \cdot X) / L = (5 \times 220) \div 265 = \pm 4.15$

　　　∴ 26 码 $A_2O = 220 + 4.15 \times 2 = 228.3 \text{（mm）}$

方法2：已知 25 码　$L = 265$mm　　　$l = 250$mm　　　$n = 5$mm

　　　∴ 根据 26 码 $A_2O = 90\% l - n$

　　　又 ∵ 26 码 $l = (245 + 4.62 \times 2) + (5 + 0.09 \times 2)$

　　　　　　　$= 259.42 \text{（mm）}$

　　　$N = 5 + 0.09 \times 2 = 5.18 \text{（mm）}$

　　　∴ 根据 26 码

　　　$A_2O = 90\% \times 259.42 - 5.18$

　　　　　　$= 228.3 \text{（mm）}$

又如：求 24 码男素楦第五跖趾在楦上尺寸？

方法1：已知 25 码　$A_2O = 90\% l - n = 220$mm　　　$\Delta L = 5$mm

　　　　　　$A_5O = 63.5\% l - n = 153.8$mm

∴ 根据长度等差公式计算 $153.8 \pm$？

即 $\Delta X = (\Delta L \cdot X) / L = (5 \times 153.8) \div 265 = \pm 2.9$mm

∴ 24 码 $A_5O = 153.8 - 2.9 \times 2 = 148 \text{（mm）}$

方法2：已知 $L = 265$mm　　　$l = 250$mm　　　$n = 5$mm

∴ 24 码 $l = (245 - 4.62 \times 2) + (5 - 0.09 \times 2)$

　　　$= 240.58 \text{（mm）}$

　　　$n = 5 - 0.09 \times 2 = 4.82 \text{（mm）}$

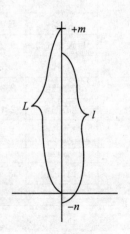

图 1-27　楦和脚关系

∴ 根据规律值

24 码　　$A_5O = 63.5\% \; l = n$

　　　　　　$= 63.5\% \times 240.58 - 4.82$

　　　　　　≈ 148（mm）

从以上两例公式换算中可看出，要找每尺寸数据，都可从等差和规律值来计算，如此类推。

这里楦和脚的关系，为何公式中 24 码、26 码的脚写成 $L = l + m - n$，如图 1-27 所示。

因为 25 码脚可分成：25 码 $l = A_1O + OO_1 = 245 + 5 = 250$，而在原理上，$A_1O$ 和 OO_1 是有等差的，即 245 ± 4.62，5 ± 0.09，而 24 码、26 码的脚应分别为 $l = (245 \pm 4.62 \times 2) + (5 \pm 0.09 \times 2)$，这从坐标图中可看出，脚长是由 A_1O 和 OO_1 来组成，而在公式中为什么要乘以 2 呢？这是因为在换算过程中，我们是以半码来作计算单位的，即每大、小一个半码，就是以一个半码来递增。

如：24 码　　　　　$A_1O = 245 - 4.62 \times 2 = 235.76$mm

$24\frac{1}{2}$ 码　　　　$A_1O = 245 - 4.62 \times 1 = 240.38$mm

25 码　　　　　$A_1O = 245 \pm 4.62$mm

$25\frac{1}{2}$ 码　　　　$A_1O = 245 + 4.62 \times 1 = 249.62$mm

26 码　　　　　$A_1O = 245 + 4.62 \times 2 = 255.24$mm

为了能将等差概念更好的运用，我们将举例说明。

例 1：在中国鞋号内，25 码鞋脚长的等差是多少？而 24 码、26 码又是多少呢？

解：已知 25 码　$L = 265$mm　$l = 250$mm　$\Delta L = 5$mm

∴ 根据公式

25 码 $\Delta X = \dfrac{\Delta L \cdot X}{L} = \dfrac{5 \times 250}{265} = 4.7$mm

它们各尺码长度是：24 码 $l = 250 - 4.7 \times 2 = 240.6$mm

　　　　　　　　　24.5 码 $l = 250 - 4.7 \times 1 = 245.3$mm

　　　　　　　　　25 码 $l = 250 \pm 4.7$mm

　　　　　　　　　25.5 码 $l = 250 + 4.7 \times 1 = 254.7$mm

　　　　　　　　　26 码 $l = 250 + 4.7 \times 2 = 259.4$mm

从各尺码变化中，可看出等差 4.7 不变，即 24 码、26 码的等差都是 4.7，如何求呢？我们可以根据长度等差公式来计差：

24 码 $\Delta X = (\Delta L \cdot X)/L = (5 \times 240.6) \div (265 - 5 \times 2) = 4.7$mm

26 码 $\Delta X = (\Delta L \cdot X)/L = (5 \times 259.4) \div (265 + 5 \times 2) = 4.7$mm

例 2：在中国鞋号内，Ⅱ 半素头楦 24 码、25 码、26 码的第五跖趾宽等差是多少？

解：已知中间码 25 码 $S = 239.5$mm　$\Delta S = 3.5$mm　第五跖宽 $X = 52$mm（查表）

∵ 根据宽度公式

25 码 $\Delta X = (\Delta L \cdot X)/S = (3.5 \times 52) \div 239.5 = 0.76$mm

24 码 $\Delta X = (\Delta S \cdot X)/S = 3.5 \times (52 - 0.76 \times 2) \div (239.5 - 3.5 \times 2) = 0.76$mm

26 码 $\Delta X = (\Delta S \cdot X)/S = 3.5 \times (52 + 0.76 \times 2) \div (239.5 + 3.5 \times 2) = 0.76$mm

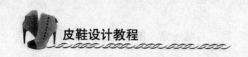

答：它们的等差是一样，为 0.76 毫米。

例 3：女素头楦 23 码 I 型半，后跟高为 40 毫米时，每码的等差是多少？

解：已知 23 码　$S=218.5mm$　$\Delta S=3.5mm$　后跟高 $X=40mm$

$\because$ 即根据宽度公式：

23 码 $\Delta X=(\Delta S \cdot X)/S=(3.5\times40)\div218.5=0.64mm$

即每码后跟高为：

22 码　后跟高 $X=40-0.64\times2=38.72mm$

$22\frac{1}{2}$ 码　后跟高 $X=40-0.64\times1=39.36mm$

23 码　后跟高 $X=40mm$

$23\frac{1}{2}$ 码　后跟高 $X=40+0.64\times1=40.64mm$

24 码　后跟高 $X=40+0.64\times2=41.28mm$

我们现用等差和规律值来换算其他部位点，加强对脚型与楦型的认识。

例 1：在 25 码楦上找出前掌凸度在楦上的位置。

步骤一：分析从脚型图中可看出，前掌凸度点是由斜宽线与中轴线相交点，而斜宽线是由 A_5A_6 接而成的，故找出 A_5、A_6 点在楦上的尺寸即可。

$\because$ 已知 25 码　$l=250mm$　$n=5mm$

$\therefore$ 根据规律值得：$A_5O=72.5\%\,l-n=72.5\%\times250-5=176.25mm$

$A_6O=63.5\%\,l-n=63.5\%\times250-5=153.75mm$

假设用 24 码、26 码，又如何？我们可根据等差来换算。

从上换算中，可得知

$\because$ 25 码 $A_5O=176.25mm$

$A_6O=153.75mm$

根据长度公式

$\Delta X=(\Delta L \cdot A_5O_1)/L=(5\times176.25)\div265=\pm3.3mm$

$\Delta X=(\Delta L \cdot A_6O_1)/L=(5\times153.75)\div265=\pm2.9mm$

即 24 码 $A_5O=176.25-3.3\times2=169.65mm$

$A_6O=153.75-2.9\times2=147.95mm$

26 码 $A_5O=176.25+3.3\times2=182.85mm$

$A_6O=153.75+2.9\times2=159.55mm$

步骤二：根据规律值换算。

已知：25 码 $A_5O=72.5\%l-n=72.5\%\times250-5=176.25mm$

$A_6O=63.5\%l-n=63.5\%\times250-5=153.75mm$

$\therefore$ 24 码 $A_5O=72.5\%l-n=72.5\%\times240.58-4.82\approx169.6mm$

$A_6O=63.5\%l-n=63.5\%\times240.58-4.82\approx147.9mm$

26 码 $A_5O=72.5\%l-n=72.5\%\times259.42-5.09\approx183mm$

$A_6O=63.5\%l-n=63.5\%\times259.42-5.09\approx159.6mm$

步骤三：可直接用规律值来计算 $WO=68.8\%l-n$ 即可。

24 码 $WO = 68.8\% \times 240.58 - 4.82 = 160.7mm$

25 码 $WO = 68.8\% \times 250 - 5 = 167mm$

26 码 $WO = 68.8\% \times 259.42 - 5.09 = 173.4mm$

例 2：计算男素头楦 24 码、25 码、26 码脚的前跗骨在楦上的尺寸、长度及高度。

解：根据规律值来换算

步骤一：已知　25 码

长 $A_7O = 55.3\% l - n = 55.3\% \times 250 - 5 = 133.25mm$

高 $A_7 = 23.44\% l = 23.44\% \times 250 = 58.6mm$

24 码

长 $A_7O = 55.3\% l - n = 55.3\% \times 240.58 - 4.82 \approx 128.2mm$

高 $A_7 = 23.44\% l = 23.44\% \times 240.58 \approx 56.4mm$

26 码

长 $A_7O = 55.3\% l - n = 55.3\% \times 259.42 - 5.09 \approx 138.4mm$

高 $A_7 = 23.44\% l = 23.44\% \times 259.42 \approx 60.8mm$

步骤二：已知　25 码　　　$L = 265mm$　　　$\Delta L = 5mm$

　　　　　　　　　　$S = 239.5mm$　　　$\Delta S = 3.5mm$

∵根据规律公式：

25 码

长 $A_7O = 55.3\% l - n = 133.25mm$

高 $A_7 = 23.44\% l = 58.6mm$

∴ 根据等差公式分别求长和高的等差

长 25 码　$\Delta X = (\Delta L \cdot X) / L = (5 \times 133.25) \div 265 \approx \pm 2.5mm$

宽 25 码　$\Delta X = (\Delta L \cdot X) / L = (3.5 \times 58.6) \div 239.5 \approx \pm 0.86mm$

∴ 24 码　长 $A_7O = 133.25 - 2.5 \times 2 = 128.3mm$

　　　　高 $A_7 = 58.6 - 0.86 \times 2 = 56.9mm$

　　26 码　长 $A_7O = 133.25 + 2.5 \times 2 \approx 138.3mm$

　　　　高 $A_7 = 58.6 + 0.86 \times 2 \approx 60.3mm$

第二章 鞋面设计原理

第一节 平面与曲面的关系

一、皮鞋帮样设计的目的

我们知道皮鞋是以各种天然皮革和合成皮革材料，运用各种加工手段和方法制成的。皮鞋的成型，就是把皮革和其他合成材料经过加工套在符合人体脚型规律而又被美化的楦体上定型而成的。

皮鞋的帮样设计，主要从两个方面去考虑。其一是式样设计，所谓式样设计就是根据服饰皮鞋的流行趋势，结合材料、工艺、楦型的运用，设计出外形新颖的皮鞋；我们知道，鞋除了作为我们穿在脚上走路的工具保护双脚外，它还作为脚饰的一部分，起到美化装饰我们人体的作用，因此我们需要的皮鞋不但舒适耐用，而且美观大方。其二是工艺设计，工艺设计主要是皮鞋的成型工艺设计，从皮鞋的结构可以看出皮鞋主要由面和底构成。

二、皮鞋帮样设计的原理

为了使我们更好地理解、学习皮鞋帮样设计的原理，必须对几个基本概念加以认识。

（一）表面平展

我们知道将一个火柴盒沿某一棱角剪开，其木质的盒体可以摊成平面的薄片；一个圆柱体型的暖水瓶壳，我们可以把它剪开成平面的薄铁片；同样一个圆锥型的铁筒我们可以把它剪开成扇状铁皮。这种按实际形状和大小顺序摊开成一个平面的过程我们称为物体的表面展开。物体表面展开的画出图形，叫做展开图，但并不是所有的物体表面都是可以展开的。有些表面规则的物体在摊开成为平面的过程中，图形的形态和面积不会发生丝毫的变化，如正方体、长方体、棱锥体、棱柱体、圆柱体及圆锥体等。对于曲面体如果是规则的（如圆柱体），它的曲面弯曲方向只有一个（沿周长方向），那么这个曲面体就具备了可展开的条件，它的表面可以展开成为一个平面的图形。

（二）曲面展平

圆球是一个十分规则的几何体，但它是一个多向弯曲的曲面，我们称之为不可展开曲面。正如要对橘皮展开摊平，橘皮必然会破裂一样。因为这一类型的曲面只能采取切割和折叠的方法，将曲面切割成许多条形，使条形中间展开，而使两边稍能拉长，才能成为平面图形。所得的平面图形和原来曲面的面积就有些不同了，这种展开叫做不可展开曲面的近似展开。

而同一件铁皮以冲压成型的方法来制成搪瓷碗，这种制作工艺既不允许切割，又不允许有褶皱，完全依靠一种弹性塑变能力，通过力的作用，将一件平面的材料制成一件具有

多种曲面的制成品，这一过程的逆变即将多向弯曲的自由曲面变成基本形态和面积相似的平面图形，我们称为曲面展开。曲面展开的原理对于皮鞋帮样设计具有十分重要的指导意义。

（三）楦面展开

鞋楦的楦面是根据脚的生理结构，成鞋的工艺条件和穿着的要求，经过美化装饰而成的，所以楦面是一个多向弯曲的自由曲面。在表面展开的理论中我们得知由多向曲面构成的楦面是不可展开的，可以根据曲面展平的原理，在一定条件下使自由曲面组成的楦面实现与平面之间的可转换性。

鞋楦虽然是一个多向弯曲的自由曲面体，是"不可展开"的，但是鞋帮所使用的主要原材料如皮革、代用革、织物都属于平面性质的材料，而且具有良好的弹性。皮鞋的制造，就是运用这些具有良好弹性的平面材料，生产出各式各样的曲面状态的鞋来，而皮鞋帮样的设计，从某种意义上讲，就是把楦体上的多向自由面取下呈空间曲面形态的纸样（曲面），经过各种不同的经验处理变成平面几何图形（展平），这种变换实际上就是采用"剪、切、补"的手法进行的"塑度"。"塑度"成一个面积相似形态相仿的平面图形，叫做"楦面展开"，过程如下：楦体曲面取样（空间曲面）→制成平面的面帮纸样（曲面展开）→皮鞋制造（曲面还原）。

可以看出，楦面的展开是为了更好地把平面的材料还原成曲面，而楦面的展开包含了对平面性质的弹性材料的塑变量。从中得出如何使取下楦体曲面的纸样展开为准确地代表了还原曲面所需的型变量，是使设计的帮样更好地在生产中满足鞋帮、绷帮要求的关键。

那么如何从楦体上取展开平面图呢？

目前皮鞋帮样设计主要有平面设计法和经验设计法。其实也是从楦体上取样展平的方法不同而区分的。

平面设计法的理论根据是自由空间曲面体"三角逼折法"近似展平的理论。一条曲线可以用若干条折线的和去近似它的长度。一个面最简单的形状是三角形，一个空间的自由曲面，可以用许多平面的三角形组合在一起来逼近，这叫做"三角逼近法"。楦体曲面的几何形态可分为横向曲面和竖向曲面两部分，在楦体的前部横向的成分多，形态近似"球面"；而楦体的后部竖向的成分多，形态近似"椭圆柱面"。中间呈连续的过渡状态，近似于"鞍面"。在实际楦面上，前后部分有明显的分界线。从楦体的造型上分析，前掌凸度部位正处在前后分界点附近，而楦面上的跖趾关节部位正处在前后部分的过渡地带，因此，选取前掌凸度标志点到第五跖趾外边沿点直接按的曲线，作为楦面前后的分界线，叫做"前帮控制线"。

在楦面前部，前掌凸度和头厚两标志点之间的曲线，以及头厚标志点到第五跖趾外边沿点之间的曲线，都位于楦体前部的横向曲面上。因此，当前帮控制线确定之后，可以画出前部的大三角形，则展平面前部的方法就稳定地确定下来了，由此可以得到展平面的前跷点。

在楦面后部，前掌凸度标点到筒口后点之间的曲线，以及第五跖趾外边沿点到筒口后点之间的曲线，都在楦体后部的椭圆柱面上，而且受楦体下部肉体变化的影响较少，可以比较好地控制筒口后点的方位。

当楦面前后画出两个较大的三角形之后，整个楦平面的骨架就被勾画出来，根据"三

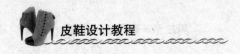

角形逼近法"分别在楦面前后的这两个大三角形控制范围内，划分出控制各边沿点的小三角形，从而得到一个连续"塑变"成的楦面展平图形，如图2-1所示。

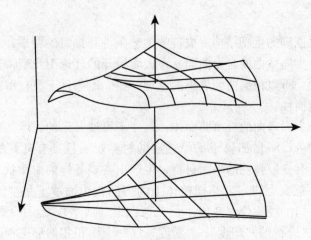

图2-1　平面与曲面的关系

　　用这种方法从楦体上取展开平图，一般要在所要取图的楦体上测量各主要特征部位点的高度、长度等数据，把复杂的曲面组成的楦体划分成若干个三角形，各个三角形的组合就合成为近似于楦面的展平图，测量点越多，三角形分得越小，展平后的平面图就越接近楦体表面，这种作图法理论性强，但需要测量数根据多，计算与操作较为复杂。

　　除此之外，我们可以采用另外一种较为简单的，类似经验设计"粘贴法"的方式，在楦体上直接粘贴纸样，然后取下来再进行展平等技术处理，直接获得展平图。

　　平面设计法是近来研究和推广的新设计方法。它的特点是通过对经验设计方法的总结，以及对脚型测量结果的应用，采用平面绘制楦体展平图的办法来完成设计任务的。平面设计法的设计数据精确、作图规范、理论性强，利于知识的传授，技术资料的保存和交流，为使用计算机系统进行帮样设计打下了基础。

三、立体设计法介绍

　　立体设计法指的是根据各种皮鞋帮样设计的控制点线，在楦体上绘制设计样，再根据不同的经验方法制取帮样板的过程。

　　多年来，皮鞋设计人员为了满足人们生活穿用的需要，已能够合理地、标准地制取皮鞋样板，探讨和总结了不少立体设计的剪样方法。现大致介绍如下。

　　（一）比楦剪样法

　　比楦剪样法是在比脚剪样的基础上发展起来的，是我国传统的剪样方法。它的特点是凭经验在楦体上找到控制点，然后将样板纸比在楦面上，通过控制点把部件样板剪下来。这种制取样板方法速度快，但需要有丰富的设计经验和熟练的操作技术。样板的轮廓线可以先画在楦面上，也可以凭经验直接剪出。剪样时应根据皮鞋式样选定以前帮或以后帮为基础，其他样板再和基础样板相配合，剪出一个完整样板。比楦剪样法的步骤，如图2-2所示。

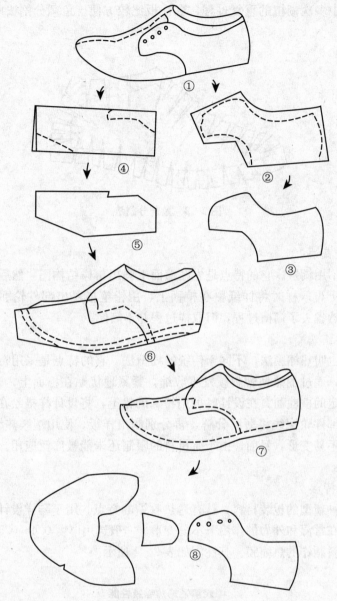

图 2 - 2　比楦剪样步骤

（二）分布采集法

分布采集法的剪样过程和比楦剪样法的过程大致相同。它的特点是根据皮鞋设计控制点先在楦面上画出设计图，然后用透明纸糊楦，并将楦面上的部件轮廓线条描画在糊楦纸上，剪下后制样板。分布采集法克服了比楦剪样法中样板法轮廓不易控制的弱点，因此比较容易掌握。

（三）鱼刺分割法

鱼刺分割法是采用糊楦的方法，与分布采集法有相似之处，它的特点是将样板纸糊在楦体整个外环一侧，将糊楦纸的背中线处、后跟弧处、底口处分别打上剪子口，类似鱼刺状，使糊楦纸完全平伏地贴在楦面上，然后再将剪口合上固定。取下糊楦纸后，得到一壳状楦面。可直接在糊楦纸上设计鞋样，分解后经过适当处理即可得到样板。鱼刺分割法克

服了分布采集法中多次糊楦的重复过程，取样板比较方便。鱼刺分割法中打剪口的位置，如图 2-3 所示。

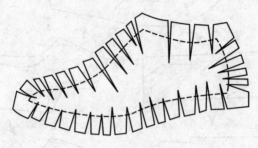

图 2-3　鱼刺分割法

（四）粘线涂摹法

粘线涂摹法不用糊楦。它的特点是先在楦面上画出帮样结构图，然后用浸过胶的丝粘在画的部件轮廓上，取样时将样纸覆在楦面上，用铅笔描摹出部件轮廓线，最后剪成样板。这种方法虽然省去了糊楦过程，但取样过程并不简便。

（五）塑膜热缩法

塑膜热缩法也叫热缩膜法，不同于传统的糊楦法。它的特点是采用特制的聚氯乙烯薄膜，套在鞋楦上，通过加热使塑料膜发生收缩，紧紧地伏贴在楦面上，表面光滑、平整、透明，形成一稳定的楦曲面。在设计时可用特殊的铅笔，将设计样描绘在塑料膜上。取样时，用刀子按照部件轮廓线将薄膜分解，再分别制出样板。使用塑膜热缩法方便、省事、部位准确、样板不易变形，目前，由于原材料的限制还未能被广泛应用。有关热缩膜的使用情况介绍如下：

1. 热缩膜的特点

热缩膜是一种新型的包装材料，具有遇热收缩的特点。用于鞋样设计的热缩膜，应具有一定的硬度，在常温和外力的作用下不易变形。一般选用厚度 0.4～0.5 毫米的聚氯乙烯材料或聚乙烯材料制作的热缩膜。其性能如表 2-1 所示。

表 2-1　　　　　　　　　　　　聚氯乙烯热缩膜性能

外　观	有色或无色透明薄膜袋
厚度	0.4～0.5mm
收缩温度	80℃
使用温度	100℃～120℃
自燃收缩系数	0.5%～0.25%
加热横向收缩	30%
加热纵向收缩	40%

使用热缩膜加热法，可以用开水或恒温箱加热，但不能用明火烤。

2. 热缩膜的使用方法

热缩膜产品有不同的规格，应选用一种围度与楦体相适应的薄膜，裁取一定的长度，套在已画好的设计样的鞋楦下，两头捆扎结实，中间用夹子夹紧，捆扎的位置要避开设计图样的部位，然后要用开水浇烫或放入恒温箱2～3分钟，热缩膜收缩，贴伏在楦面上。

热缩膜紧紧地贴在楦面上，可以把设计线条显露出来，用绘制塑料的特殊铅笔，分别将背中线、后跟弧中线以及设计绘制在塑料薄膜上。采用热缩法，可以分别制取外怀样板、里怀样板和楦底样板。套捆热缩膜的方法如图2-4（a）所示。

3. 脱膜和制取样板

脱膜时用小刀沿背中线、楦底楞中线、后跟弧中线、筒口边楞线将薄膜切开，就可以得到一壳状的楦面。然后将楦面按部件轮廓线分解，再分别进行处理成各种样板，如图2-4（b）所示。

在用热缩膜法设计凉鞋样品时，脱膜时不用将背中线切开而是按部件轮廓线，将帮部件一一割下，即可制取样板，如图2-4（c）所示。

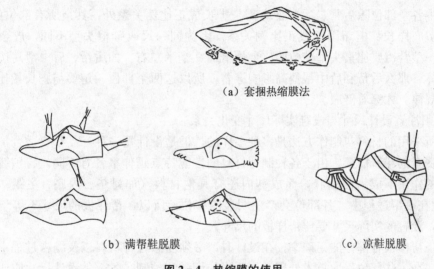

（a）套捆热缩膜法

（b）满帮鞋脱膜　　　　　　　　　　　　　（c）凉鞋脱膜

图2-4　热缩膜的使用

四、复样设计法

复样设计法也是一种经验设计法。它的特点是按立体设计要求在楦体上标出设计点和控制线，利用糊楦的办法复制楦曲面，然后再利用复样进行设计，经过跷度处理制取样板，达到设计要求。

（一）复样原理

复样是指复制楦面的平面样板，是楦面的展平面，一般是粘贴楦的外侧，有用拷贝纸与汽油胶贴和美纹纸直贴，宽度一般用25毫米左右。

楦面是一个空间曲面，不可能像几何体那样进行表面展开，为了得到楦面的平面样板，我们可以采用楦面展开的办法来取得楦的展平图。而楦面展平是指通过力的作用，将多向弯曲的曲面转换成基本形态和面积相似的平面图形的过程。

常用的皮鞋设计法有：粘贴设计法（用纸直接粘贴在鞋楦上勾画出鞋帮样）、画样图纸法（先用楦上画样粘纸样抽取样）、比楦设计法（用纸直接在楦上比划取样）、平面设计法（先将楦面展开，再进行曲绕处理，根据基本控制线设计帮样）。皮鞋的设计方法，无论采用哪一种都必须考虑以下几个要点。

1. 必须根据脚型规律，来确定帮样各部位的比例

鞋楦上如果帮样部件的位置安排不当，成鞋后不仅影响外形的美观，而且会影响穿着，例如，后帮过高要擦痛脚跟，过低则卡住脚跟，前帮过长穿磨脚腕，过短则有损外观，后中帮过高，则要卡踝骨，帮面包头过长，则会挤痛脚踝，横条过厚穿着困难，口门太小不仅穿着困难，脱楦时口门易碎裂，前后帮面相接位置如不按脚型规律，行走时会产生帮面断线或裂缝等质量问题。因此，帮面部件位置的安排，必须根据脚型的生理特点和穿着要求，还应全面考虑使用寿命、外形美观和布局合理等因素。

根据脚型规律来安排各部件的位置，是设计定位问题。脚前后的各个部位与脚掌成正比关系，设计鞋帮样板式，各部位的长宽分别与楦底样长、脚长、楦围，以正比例进行换算定位。

鞋样中各个部位除后帮、后中帮高需与脚长成正比例关系外，其余所有部位的长度、宽度都与楦底样长、楦跖围长成正比例关系。因为同一尺码鞋楦头型不同，放余量也不同，如尖头型鞋楦要比素头型鞋楦的放余量增加 9 毫米左右。如后帮、后中帮高按照楦底样长来计算，那么后帮和后中帮偏高影响穿着，所以这两个部位一定要与脚长相比，才能符合脚型规律，才穿着舒服。

2. 必须注意设计尺寸与成鞋实际尺寸变化关系

皮鞋所采用的材料与制作方法是多种多样的，但是设计每一种产品都要适合加工工艺及满足消费者的穿着需要。由于各种制帮材料的性能特点延伸率各有不同，特别绷帮时帮面是在力的作用下成为曲面状，而成鞋内还有其他材料（如衬垫、内底、主跟、内包头等）。因此在绷帮过程中，各部位会产生明显的移位，所以，帮样板的尺寸不等于成鞋的实际尺寸，成鞋的实际尺寸要比帮样板的尺寸大。

要保证帮样板各部件的正确率，在设计时，必须注意各种材料以及绷帮过程中的移位变化规律，在一些部位采取技术处理，作适当的调整和控制，各部件设计尺寸应比成鞋的实际尺寸小 2～4 毫米，这样才能使设计尺寸与成鞋的实际尺寸相符。

3. 必须恰当处理鞋楦型与鞋样线条的关系

在帮样设计时，要注意鞋楦型与鞋面线条的关系，在各种鞋楦上通过线条的变化使成鞋后所处的位置，作用于脚型楦型协调一致。

（1）帮样线条与鞋楦头型的关系。鞋楦头型种类较多，一般可分为方、圆、扁、尖高等，帮样设计的线条与鞋楦头型协调好才能取得较好的艺术效果。

①圆头楦。头式以圆弧为主，前帮轮廓应以圆弧为主，在跖趾部位较宽处（即前帮部件采取直线条），因此处部位较平坦，既有丰满感觉，也不会觉得过宽。

②方头楦。头式以直为主，线条以圆连接在距离鞋前端较近的地方，线条应以直为主，头角处略带小圆为宜，这样的线条能获得轻巧大方的效果。

③尖头楦。头式以圆和直为主（并非是尖）、前帮部件纵向要求直、横向要求圆，应采用小圆形和直线条为宜，尽可能突出"尖"的特点，这里要说明是尖型。

（2）线条与肥瘦感觉。由于脚的肥瘦产生鞋楦的肥瘦之分，要使肥、瘦型的鞋外形美观，则可以用线条来弥补。

一般型号较瘦的鞋楦，鞋帮部件应安排得匀称简单，部件线条可取弯曲形，如前帮盖部件线条可圆弧形大一些，以增加丰满的感觉，型号较肥的鞋楦、鞋帮部件应安排得多一些，部件线条可取直形，相对各部件长度适当放长些，以有变瘦的感觉。

鞋有肥瘦之分，但从外观看去，总希望瘦型好看些，对于较瘦的鞋线条处理弯曲些或横线条，给人以丰满的感觉。对于较肥的鞋，可采用纵向线条、直线条或部件安装靠后些，给人以瘦线条的感觉，如图2-5所示。

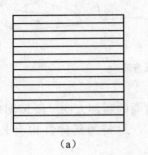
（a）

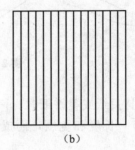
（b）

图 2-5　长度与宽度感觉

横线条给人缩短的感觉，竖线条给人以拉长的感觉。鞋帮是由各种部件组成，因此帮样设计时各种线条的运用既不能单调，又不能杂乱混合。在确定基本式样的基础上，从变化中求新。

4. 设计时要合理选用鞋楦

皮鞋可分为满帮、凉鞋两大类。在凉鞋中可分为全空式、前后满中空式、满头空跟式、满跟空头式。满帮鞋还可分为套式、缚带式以及高腰和低腰式等。在设计时，应合理选择相应的鞋楦，确保皮鞋的标准性。

（1）同一尺码的鞋楦，头型不同放余量也不同。全空式凉鞋和鞋楦放余量要比满帮鞋的鞋楦小，用凉鞋的鞋楦设计满帮鞋，就会中帮太肥，前底太短。用满帮鞋的鞋楦设计全空凉鞋就会前底太长，两边太狭窄。因此除了与满帮鞋结构相同的凉鞋可以用满鞋楦外，全空式凉鞋则应采用专用的凉鞋楦。

（2）同一尺码的鞋楦由于鞋帮式样不同，楦围要求也不同。舌式鞋楦的跖围比素头鞋跖围要小半型，套式套楦跖围略小才能卡住脚不向前冲，行走时能跟脚，缚带式鞋要用素头鞋楦，才不会产生跖围处压紧脚面。

（3）同一尺码高腰鞋和低腰鞋的鞋楦不能互调。高腰鞋楦筒口大，低腰则筒口小，如果用低腰楦设计高腰鞋就会因筒口小而穿不进，反之用高腰楦设计低腰鞋，由于筒口大不跟脚。

（二）半边格的制取及自然量的测量

1. 选择楦型，标画原理控制点

半边格是指楦的单侧轮廓面积图，一般分内、外样板，由楦的背中线、筒口线、后跟弧中线及底边缘线组成。而我们设计一般用外侧，故多数复制外半边格。楦型的选择，一般要完整，边角要分明，面要平滑，选择的是中间码，男 25 码、女 23 码。并按脚型控制点在楦中标上控制点。

2. 拷贝纸的确定

半边格的制取一般有两种：一种是拷贝纸，另一种是美纹纸。拷贝纸的大小以楦的单侧轮廓投影点来确定。要比楦周边多出 15 毫米，用做贴楦的余量，如图 2-6 (a) 所示。

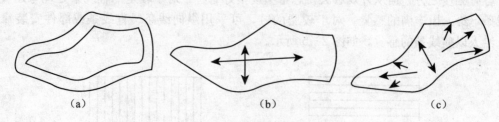

图 2-6　粘拷贝纸方法

当我们粘贴拷贝纸或美纹纸时，一定要注意楦面的延伸方向，要按图中的步骤进行，因为楦面本身有一长度和宽度，而成型工艺操作，材料的延伸性也有长、宽度，如图 2-6 (b) 所示。

(1) 拷贝纸步骤如图 2-6 (c) 所示。

①在楦的中间（跗围跖附近），用手紧贴中点，在此基础向上、下方向贴着拷贝纸位置，这等于确定楦的宽度，将纸分隔离前、后两部分。

②沿楦体后部中间方向向后粘贴，一直过后跟弧中线，这样就确定楦的长度了。

③在楦的筒口位置上，把拷贝纸空余量紧贴在楦体上。

④在楦的后身下位置，将纸平均紧贴其上，但要注意后帮的皱纹，要按楦底楞垂直面来平均贴。

⑤在先确定后帮基础上，再贴前部分，必须按楦的单边为基础，在向前紧贴拷贝纸，以确保长度不变。

⑥在楦前头部位上，向上偏前方将纸贴上即可。

⑦最后才将空余量紧贴。

(2) 美纹纸步骤如图 2-7 所示。

①首先在楦的背中线方向上，贴一条美纹纸，以保证背中线的长度不变。

②在楦外侧，以宽的基准，在其宽度的 1/2 处贴一美纹纸，从而确保楦的长度不变，方法是先按贴中段，后向楦的前后方向粘贴。注意过程，纸不能起皱，以确保上镀方向。

③用一小段美纹纸，沿其边缘为直线，以楦的后弧中线紧贴，这可作为楦的半边格的边缘线。

④按楦的前、中、后顺序，沿其宽方向，把美纹纸贴到楦面上，这里要求美纹纸之间有一定的压荐量（叠位量），一般重叠量为 5～8 毫米。

⑤把美纹纸全部贴上楦，然后用美工刀顺背中线、后弧中线、底楞线把多余纸剪去，再从前头顺序把美纹纸从楦的半边格取出。

⑥由于美纹纸本身具有贴胶作用，故不用涂胶水，所以选用一张硬的牛皮纸，按糊楦顺序把美纹纸粘在其上。当粘到前和后纸时会发现鼓起曲面，即可用剪刀在中间剪开几个

口，才能粘平服状，但要注意在面板上要减其量，才能还原其面积大小。

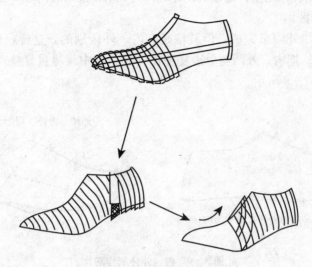

图 2-7 贴美纹纸步骤

拷贝纸最后粘贴时同样注意长、宽方向来粘贴，也要按糊楦顺序来完成，贴完用笔修饰边线，要美观、完整；然后用剪刀将周边废纸剪去，使其完成楦的半边格样板，如图 2-8所示。

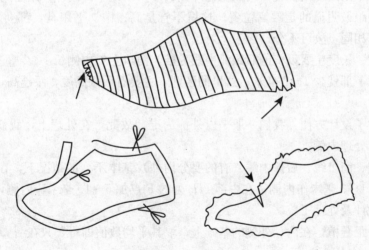

图 2-8 半边格制取

3.单面样板自然量的测量

我们贴牛皮纸时一般粘在楦的外侧，而当纸（平面状）粘到楦面（曲面状）时，你会发现楦面最弯处粘不平，那就要在这里偏前处打一剪口（一般要求在 V 点前打），剪到宽度的 1/2处，注意剪口方向与背中线成垂直线，保证其宽度不变；再把前、后贴服。这时你会发现中间有打开量，我们叫自然量或剪口量，我们通过背中线经过的剪口量，就测得其自然量是多少。通过 V 点前打剪口，就可保证中帮的长度相对稳定，这一般是满帮深头鞋的做法；

而在 V 点后打剪口的，一般是女浅口鞋及部件不过 V 点后面的便鞋，在 V 点前后要打剪口量的是靴类鞋。这里所测出的量，是以后设计时，由平面转换到曲面时所加的量。

4. 内、外怀之区别

设计一般都采用外侧来完成，但鞋楦是有内、外区别的。这样，可用粘外侧的方法，将内侧半边格制取。把内、外两侧单边复叠在一起，背中线尽量复叠，实线为外侧格，虚线为内侧格，如图 2-9 所示。

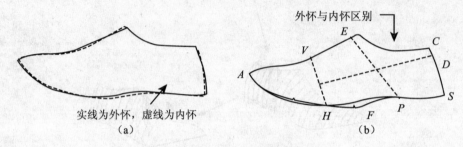

图 2-9　内、外怀制作对比

从上图的长、宽度分析中，可得以下结论：

（1）宽度。从楦前的第一跖趾点和第五跖趾点看，内侧比外侧短 1～5 毫米，平跟楦小些，跟越高差距就越大，但有些在设计上，考虑到制鞋工艺操作上的要求，这里可以不分内外区别。而中段到踝内位置，内侧就比外侧长 5～10 毫米。同样，跟越高，差距就越大，反之越少，差距最明显的是腰窝位置；这里不管是高、中、平跟鞋，都要求分内外处理；而后部分基本相同，故可不分。

（2）长度。长度主要以楦的后跟弧中线为准，筒口上斜内侧长 1～2 毫米，中间大 1 毫米或相等，而下部就少 1～2 毫米；这里的区别，主要看后跟高度，跟越高，相差越大（如女鞋）。

这里，为了设计方便，我们一般是以外侧为准。故此，在处理上，我们可以在外侧格的基础上进行处理内侧。

在背中线、筒口线、后弧中线（有的要分内外）基本不变的情况下，在其前部 AH 分 1/3 处开始减 1～3 毫米作内侧，在中部 HP 处的 F 点加 5～10 毫米作内侧，后部不变，这样就可进行设计及处理了。

但有的平跟鞋楦，在内、外侧的基础上，取其平均数值即可，只在帮脚上作区别处理。

（三）设计点的选取

设计点是指在楦型上按脚型规律设计帮样的控制点，它是初学者作为入门的依据之一，分别取在楦底棱上、后跟弧中线上，背中线上及楦面上。下面以男素头楦 250 码、女素头楦 230 码来说明，如图 2-10 所示。

1. 楦底棱线上找点

W——前掌凸度点，作为鞋楦前掌的重心点，也为靴的设计坐标控制点。

$SW=68.8\%l-n$　　　　　　　　　　　167±3.15 / 153.74±3.18mm

H——脚的第五跖趾部位边缘点，为前帮控制点，及围度测量点。

$SH = 63.5\%l - n$ 或 $58.04\%L$ $153.75 \pm 2.85 / 141.6 \pm 2.92$mm

F——外腰窝部位边缘点，作为中帮控制点。

$SF = 41\%l - n$ 或 $36.79\%L$ $97.5 \pm 1.84 / 89.8 \pm 1.86$mm

P——外踝骨中心部位边缘点，作后帮控制点。

$SP = 22.5\%l - n$ 或 $21\%L$ $51.25 \pm 0.97 / 47.25 \pm 0.98$mm

A——楦底最前端点，也作楦面背中线前端点（即半边格的前点）。

S——楦底最后端点，为作楦后跟弧中线后端点。

2. 在楦的后跟弧中线上找点

D——后跟突度点，也是后帮开衩设计高度控制点。

$SD = 8.8\%l$ $22 \pm 0.42 / 20.24 \pm 0.42$mm

C——后跟骨上沿点，也作主跟高度控制点。

$SC = 21.66\%l$ $54.15 \pm 1.08 / 49.82 \pm 1.08l$

Q——后帮中缝设计高度控制点。

$CQ = 10 \sim 12$mm

关于 C、Q 之间的关系，要说明一下。

C、Q 之间的高度，是作为成型鞋后帮高度的控制范围，一般的设计高度定在 CQ 的 $1/2$ 处，也就是说男 25 码为 60 毫米、女 23 码为 55 毫米。那么，成型的绷帮高度是男 65 毫米、女 60 毫米即可，因为楦体与材料之间有一定的厚度。

另外我们在考虑鞋的品种类型上，也要考虑尺寸要求，例如深口鞋类，后帮的高度可在 $1/2$ 处下，因其前帮可达到脚舟上弯点处，但不能低于 C 点，太低容易脱离。而浅口鞋、凉鞋类的，后帮可在 $1/2$ 处以上，因为脚露出的空间太多，后跟又低，很容易出现脱脚，但不能高于 Q 点。总之，我们在 CQ 控制下设计。

3. 在背中线上找点

V_0——口门控制点（浅口鞋类）。

此点的找法，可利用脚的第一跖趾点和第五跖趾点作为楦围度，用鞋尺测量楦的围度线，楦的围度线与楦的背中线相交点，即为 V_0 点。

V——前跗骨控制点，口门控制点。

$VV_0 = $ 男鞋 10 毫米、女鞋 8 毫米，在楦背中线 V_0 点向后移即可找到 V 点。

E——舟上弯点，口档控制点，控制鞋耳、鞋舌、鞋带后端点，在背中线上量 VE。

①男鞋楦   25 码 $VE = 27\%l = 67.5 \pm 1.35$mm

②女鞋楦、童鞋楦一样   23 码 $VE = 25\%l = 57.5 \pm 1.25$mm

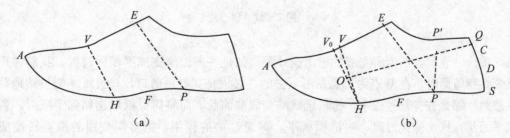

(a)   (b)

图 2-10 口档控制点的制取

4. 其他控制点

O——口门宽度控制点，取 VH 的 $1/2$ 或 V_oH 的 $1/2$。

P'——外踝骨高度控制点，是鞋帮高度控制尺寸点。

$PP' = 20.14\% l$ $50.35 \pm 1/46.32 \pm 1mm$

通过上述各点的制取，我们可得出楦面的各控制尺寸图。

（四）取跷原理

制帮原料无论是天然革还是合成革，都是平面状材料，尽管经过下料裁断后，制成各种帮部件，它们仍然是平面状材料；楦体表面则是一个不规则的多向空间曲面，如果将平面状的材料缝制成帮，套在楦面上，尽管革类有一定的弹性，而鞋帮与楦面仍不能相符。为了解决这个问题，可以采用取跷的办法，使平面状材料转换为空间曲面状材料，达到帮面与楦面相符的要求。

1. 跷度

为了验证一下平面是如何变成曲面，可以做一个实验，把一平面纸，在中间剪一个口到中点，然后将其打开成一个角度，在打开过程中发现，当角度的量越大，纸所形成的自然曲面就越明显，如图 2-11 所示。

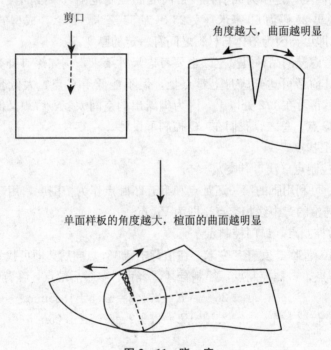

图 2-11 跷 度

按这一原理，前面所完成的楦面设计图，就是一曲面演变成平面的过程，我们在用拷贝纸粘到楦面时，在 V 点附近是贴不下去的，必须将其打一剪口，拷贝纸才能自然地贴服在楦面。那么在打开过程中，拷贝纸就演变成曲面状，而将拷贝纸取出粘到平纸时，就变成平面状，这一变化过程，叫楦面展平，即通过力的作用，把多向变曲的楦面转换成形状、面积、基本相似的图形过程。

而在剪开过程中，所出现的角度叫跷度，是指楦面在展平过程中或展平面还原到楦面过程中，所出现的角度变化量，用∑来表示，即跷等于角。而跷度的大小，是根据楦面的曲度大小来定，按一般经验推测，平跟∑＝3~4毫米，中跟∑＝6~7毫米，高跟∑＝8~9毫米，而靴楦可达∑＝15毫米，故此，角度的量，也叫自然量（剪口量）。自然跷的大小，随楦体而变化，受到楦的型号及跟高等因素影响，不同的鞋楦，具有不同的自然跷度。

2. 取跷

跷度出来后，要对跷度进行技术性处理，使其达到平面与曲面互相转换。可以利用十字相交线来解决跷度的变化。

将楦的半边格复出，将其视为平面状，要想得到楦的曲面，按前所说在 V 处打一剪口，直到 O 点，在 O 点以 OV 为半径画一圆弧，在圆弧半径上加入一角度量 VOV′。即得图变成曲面。推理，在圆弧范围内，在十字线基础上，在平分四角的等份上加入同一量，都可以变成曲面。在此基础上，可将 O′ 点移位，而半圆径的尺寸自然量不变，所得出的都是一曲面状。结论：如果取跷中心发生变化，通过调节取跷量，可以达到相同的取跷效果，而与取跷位置无关，如图 2-12（a）所示。

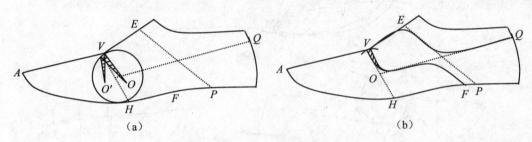

图 2-12　取　跷

3. 取跷的应用

就是按取跷原理，在帮部件处理上，将其平面演变成曲面的过程，根据部件的形状分类要求，按原理、步骤来对鞋帮进行处理。一般经常用到以下几种，我们在掌握了原理时，要加以变化。

（1）定位取跷。在标注自然跷的位置上取跷，如图 2-12 所示。一般适用于设计背中线 V 点附近有横断结构帮部件的。

例如：二节头内耳鞋，当部件形状画出后，可看到结构分为前后两部件，而在 V 前加入自然量后，即可使其变成曲面，也就是在平面板上，将原来楦背中线的剪口量还原到曲面（楦面）上，达到平面还原到曲面的目的。其他鞋图的应用，如图 2-13 所示。

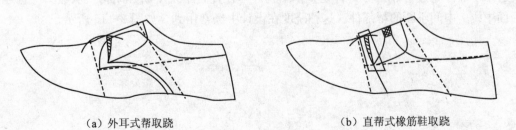

（a）外耳式帮取跷　　　　　　　（b）直帮式橡筋鞋取跷

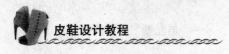

（c）圆口鞋取跷   （d）浅围子鞋取跷

图 2-13　定位取跷

（2）对位取跷。在标注自然跷相对位置上取跷过程，如图 2-14 所示。一般适用于设计变化较大部件的结构，也是平面转换曲面的一种取跷原理，区别在于方法不同而区分，也是利用十字取跷线，将自然量转移到中心点的下面来补充其量。

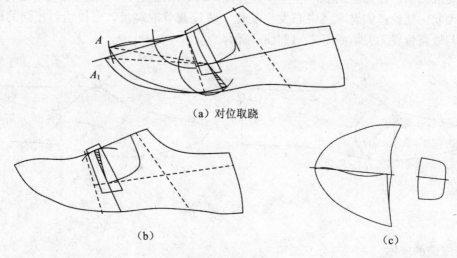

（a）对位取跷

（b）　　　　　　　　　　　　　　　（c）

图 2-14　对位取跷

在图中，我们按部件可分前帮、后帮、横带、鞋舌四部件，从取跷原理上，主要看前帮连接鞋舌和后帮，由于前帮与鞋舌是取一共同线。而前、后帮是重叠线，在车缝工艺中，两线叠在一起，即自然量可还原到背中线上（A_1 还原到 A），完成跷度的转移，而不影响帮部件的结构形状，假如用定位取跷，在线条造型上处理不当，就会出现前帮部件在背中线对接上起间隙，如图 2-14 所示。

（3）转换取跷。将背中线转换成直线时（除去自然跷以外）所出现的角度变化量。此跷适用于部件超过 V 前后，部件是整体结构，即设计背中线不断开结构，从鞋头一直连到后面中线、中间不断的帮部件。这种跷度在设计中经常用到，如图 2-15 所示。

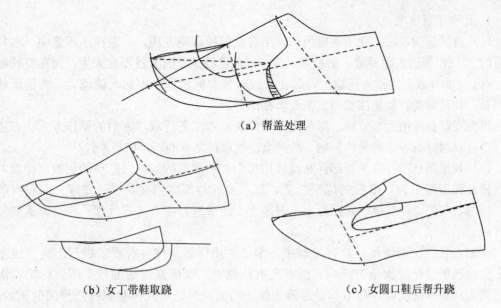

（a）帮盖处理

（b）女丁带鞋取跷　　　　　　　（c）女圆口鞋后帮升跷

图 2-15　转换取跷

（4）其他工艺取跷。根据楦面的形态，处理帮部件时，所出现的角度变化量。一般适用于解决局部跷度，是在处理完取跷的基础上，对部件再进行的跷度处理，是为了满足工艺加工的技术要求。工艺跷的形态、大小、部位变化很大，不同品种的鞋有不同的工艺跷度，如图 2-16 所示。

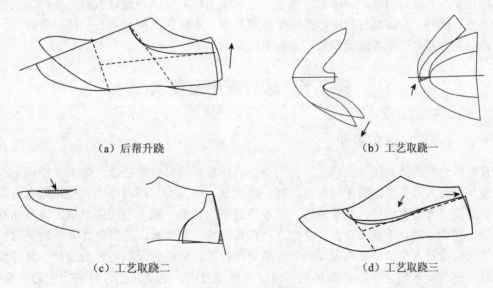

（a）后帮升跷　　　　　　　　　　（b）工艺取跷一

（c）工艺取跷二　　　　　　　　　　（d）工艺取跷三

图 2-16　工艺取跷

以上所列举图例是其中很少一部分，在设计过程中，遇到的问题会很多，只要坚持多动手操作，多动脑筋去想问题，问题就能很快解决。

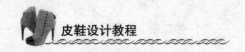

4. 其他注意事项

(1) 自然量的取法。在图例应用中，不管是何种取跷方法，一般在还原量中，取其自然量的80%作为加入曲面量，如便鞋，背中线曲度较少，因其量不算太大；而在特殊处理中，可达100%或更大作为还原量，因在平面转换曲面过程中，加入量越大，曲面形状就越明显，如靴鞋类，但要注意与工艺要求相结合。

因为在鞋材选用上有软硬、厚薄之分，而在制造工艺过程，人们的操作方式、方法不同，都会对材料有一定的延伸影响，故此会出现原理之外的不符楦现象。

(2) 效果图修改。鞋的帮部件在设计构思中，从图纸的勾画、原理的制取、样板的剪裁，到鞋面车缝工艺，最后的成型工艺，都会发现与原构思在长度、宽度、面积有些不同，所以，我们必须在原设计图纸上，对跷度、图形进行必要外观处理、修补，达到与原设计的效果。

例如：我们在设计每一款鞋过程中，都必须用样板，按材料要求进行车缝、成型工艺，要检验所设计鞋款是否正确，当发现有问题时，要根据成品的效果图进行第二次修改；因为从美术角度看，鞋不单是走路、保护功能，而是对人体起到衬托作用的艺术品。我们必须从美学的线条、造型、比例来分析鞋的结构，才能满足市场要求。

(3) 取跷量的设置。自然量的设置，必须完成整个图形后才加入，不管是何种方法（也就是在十字相交线所构成平面图上，不管加在上角、下角、后角）必须要加在断置部件上，加在前帮好，还是后帮好，要看部件整体造型结构而定，要以保证部件外观不变形而定，再加上要便于工艺加工为原则。

设计人员制取样板，一般与工人操作方法相对，也就是说样板的制取是方便的，但在实际操作中不一定行得通，要注意样板与工艺的相通性。所以，设计人员对生产工艺流程必须熟悉。同时，在试格过程中，必须要参与其中，才能发现问题所在，同时要注意样板的剪裁，是否对生产成本造成浪费，要有节约意识。

第二节　设计程序及要求

一、设计前应注意事项

皮鞋设计要经济实用、美观大方。实用是该产品必须具有的功能。体现在经济上人们可承受，设计人员要考虑到如何用质量好、款式新、用工少、用料恰当、费用低来占据消费者的心理，才能有销量，竞争力强。美观是造型的功能，在人们面前显示出该产品在美的功能上得到体现，美观又要大方才能适合多数人的审美要求，造型设计要体现美与用的对立统一，设计人员必须要在美学的思维里进行指导。从单纯经验的样板设计、复样设计提高到一定的美术理论设计，要从美术角度来考虑方向，要从楦型、材料、色彩、帮面、底型的结构来考虑整体形象。同时，要根据服饰流行走势、市场的定位要求、顾客层次需求来设计好自己的方向。

二、色彩是塑造事物的主要手段

色彩可美化产品，改善环境的气氛，满足人们生理和心理的平衡和功能需要，皮鞋造

型设计的关键之一就是色彩设计，它要考虑皮鞋色彩自身特殊性好，还要考虑到与周围环境相对比协调。比如冬天，色彩要考虑深色，夏天要浅色，同时要考虑个人的喜爱，如儿童、小学生喜爱简单明快、鲜明活泼的颜色；青年人喜爱流行色彩。女青年喜爱鲜艳华丽的颜色；成人喜爱淡雅庄重的颜色，地区之间也存在不同的要求。另外要使皮鞋造型设计增加美感，要根据造型设计的技术，注意色相对比、明度对比、冷暖对比、色彩对比、面积对比等。

三、型和色是造型设计的两大基础

皮鞋的造型及装饰，对人们视觉和心理、生理都有一定的影响。当我们在设计过程中要画出的图形，它是曲线组成一个图（面），而线是由多个点组成。所以，我们在造型设计时，必须要对点、线、图（面）所构成的基础造型进行理解和认知，要知道以点定位、以线分割、以面板局，从而构成各种形体的完整画面，起到装饰和功能作用。只有充分了解它、掌握它，才能有效地利用它来设计出美丽的造型。

四、设计的构思与创新

皮鞋的设计，我们要从艺术的角度去构思和创作，要使它在给人感觉及保护人体脚型的基础上还要根据材料、工艺的组合；考虑到其流行性，以及市场对潮流的变迁，要根据当前的风格来设计产品，要与环境气氛相协调，要在造型色彩、材料选用、产品造型以及工艺的设置和整个环境在设计构思中反映出来。所以设计水平，首先取决于构思概念，而构思的恰当，来源于正确的思维，正确的思维是对事物广泛充分的了解和认识，这样才能创造出新的产品来。

第三章 取跷原理及应用

鞋款设计包括：楦型、跟型设计，底部件模具腔型设计及帮样设计。而帮样设计，是制鞋生产过程中一步重要工序，它是技术与美学结合的创作活动。不管是贴楦设计、比楦设计，还是复样设法及其他方法，只要我们明白在一种原理基础上，认识其方法的变迁，都能够解决问题。

随着科技的发展，制鞋业已大量应用计算机技术，计算机辅助设计也开始应用，它为我们广大设计者提供了一个更广阔的空间思维场所，从而减少了许多烦琐的手工操作。这主要是围绕着二维与三维互相转换的问题，还有我们的努力。

本章主要在复样设计中，从定位取跷，对位取跷，转换取跷的原理，重点按鞋的分类来加以说明。并结合一定的实例，从实践经验中举例说明。但我们在应用中，要根据实际情况来变通，才能达到"方法各异，原理相通"的目的。

第一节 定位取跷原理及应用

定位取跷在设计处理中是经常要用到的，它比较快捷、方便，下面以素头楦男鞋二节头内耳式鞋为例加以说明。

（1）首先不管设计什么样式，先将楦的半边格复出，并标上各控制点、线，使之形成设计图的基本比例尺寸。我们在这比例上画出所设计鞋款后再处理跷度。

（2）在 V 点附近开始画出前帮部件，以 OQ 线作鞋口宽度控制尺寸线，以 FP 的 $1/2$ 作落帮脚控制尺寸画出鞋的前帮件图形。

（3）在前帮线上以其角度处找出 O' 点，以 O' 为中心点画、VO' 为半径，以 V 点附近断开处作半径画弧，将剪口量的 80% 加入，即可完成平面转换曲面原理，也就是在出现重叠量上取前帮和后帮，在车缝工艺上两线合一，即出现自然曲状。

（4）注意取跷时，必须在半径规范内相加，要特别留意前帮与后帮的造型要吻合，最好先剪取前帮的样板来画后帮跷度，如图 3-1 所示。

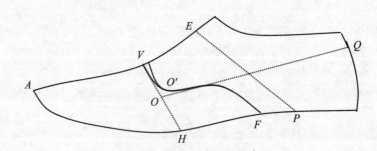

图 3-1 定位取跷原理

一、二节头内耳式鞋设计实例

二节头内耳式鞋如图 3-2 所示。

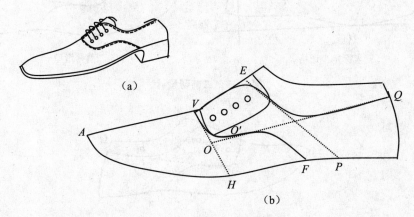

图 3-2　二节头内耳式鞋图解

1. 楦型

男 25 码，Ⅱ型半，$L=265mm$，$S=239.5mm$。选用素头楦，头式以尖、方、偏为主。

2. 帮结构

前帮、后帮、鞋舌、保险皮前帮衬里、后帮衬里可整体或分两截。

3. 镶接关系

前帮压后帮，后帮耳压鞋舌、保险皮车缝到后跟上。

4. 特殊要求

以二节头内耳式鞋为基础图形，可在图上变化多个品种鞋款，注意鞋口造型，前后帮的比例尺寸，以及在口门处和后跟骨上车保险皮。

5. 步骤图解

（1）设计图的确定。第一次学习设计者，可利用坐标原理确定设计图，熟悉后可不用坐标来显示。

根据 W、C、后跷高这三点来确定设计图，然后按脚型控制点的尺寸，标上楦面的控制点、线，将楦的半边格标画在坐标上，即可得出基本的比例尺寸控制线，如图 3-3 所示。

VH 为前帮控制线。EF 为中帮控制线。EP 为后帮控制线。OQ 为后帮高度控制线。

（2）前帮。根据前帮控制线 VO 为鞋口宽度控制尺寸，按鞋型要求，画出鞋口长度及宽度，而帮脚一般以 FP 的 1/2 处作参考为落脚点，一般在 FP 的尺寸范围内，前或后要看鞋的长度比例，这样前帮即可画完，如图 3-3 所示。

（3）后帮。在中帮控制范围 VE 作鞋耳形状，一般要求在 E 点前，注意耳弧形要根据口门弧形来定圆弧曲线，帮高不要超过 P' 点，而跟高一般定量 25 码为 60 毫米，女 23 码为 55 毫米，帮线要连顺。注意造型美观，鞋眼距离中线男 15 毫米，女 13 毫米，而鞋孔距一般 10～15 毫米，如图 3-4 所示。

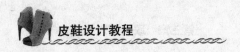
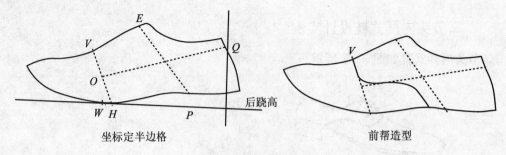

后跷高

坐标定半边格　　　　　　　　前帮造型

图3-3　二前帮设计

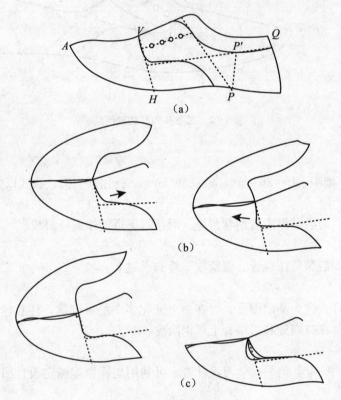

(a)

(b)

(c)

图3-4　口门造型要求

（4）注意事项。

①口型。前帮口型在设计时，当 V 点确定后，画线的走向要注意单边的造型与内、外对称关系，当口型单边绘画线条出现偏前时，口型对称打开会出现起尖，而线向后偏时，口型对称打开会出现凸型，这里要求口门打开是垂直对称的，而口门宽度的造型一般在 VO 的 1/3 处开始画弧形，在整图造型上，男鞋要有角度，女鞋要偏直。

在设计时除要注意上述问题外，还要考虑自然量在补充时，前帮与后帮的造型是否正确，即在画线时要考虑线的向前、向后，或是垂直所出现角度后，再加上剪口量所出现角量造型，最后得出的鞋口型必须是偏直带圆弧型，如图3-4所示。

②口型宽度比例。鞋款设计时，要考虑线条、造型、比例。而比例占较大部分，设计人员必须从美术角度分析问题所在。

如二节头鞋在宽度比例上，一般以 OQ 控制线作参考来描绘，将线绘到 OQ 线下，这样设计图形在打开时会发现口门太大，将线弧绘到 OQ 线以上，即出现口型太小的现象；故此，要考虑在宽度造型上的尺寸要求，如图 3-5 所示。

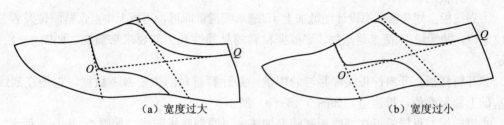

（a）宽度过大　　　　　　　　　　　（b）宽度过小

图 3-5　宽度比例要求

③鞋型长度比例。鞋款的画法，要按大、中、小顺序来构画图形，完成整个图例后，再看整体的比例是否完美和符合设计要求，因为在长度比例要求上，有宽度与长度之比例：如图 3-6（a）所示，前帮、后帮的对比，会发现前帮偏长、中帮太窄、后帮太短。如图 3-6（b）所示，中帮线所构成前帮出现偏短，中帮宽度太宽，而后帮偏长；这样从图 3-6（a）中也会发现整体效果变长，使其视觉有瘦、长感觉，而图 3-6（b）中会出现变宽感觉，整体效果变短、肥的感觉，如图 3-6 所示。

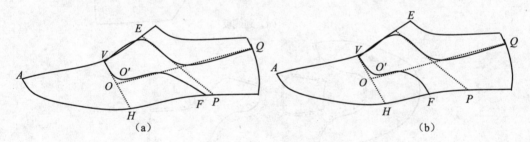

图 3-6　长度比例要求

（5）鞋舌设计。

鞋舌一般在原图上设计，也可以按数据来设计。以鞋耳长为依据，在帮带中帮弯角上向后伸延 8～10 毫米，作背中线垂直，在垂线上下降 30 毫米定舌宽度（最小值），舌前在 V 点（中帮）向前加 10 毫米作叠位量，前宽定 25 毫米，按图要求构画即可，如图 3-7 所示。

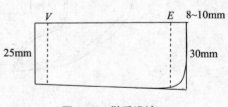

图 3-7　鞋舌设计

（6）一般数据要求：

绷帮量：15 毫米。

压荐量（叠位量）：8～9 毫米。

折边量：4.5～5 毫米。

基本样板→划线板＋开料样板＋里样板。

划线板＝基本样板＋绷帮量＋定点位。

开料样板＝划线板＋叠位量＋折边量。

里样板＝基本样板＋绷帮量＋叠位量＋冲边量。

（7）样板的制取。

①划线板。划线板在原设计图纸加上 15 毫米绷帮量即可，再标上中点，鞋眼位及舌的边叠位定位，绷帮量 15 毫米是基数，要根据材料的延伸性和工艺要求来演变，如图 3－8（a）所示。

②开料样板。开料样板实际是鞋的用量，是计算材料的主要参考数据，它是在划线板的基础上加上叠位，折边量，如图 3－8（b）所示。

③里样板。里样板可在划线板基础上加减，可跟划线板同步，如图 3－8（c）所示。

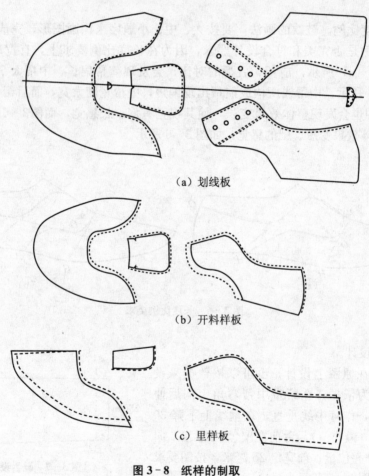

（a）划线板

（b）开料样板

（c）里样板

图 3－8　纸样的制取

二、三节头内耳式鞋设计实例

三节头内耳鞋如图 3－9 所示。

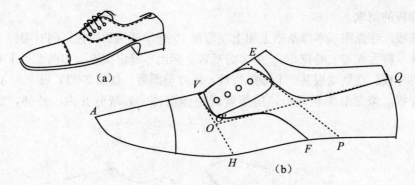

图3-9　三节头内耳式鞋图解

1. 楦型

素头楦：男25码，$L=265mm$，$S=239.5mm$，Ⅱ型半，跟高25毫米。

2. 帮结构

前帮、中帮、后帮、鞋舌、保险皮、前帮衬里、后帮衬里。

3. 镶接关系

前帮压中帮，中帮压后帮和鞋舌，后跟加保险皮。

4. 特殊要求

三节头鞋款是在二节头鞋款的基础上变化的，主要是前帮断开，其他不变，要注意男女鞋造型的区别，即男以弯角度为主，讲求工艺制作，女鞋则偏直，以线条流畅为主。

5. 步骤图解

（1）设计图确定。首先将楦的设计图在坐标的基础上确定下来，注意以W、C、后跷高作参考，然后标上控制点、线，再按照鞋款要求，按大、中、小顺序来画出部件，要注意按线条、造型、比例的美术要求来绘画。

（2）前帮。三节头鞋是在原二节头鞋的基础上演变而成，不同之处是前帮再断开分为两个部件，其他帮部件可按二节头来设计，这里略作描述。

前帮部件，在AV处加上自然量后，即确定为前帮，在AV'的基础上分3等份，找V_1点，在V_1点作背中线的垂线到帮脚H_1点，在H_1点延帮脚向前走6~8毫米定H_2点；在V_1H_1宽度上分3等份，鞋头部件在第一等份上作直线，第二等份开始作弧度，一直到H_2点，这样，鞋头部件即可完成。如图3-10所示。

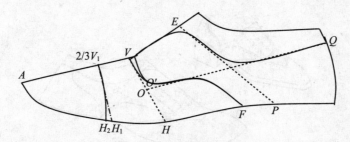

图3-10　前帮鞋头部件

（3）样板的制取。

①划线板。在原图基本样基础上加上绷帮量15毫米即为划线板，同时要标上中点、鞋跟、定位线，鞋舌在加上叠位8～9毫米的基数上标出车缝定位点，如图3-11（a）所示。

②开料样板。在划线板基础上加折边量，压荐量即可，如图3-11（b）所示。

③里样板。按二节头鞋即可，前帮看成整体部件、后帮分开内、外怀，如图3-11（c）所示。

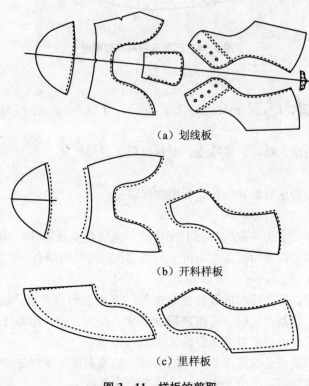

（a）划线板

（b）开料样板

（c）里样板

图3-11　样板的剪取

三、花三头鞋内耳式鞋设计实例

花三头鞋内耳式鞋如图3-12所示。

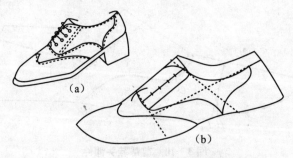

（a）

（b）

图3-12　花三头鞋内耳式鞋图解

1. 楦型

素头楦：男 25 码，$L=265mm$，跟高 25 毫米，Ⅱ型半，$S=239.5mm$。

2. 帮结构

鞋头、前帮、中帮、后帮、鞋舌、前帮衬里、后帮衬里。

3. 镶接关系

鞋头压前帮，后帮压中帮、前帮压中帮、鞋舌。

4. 特殊关系

鞋头造型是燕尾式结构，注意对称位置要在楦附面上变化、宽度不要太小和过大，而后跟部件内、外是整体，注意上跟口型要顺，其变化也是在二节头鞋基础上变化的。

5. 步骤图解

首先确定设计图位置（利用坐标），标出控制点、线，在控制尺寸范围内画出部件的轮廓线，顺序由大、中、小来绘画，后再看其线条、造型、比例。

（1）前帮在 V 点附近作前、后帮分界线，VO 作口门宽度，宽不要过 OQ 线，因考虑鞋头燕尾线经过与口门宽度要控制在 8～10 毫米，落脚点在 FP 的 1/2 处。这分界线即可完成，注意角度造型，如图 3-13 所示。

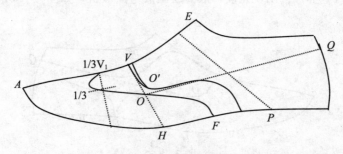

图 3-13 前帮部件

（2）前帮的造型要求。当前帮处理完定位取跷后，在其背中线 AV' 分 3 等份找 V_1 点，作背中线的垂线得 V_1H_1，分 V_1H_1 的 1/3 等份，燕尾在 V_1 开始，过 1/3 处参考绘画弧形，一直到帮脚的 HF 分 1/2 处后，注意线在经过口门位置的宽度一般在 8～19 毫米，及燕尾对称的造型方向对着鞋头中点，不要向两侧偏歪，如图 3-14 所示。

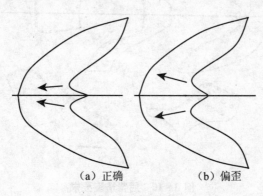

（a）正确　　　　（b）偏歪

图 3-14 鞋头造型

（3）后帮的绘画。后帮在 VE 变直线，E 点前作弧形，这弧度要与口型相匹配，在 EP 线 OQ 线成角度上画后帮的造型，不要高过 P' 点，跟的高度定 60 毫米，如图 3-15 所示。

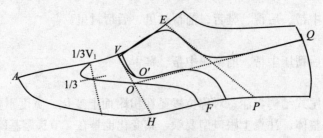

图 3-15 后帮设计

（4）后帮的造型要求。后帮是在二节头的基础上演变的，在后跟线上 Q 点向前走 25～30 毫米找 Q' 点，这尺寸可变化（因所有数据只作参考），绘画帮线 O' 的垂线，下降 15 毫米画帮线的平行线，在平行线的基础上，按前帮线造型作参考画弧形，直到帮脚，后帮因是整体部件，所以在后跟弧中线上 D 点到筒口连一直线，即打开是一整部件，同时，注意在后跟打开时，有些部件会出现角度，故要绘画成弯曲形状，如图 3-16 所示。

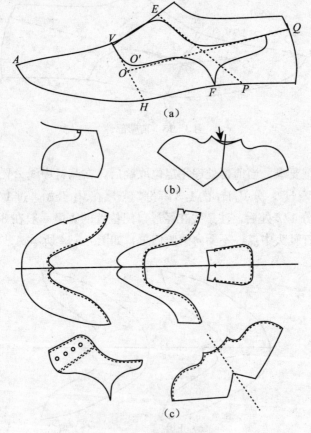

图 3-16 后帮造型要求

（5）样板的制取。

①划线板。在原图基础上加上绷帮量 15 毫米即可，如图 3-17 所示。

②开料样板。在划线板基础上加 8～9 毫米叠位，4.5～5 毫米折边量，如图 3-17 所示。

③里样板。将鞋头前帮视为一体，中帮与后跟视为一体，利用划线板来作处理，如图 3-17 所示。

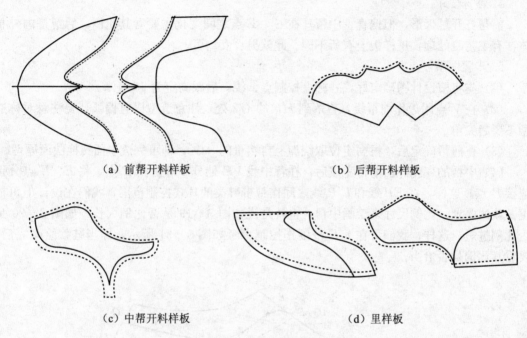

（a）前帮开料样板　　　　　　　　　（b）后帮开料样板

（c）中帮开料样板　　　　　　　　　（d）里样板

图 3-17　样板的剪取

四、女内耳鞋式鞋设计变化实例

女内耳鞋式鞋如图 3-18 所示。

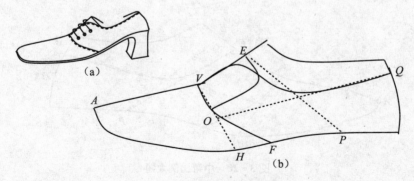

（a）

图 3-18　女内耳鞋式鞋图解

1. 楦型

女素头楦，$L=242$mm，Ⅰ型半，$S=218.5$mm，跟高 40 毫米。

2. 帮结构

前帮、中帮、后帮、鞋舌、前帮衬里、后帮衬里（可分两件）。

3. 镶接关系

前帮压中帮及鞋舌，后帮压中帮。

4. 特殊要求

前帮打开是弧形，但偏直，中帮耳在 E'、E 点之间变化主要看其比例，后帮是内外整体，有工艺跷处理，里样板上有所不同。此款男、女均可。

5. 步骤图解

（1）先将楦设计图确定好，并标上控制点、线，后跟高定为 55 毫米。

（2）在 V 点附近作前帮线，直落到 HF 的 $1/2$ 处，注意造型以直偏弧，要注意对称造型不要起尖角。

（3）在前帮确定后，根据定位取跷加上自然量的 80%，即可完成平面转换曲面原理。

（4）中帮的变化。当前帮完成后，在背中线 VE 处分 3 等份找 E' 点，将 E、E' 点分别连接 P 点。这样，在 EP 线和 $E'P$ 线之间作帮带鞋类的耳式控制范围，我们在设计上可根据鞋款的要求、比例尺寸来绘画中帮，也就是说如图 3-19 是否比例太长，如图 3-20 是否比例过短。这样，我们可在 $E'E$ 范围作控制参考如图 3-21 所示，即当鞋款绘画完后，要看其比例是否恰当。

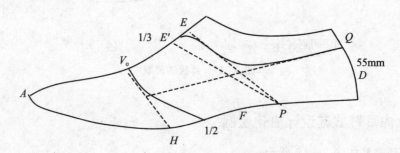

图 3-19 中帮比例太长

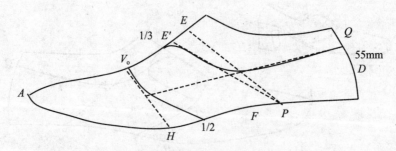

图 3-20 中帮比例太短

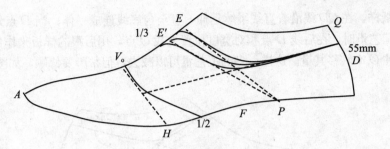

图 3－21 在控制范围内变化

（5）后帮。本图在中帮确定后，在后跟弧中线的 Q 点向前走 25～30 毫米，有的可达到 40～45 毫米（男鞋为主），在此位置作弧线或直线可帮脚，一般不要过 P 点前，将 Q、D 点连直线，打开即成整体部件，在打开后线上，要作筒口位置的弧度处理，如图 3－22 所示。为了整体美观，有的女鞋后帮不断，只在后跟分出内、外怀。

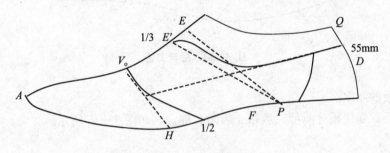

图 3－22 后帮设计

（6）后帮工艺取跷。工艺取跷是部件在处理过程中，所出现的变化量，有些部件在工艺上要求是整体，帮脚不用开叉，如图 3－23 所示。

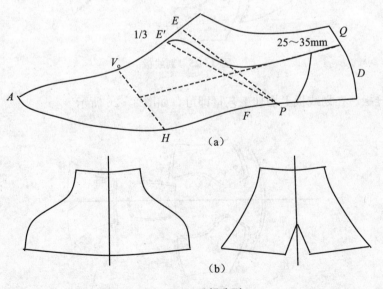

（a）

（b）

图 3－23 后帮造型

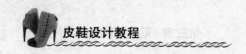

这样的纸样，在QD线沿着直线继续延伸，直至与底线连成一体；当D点延长线与后跟弧线形成一工艺量时，在后线D点相对宽度位置上找O'点，用后跟的样板来作依据，按工艺量的大小按住O'来转移其量。这样，多的工艺量可以减去，但帮脚要修顺，如图3-24所示。

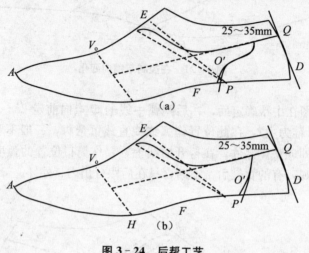

图3-24 后帮工艺

（7）样板的制取。

①划线板。划线板分前帮、后帮、后跟、鞋舌，如图3-25所示。

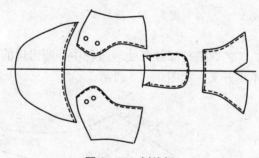

图3-25 划线板

②开料样板。在划线板上增加工艺量即可，如图3-26所示。

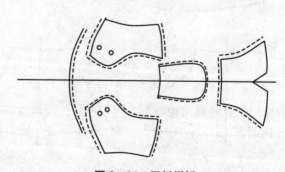

图3-26 开料样板

③里样板。可按划线板来分开，但后衬里要在 P 附近与帮脚垂直断开，即后帮与后帮衬里互不相同，要另外处理，如图 3-27 所示。

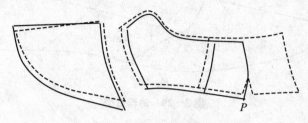

图 3-27　里样板

五、内耳式圆口鞋变化实例

内耳式圆口鞋如图 3-28 所示。

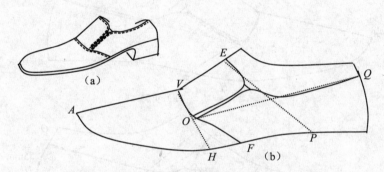

图 3-28　内耳式圆口鞋图解

1. 楦型

素头楦：男 25 码，$L=265\mathrm{mm}$，Ⅱ型半，$S=239.5\mathrm{mm}$，跟高 25 毫米。

女 23 码，$L=242\mathrm{mm}$，Ⅰ型半，$S=218.5\mathrm{mm}$，跟高 40 毫米。

2. 帮结构

前帮、鞋舌、橡筋、后帮、前帮衬里、舌里、后帮衬里。

3. 镶接关系

前帮压鞋舌及后帮、舌式车缝橡筋、后帮压橡筋。

4. 特殊要求

前帮划线板上要定舌和后帮的定位，而橡筋的宽度一般定 10 毫米左右，后跟的保险皮可按前述，而女鞋可在内帮上增加保险皮的工艺量。

5. 步骤图解

（1）首先确定半边格位置，并标出控制点、线，然后先绘画前帮部件，即在 V 点附近来定控制线，绘画至帮脚 HF 的 1/2 等份处，在画口门时，先将 VO 分 3 等份，在 V 点绘画时要与背中线成垂直形，要考虑对称上的直线，及加上自然量时的造型；在 2/3 处开始成弧形状，大约在 OQ 线后移 15～20 毫米才经过，一直到帮脚线即可，如图 3-29 所示。

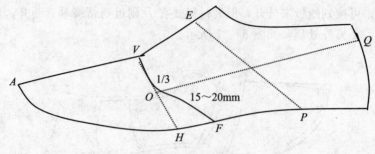

图 3-29　前帮造型

（2）在中帮范围内 VE 分 3 等份找 E' 点，在 $E'E$ 控制范围内确定鞋舌的造型，在前、后或中段位置，要看其比例造型要求，如图 3-30 所示。

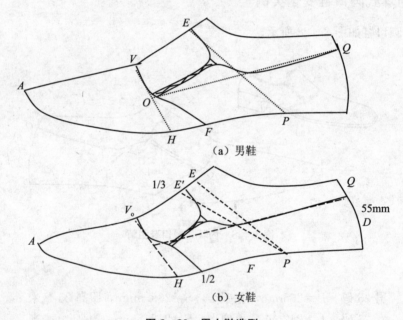

（a）男鞋

（b）女鞋

图 3-30　男女鞋造型

（3）当确定鞋舌长度比例时，还要定其宽度，即作背中线的垂线到 OQ 控制线上，然后将其宽度分 3 等份，在 2/3 处定鞋舌的宽度。再根据人的运动关系，橡筋的拉力，按坐标直角作 45°角为参考，来设计鞋舌与后帮的橡筋或拉链。橡筋的宽度一般定 15 毫米左右，而拉链的宽度就按拉链的实际宽度来定，如图 3-31（a）所示。

（4）样板的制取。

①划线板。划线板在基本样板上增加绷帮量 15 毫米，并在前帮打上车缝定点位，后帮可加保险量或另增加，如图 3-31（b）所示。

②开料样板。开料样板在划线板的基本上折边量 4.5～5 毫米、压荐量 8～9 毫米，以及在后跟边线上人革材料的加 4～5 毫米、真皮的加 1.5 毫米作为车缝量，如图 3-31（c）所示。

③里样板。后跟里可按划线板，也可分开，后跟连成一体，其他按划线板。

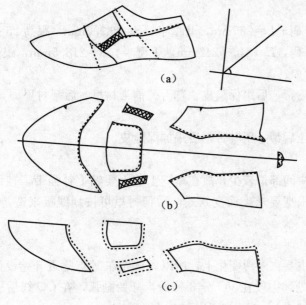

图 3 - 31 部件分解

六、鞋型变化

鞋型变化如图 3 - 32 所示。

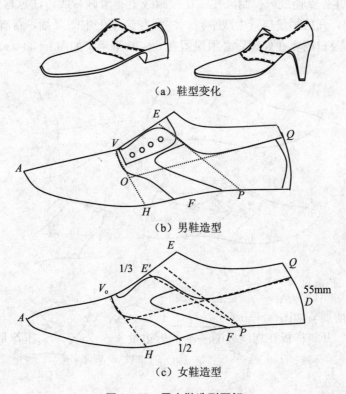

（a）鞋型变化

（b）男鞋造型

（c）女鞋造型

图 3 - 32 男女鞋造型图解

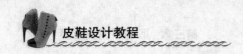

1. 楦型

素头楦：男 25 码，$L=265$mm，Ⅱ型半，$S=239.5$mm，跟高 25 毫米。

女 23 码，$L=240\sim242$mm，Ⅰ型半，$S=218.5$mm，跟高 40 毫米。

2. 帮结构

前帮、中帮、后帮、后跟保险皮、鞋舌、前帮衬里、后帮衬里。

3. 镶接关系

中帮压前帮、压后帮、压鞋舌，后跟加保险皮。

4. 特殊要求

中帮部件由于中间部位较少，故在车缝工艺上要贴上补强带，鞋舌车缝放在鞋面成型后，后跟保险皮可根据要求来演变款式，后帮衬里可按划线板来造，也可在背中线断开，分外、内两部件。

5. 步骤图解

(1) 鞋的演变主要在中帮变化上，所以，首先在 V 点附近开始设计前帮，一直延伸到帮脚的 HF 的 1/2 处，中段在 VO 分 3 等份，开始画弧，在 OQ 线后移 10～15 毫米经过，注意其造型要求，如图 3-33（a）所示。

(2) 在前帮基础上，背中线 V 点后移 8～10 毫米定 V_1，在 V_1 点作背中线的垂线下降 5 毫米，将 V_1E 线段下降 5 毫米，作为打开时，整件部件的两边摺边量（假如是车捆边工艺，可在 E 点附近将部件连接），在 EP 线与 OQ 线上绘画后帮造型，如图3-33（b)所示。

(3) 在 EP 线上，下降 35 毫米作中帮控制线，将中帮控制线分 1/2 找 O_1 点，在 FP 作分 1/2，将上述三点连成一控制尺寸，在控制线上参考画帮线，注意弯位在 OQ 线上画，并注意角度方向，开始尽量与背中线平行；注意在造型上中间要细，帮脚要宽大，不要造成脚部位太小，及口门要在处理后必须保留在 8～10 毫米，如图3-33（c）所示。

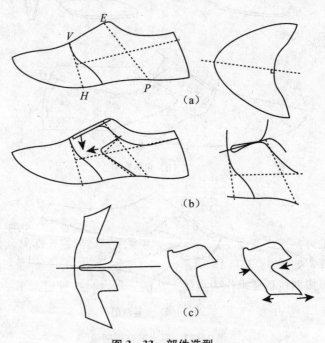

图 3-33　部件造型

（4）鞋舌及后跟保险皮，在前帮及中帮确定后，在中帮的 E 点后移 8～10 毫米，作背中线的垂线，下降 30 毫米定舌的最小尺寸，而前沿在口门处加 8 毫米作叠位，宽度定 25 毫米，注意中间要定车缝位；后跟保险皮可在平面上处理，即先作两条平行线，间距一般定 16 毫米左右，而款式可根据要求演变，长度按图计算，上面加 7 毫米车反缝，下面加 15 毫米绷帮量，如图 3-34（a）所示。

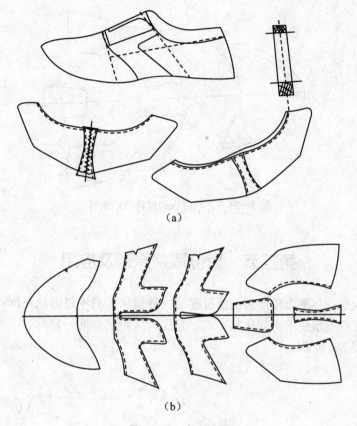

（a）

（b）

图 3-34　部件制作

（5）样板制取。

①划线板。前帮、后帮是被压部件，所以均要加叠位量，后跟因工艺上是车拉缝，故不要加任何量，保险皮可变化款式；而中帮有两种要求，一种是口门接边，故要留折边量，另一种是车捆边，故可中缝不分开，如图 3-34（b）所示。

②开料样板。中帮的开料样板上要区分两种设计要求，如在口门外加折边量，而是车捆边的，就不用再加量，及后部也分接边与车捆的工艺要求；另车捆边要另增加捆边格，一般成型后要求是男款最小宽度是 4 毫米，女款要求越细越好，即男款最小宽度开料是 12 毫米，长按帮计算，如图 3-35（a）所示。

③里样板。可按划线板要求作为设计方法的一种，另一种根据图后帮分内外，中间断开，但要放保强带，如图 3-35（b）所示。

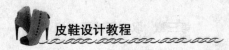
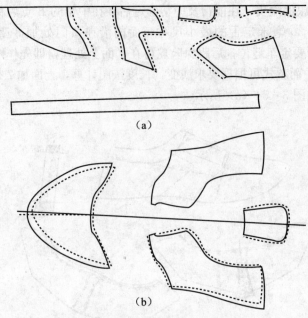

（a）

（b）

图 3-35　开料样板和里样板的制作

第二节　对位取跷原理及应用

对位取跷也是一种平面转换到曲面过程的一种做法，只不过方法不同而作区分的，在基础原理上，可按造型要求来变化其方式、方法，从而达到同一目标，下面以直帮鞋来说明其原理，如图 3-36 所示。

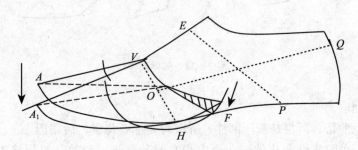

图 3-36　对位取跷原理

（1）首先将半边格确定下来，然后标出控制点、线，将 AV 曲线变成一直线，再根据鞋款来画出，最后再完成处理原理及样板。

（2）V 点附近断开横接面，男直帮鞋可从 V 点后移 8～10 毫米，橡筋鞋后移 10～15 毫米，女鞋一般不动，在 V 点设计；在 OQ 线上后移 10～15 毫米，落帮脚一般定在 VH 的 1/2 处，在此尺寸参考上绘画帮线，注意背中线在对称位置上要垂直，口型偏直。

（3）以 V 为中心点，VO 为半径画弧过背中线找 V' 点，在背中线 V' 点下降自然量的 $\Sigma = 100\%$ 找 V'' 点，过 VV'' 连一直线，即将原背中线下降一自然量。

（4）以 V 为中心点，VA 为半径画弧，将 AV 线长度下降，在下降线的基础上将 $V'V''$ 的量加前找 A_1 点，这样形成 AV 与 A_1V 有一夹角量。

（5）在横断线的宽度 1/2 处找 O' 点，以 O' 为起点，分别连接 AO' 和 A_1O'，再以 O' 为中心，帮脚线 1/2 处作半径，画一弧度，在 AO' 与 A_1O' 夹角上找出 V_1V_2 量，按 V_1V_2 量的 $80\% \sim 100\%$ 加到帮脚的弧度上。这样通过处理，把剪口量换移到十字线的下面来处理。

（6）按原半边格作参考，分步骤来画出帮脚线，最后将 A_1 与横断中线连成一直线，即作为前帮的对接线。

注意取跷量必须在半径弧上画前帮，要留意其型要相匹配，这样，原理基本讲完，以后可在此基础上变化款式。

一、男直帮鞋设计实例

男直帮鞋如图 3 - 37 所示。

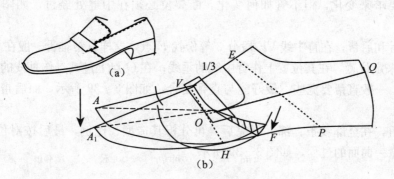

图 3 - 37　男直帮鞋图解

1. 楦型

素头楦：男 25 码，$L=265\text{mm}$，Ⅱ型半，$S=239.5\text{mm}$，跟高 25 毫米。

　　　　女 23 码，$L=242\text{mm}$，Ⅰ型半，$S=218.5\text{mm}$，跟高 40 毫米。

2. 帮结构

前帮、横带、鞋舌、后帮、保险皮、前帮衬里、后帮衬里。

3. 镶接关系

前帮压鞋舌，前帮压后帮，最后才车横带及保险。

4. 特殊要求

前、后帮必须要打定位，在划线板定位要做好所有格才定，横带可根据要求来变化款式，鞋舌后中间可在直型上有凸状。

5. 步骤图解

（1）绘制的图，必须完成整个设计过程才处理跷度，要注意顺序。

（2）在确定设计图时，后高控制线可调整到 $60 \sim 65$ 毫米；根据直帮浅口鞋要求，以男直帮鞋尺寸为参考，将 V 后移 $8 \sim 10$ 毫米找 V_3 作前后部的分界线，将断位线一直画到帮脚的 HF 的 1/2 处，注意开始画时要与背中线垂直，按鞋款绘画成弧线状，不要太斜或过直，要考虑鞋的横带的造型，如图 3 - 38 所示。

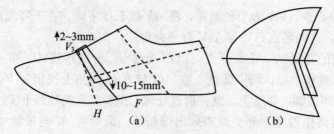

图 3-38 帮鞋横带造型

（3）横带的设计是在横断线的背中线上升 2～3 毫米，作背中线的平行线，下面在 OQ 线上下降 10～15 毫米作其平行线，以背中线的断位向前后取等份，中段一般总宽定在男 25～30 毫米，女 20～25 毫米；而下面也在断位线上向前、后移等份，两侧一般宽度定在男 35～40 毫米，女在 30～35 毫米。这样，横带的要求是中间宽度小，两边宽度要大，而款式可根据要求来变化，但不管如何变化，断裂位必须在中缝处经过，如图 3-38（b）所示。

（4）鞋舌和后帮，在背中线 VE 段分 3 等份找 E' 点，这样直帮鞋舌一般在 E' 点附近或在 E 点前面来定位置，在其位置上作背中线的垂线；在 O' 点上过其点作垂线的垂直线，即可定舌宽度，一般直帮要宽些，最好能与直帮复合，如图 3-39 所示，而后帮按 OQ 控制线画即可。

（5）最后，在全部线条、部件画完后，再分析其造型、比例，最后按对位取跷原理，完成平面＋量＝曲面的过程，如图 3-39 所示。

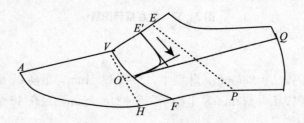

图 3-39 鞋舌和后帮舌造型

（6）样板制取。

①划线板。在图上分别剪取，但前帮、后帮样板上要定车缝位，最好全部格剪取完毕后，放回图解上才定位，如图 3-40 所示。

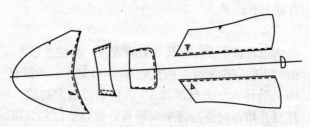

图 3-40 男直帮鞋划线板

②开料样板。按尺寸加上量即可，如图3-41所示。

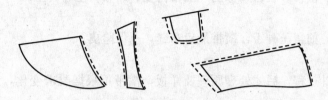

图3-41 男直帮鞋开料样板

③里样板。分前帮、舌里、后帮衬里，如图3-42所示。

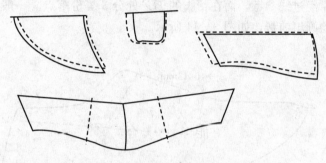

图3-42 男直帮鞋里样板

二、橡筋鞋设计实例

橡筋鞋如图3-43所示。

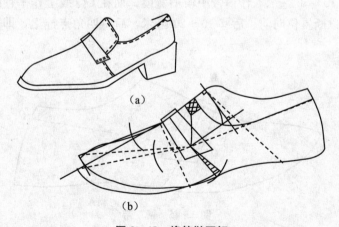

（a）

（b）

图3-43 橡筋鞋图解

1. 楦型

素头楦：男25码，$L=265$mm，Ⅱ型半，$S=239.5$mm，跟高25毫米。

女23码，$L=240\sim242$mm，Ⅰ型半，$S=218.5$mm，跟高40毫米。

2. 帮结构

前帮、后帮、横带、鞋舌、橡筋、前帮衬里、后帮衬里、舌里。

3. 镶接关系

前帮压后帮，前帮压鞋舌，横带最后车缝，上保险皮。

4. 特殊要求

首先绘画设计过程，后才处理原理及样板，横带可根据要求变化，划线板上必须要打定位。

5. 步骤图解

（1）先绘画出设计图，标出点、线，再绘画款式。

（2）在 V 点向后移 10～13 毫米找 V_3 点，作 V_3 点背中线的近垂线，在 OQ 线上后移 15～20 毫米作前帮经过线参考，而在帮脚的 HF 处分 3 等份落点。一般落点在 1/2 处作参考，再按款式来绘画出前帮，如图 3-44 所示。

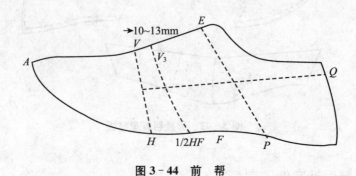

图 3-44 前 帮

（3）横带在 V_3 点断置上，将背中线升上 2～3 毫米作横带的弯度量，以 V_3 点为中点，分别向前、后移 10～50 毫米，作横带中段的宽度；而在 OQ 线上作平行线 10～15 毫米作横带长度，宽度以断置位向前、后移 15～20 毫米，后将四角点连上，即作横带参考尺寸，如图 3-45 所示。

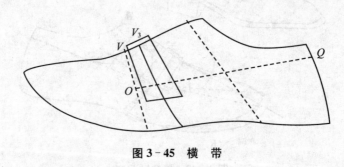

图 3-45 横 带

（4）在 VE 中线上分 3 等份，找 E' 点，橡筋鞋的鞋舌在 E'、E 点之间来定；而宽度在舌后线作中线的垂线，按后帮与前帮交点上找 O' 点，过 O' 作宽度垂线的垂线，即鞋舌最窄在直角上造型，要过宽些，而舌的另一种宽度在背中线与 OQ 线之间分 3 等份，在 1/3 份上作 O' 点的连线，而鞋舌的最窄宽度以其为根据来设计，如图 3-46 所示。

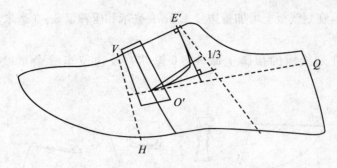

图 3－46　鞋　舌

（5）在确定鞋舌的长度后，以舌后中点为始点，向前移 15～20 毫米，定橡筋至舌之间的距离，橡筋的宽度在此线再向前移 15～20 毫米，在中线下降 15 毫米定单边的长度，即打开两侧边总长 30 毫米，但在橡筋的划线板上长度是定 28 毫米，比原尺寸短 2 毫米，作为弧度内弯的量及橡筋的延伸性，而后帮在鞋舌的角度下绘画帮线，注意造型要求，如图 3－47 所示。

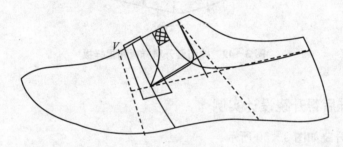

图 3－47　橡筋及后帮设计

（6）在所有部件完成后，再看造型是否恰当、比例是否合理，最后根据对位取跷原理完成平面转换成曲面，如图 3－43 所示。

（7）样板的制取。

①划线板。在原基本样板上增加绷帮量，横带可按要求变换款式，其他注意打出定位点，如图 3－48 所示。

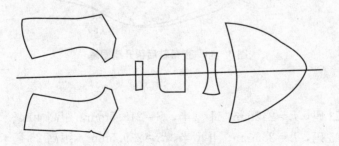

图 3－48　橡筋鞋划线板

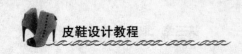

②开料样板。在划线板上增加折边量4.5～5毫米和压荐量8～9毫米，如图3-49（a）所示。

③里样板。在划线板的帮脚上减4～6毫米，及边位车缝余量2～3毫米，如图3-49（b）所示。

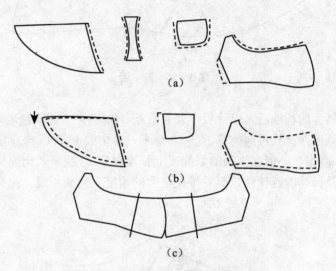

图3-49　橡筋鞋开料样板和里样板

三、直帮鞋后帮升跷设计实例

直帮鞋后帮升跷如图3-50所示。

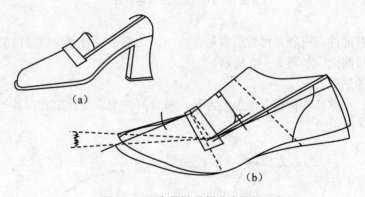

图3-50　直帮鞋后帮升跷图解

1. 楦型

女素头楦：23码，$L=242$mm，Ⅰ型半，$S=218.5$mm，跟高40毫米。

男素头楦：25码，$L=265$mm，Ⅱ型半，$S=239.5$mm，跟高25毫米。

2. 帮结构

前帮、横胆、鞋舌、后跟对称（内外）捆条、前帮衬里、后帮衬里。

3. 镶接关系

前帮压鞋舌，横胆压前帮，后跟压前帮，后帮车全捆边。

4. 特殊要求

内帮在横带中间可断开，筒口捆边可按要求改变宽度，女鞋后跟部件可省略。

5. 步骤图解

(1) 鞋门设计在图形确定后，标上控制点、线，然后在 V 点处断开（一般指女鞋、男鞋向后走），在 OQ 线后移 10～15 毫米，找 OQ 控制线参考，绘画鞋口形线，注意中线尽量成直线，如图 3-51 所示。

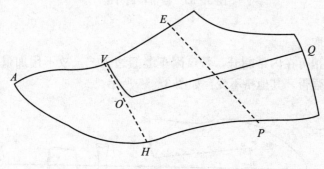

图 3-51　前　帮

(2) 在断开处 V 点，以 AV、EV 背中线的夹角分 1/2 作横胆的中段线，断位在 VE 处作后背中线平行线上开 2 毫米，在 VA 处作前段背中线的平行线，上开 2 毫米，下面以 OQ 作 10 毫米的平行线定长度，宽度女中段 20～25 毫米，两边 30～35 毫米，男中段 25～30 毫米，两边 35～40 毫米，注意横胆下前角不要太前，影响效果；而鞋舌由于是直帮，故在 EV 的 1/3 处定 E' 点，一般在 E' 点前来定舌后点，宽度在垂直线的基础上，过 O' 点作其垂线来定舌的尺寸，如图 3-52 所示。

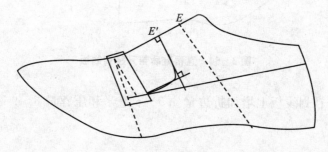

图 3-52　部件尺寸

(3) 横带的位置确定要看鞋的整体比例来定，而横带的中段对称线要视背中线的角度来展开，如在 V 点前根据 AV 线，在 V 点中间的要两边平均，在 E 点后的根据 VE 线；而鞋的整体部件绘画完毕后，才按对位取跷完成曲面转换，步骤如图 3-53 所示，在后帮升跷过程中，必须用纸先剪裁其形状，按住 O' 点来后升，这会避开因部件转换过程出现的线条变形情况，如图 3-53 所示。

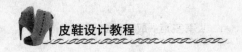

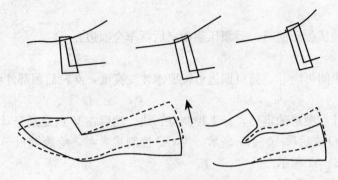

图3-53 横带和后升跷

（4）样板的制取。

①划线板。前帮可在内帮断开，帮口因车缝捆边工艺，故不用加量，捆边格取直格，车缝时必须要落加强带，其他格不变，如图3-54所示。

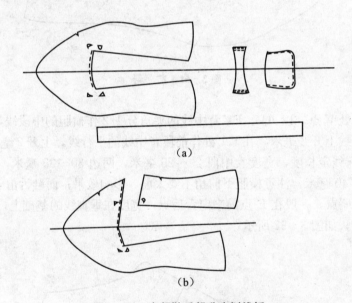

（a）

（b）

图3-54 直帮鞋后帮升跷划线板

②开料样板。在划线板上增加折边量4.5～5毫米和压荐量8～9毫米，如图3-55所示。

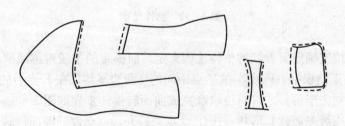

图3-55 直帮鞋后帮升跷开料样板

③里样板。由于是车捆边工艺，后衬里筒口按划线板同步，如图 3-56 所示。

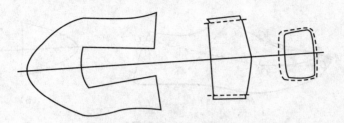

图 3-56　直帮鞋后帮升跷里样板

四、帮盖及工艺跷设计实例

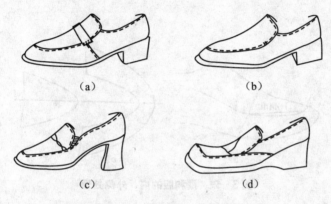

（a）　　　　　　　　　　（b）

（c）　　　　　　　　　　（d）

图 3-57　帮盖及工艺跷鞋例

帮盖的设计，主要是按楦型的造型而定。尖头楦、小圆头楦、胆型的设计偏窄、偏长，而大头楦，一般要偏宽，不论窄或宽胆鞋，一般设计上要比实际宽要小，因为材料有延伸性。

每种楦型，最好在设计鞋款前先完成胆型设计，再在设计鞋款时变通即可，避免重复性。而帮盖的设计，最好在楦面上完成（立体设计法），可采用单边来处理对称的部分；假如胆型不对称或内、外区分较明显的，要求全粘楦面，画出整个造型后，根据中线来平面处理部件。现我们采用平面设计法，这样，在此基础上演变即可。

工艺跷是根据不同鞋款，在演变过程中，对样板作进一步的处理，而在这处理过程中，要根据材料的不同，生产加工工艺流程不同而改变，及产品成本核算、款式造型不同而区分。下面以几种常见的帮盖与工艺跷来说明。

1. 素头楦，小圆头型

由于此类型楦偏尖型，故帮盖宽要小而窄，如图 3-58（a）所示。

（1）在楦背中线上，自 A 向后移男 23～25 毫米，女 21～23 毫米，定 A' 点，在 A' 点作中线垂线到帮脚，在宽度的 1/2 处找 O_1 点，而在 VH 的 1/2 处连一虚线 O_1O，这样在连线的范围内作胆线，注意胆型是尖型，不是尖角，开始画小圆，两边画偏直线，要理解非

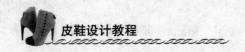

直非曲含义：直是指造型要直，曲是指线要画成曲线，如图3-58（b）所示。

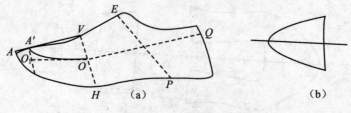

图3-58 尖型帮盖

（2）习惯上帮盖的绘画只是外侧，那么我们在此基础上要处理内侧。通常情况下，在前段弯位开始，直至O点来分内侧，一般区分是1～5毫米，平跟鞋分1毫米或不用分，而最大的是高跟鞋，达到5毫米或大些，这样在设计图上，胆和围子都有内外区别，如图3-59所示。

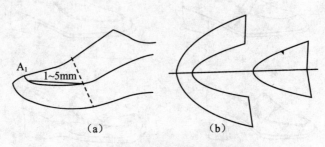

图3-59 围和胆的内、外侧处理

（3）从设计图可看出，帮盖自A'至V是曲线，当$A'V$连成直线时，我们发现中缝处加上工艺宽；这样，可在胆的两侧减去其宽度，以保证其原宽度不变，这样可出现工艺取跷，如图3-60所示。

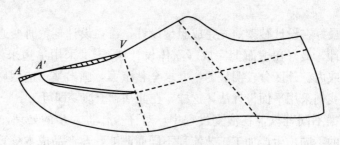

图3-60 胆的工艺跷处理

（4）而围子的中线在VA'延长线上，连取$A'A$，也就看出与原中线有一夹角量。这样，我们可以在A点下降5～10毫米，减去其多余量，但在减去余量时，打开对称会发现中缝的量下降越多，中间越容易出现一尖凸角度；这样，可在转变角度上O'点，按住纸向前转，使围子中间形成顺滑的圆形状。另也可考虑样板打开时，开裁时的插缝位，这可节约

材料用量，减少成本，提高竞争力，如图 3-61 所示。

图 3-61　围的工艺跷处理

2. 舌式楦，方头型

此类楦偏宽，所以胆较前、较宽，如宾度鞋，如图 3-62（a）所示。

（1）由于此类鞋多数是浅口类，鞋舌和围子较前，而楦的前头从侧面看成直角状，所以一般要求在角度上偏后 1～2 毫米作胆位线，因要考虑绷帮的向前拉力，这也要考虑到楦的前头有薄厚之分；而一般要求是男 25 码 AA' 为 10～15 毫米，女 23 码 AA' 为 10～12 毫米，以上数据作参考。同样，在 A' 作背中线垂线，找 O_1 点，在 HV 线的 O 点下降 10 毫米找 O_2，将 O_1O_2 连虚线，这样在控制线内设计胆型，开始帮盖成方角，两边偏直，同时在单边设计外侧的基础上，分 3～8 毫米的内侧线，如图 3-62（b）所示。

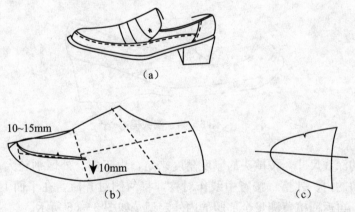

（a）

（b）　　　　　　　　　　　（c）

图 3-62　胆的设计

（2）从图 3-60 可看出，背中线上的帮盖和围子，当连成一直线时，$A'V$ 之间有一工艺跷，要求在胆的基础上进行处理，再分内、外怀，如前所述，而 AA' 线与厚中线又有一工艺跷，也要进行围子的工艺取跷，如图 3-63 所示。

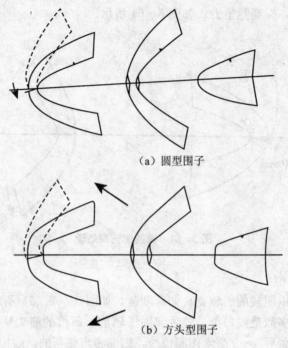

（a）圆型围子

（b）方头型围子

图 3 - 63　工艺跷处理

3. 偏头楦

偏头楦帮盖的设计，由于内、外两侧区别较大，所以最好在楦面先绘画轮廓，在楦上完成胆的设计，再利用平面的中线处理展开楦胆形状，如图 3 - 64 所示。

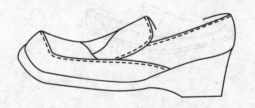

图 3 - 64　偏头楦

（1）帮盖的深浅尺寸，按楦头的厚度角度来定，由于内、外区别较大；可以参考用平面设计法；用楦的内、外格，按背中线作对称，将两侧对齐后，在平面上按楦型来绘画，让样板出来后，再返回楦背测量全部胆的内外定型，如图 3 - 65 所示。

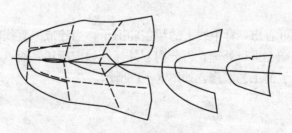

图 3 - 65　斜胆设计

（2）在围子和帮盖出来后，胆的内、外宽差距较大，如果按前述所造，发觉围子凹凸起伏较大，不适宜按背中线来减工艺跷；所以，我们可在内、外转弯位上分别找 O'、O' 点来移围子的内、外两侧量，如图 3-66 所示。

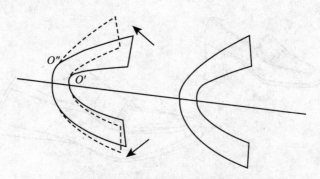

图 3-66　斜胆围子的工艺跷处理

4. 不对称结构

不对称的设计，由于其鞋头部件深浅不一，头型的变化较大，要准确地设计，必须在楦面上全粘纸，在楦面上画出轮廓，这样才能较好地反映出楦的造型轮廓。而在平面上可按内、外对拼来处理，但只能起参考作用。

（1）将楦的外侧全画出，然后利用背中线按外侧前沿作中线，按要求作对称展开内怀画出内侧不对称部件线状，如图 3-67 所示。

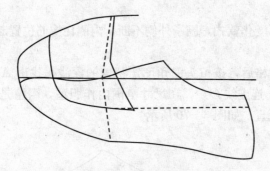

图 3-67　不对称结构

（2）在不对称部件制取后，可以在围子的角度上找 O' 点来取跷，将围子的前段或后段来展开工艺跷，如图 3-68 所示。

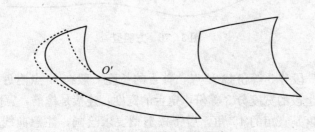

图 3-68　不对称结构取跷

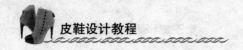

五、工艺跷的应用实例

工艺跷如图 3 - 69 所示。

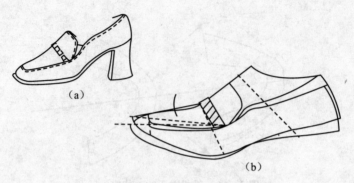

（a）

（b）

图 3 - 69　工艺跷图解

1. 楦型

方型素头楦，女 23 码，$L=245mm$，Ⅰ型半，$S=218.5mm$，跟高 40 毫米。

2. 帮结构

围子（内可断）帮盖，鞋舌橡筋，后保险，前、后帮衬里。

3. 镶接关系

围子压帮盖，胆压舌，舌与后帮缝橡筋，后加保险。

4. 特殊要求

胆与舌之间部件可变化款式，围子外侧不断，内侧在橡筋位置断开。

5. 步骤图解

（1）首先在确定单格后，按楦头的角度定帮盖的深浅，找出 A' 点，作 A' 点的中线垂线，找出 1/2 的 O' 点，连虚线 $O'O$，在尺寸范围内作胆型，因楦是方头，故胆要方头型，尽量成垂直角，两边要直，如图 3 - 70 所示。

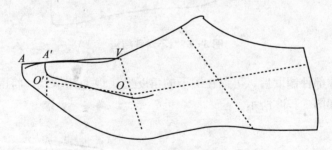

图 3 - 70　方胆型

（2）在中线 VE 段分 3 等份找 E' 点，鞋舌的长度一般在 E' 点附近来设计，当定舌位后，作其垂线，按上段的宽度分 3 等份，定舌的宽度，连接是橡筋，宽度一般要求 15 毫米左右，而橡筋的斜度是直角的 45°角，后帮按造型要求绘画，注意曲线造型，另可在内侧橡筋处断开，如图 3-71 所示。

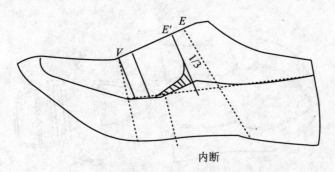

图 3-71 方胆型部件结构

（3）要求在所有部件完成后，看整体的效果是否符合要求，其线条、造型、比例是否合理，再根据对位取跷把其量返还到楦面上，可用后跷来处理。而此图也可用定位取跷来完成加量，但要注意连接部件的造型，如图 3-72 所示。

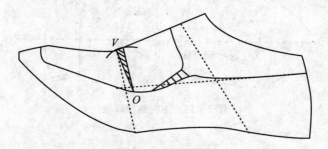

图 3-72 定位取跷

（4）样板的制取。

①划线板。围子由于太长，故要定车缝位，同时，内侧在橡筋位附近可考虑断开，而舌部件可在 V 后看成整体来再分割，如图 3-73 所示。

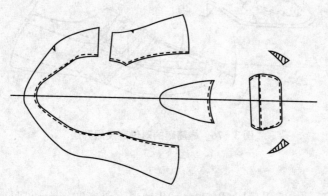

图 3-73 工艺跷划线板

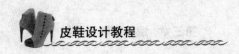
②开料样板。在划线板上增加折边量 4.5～5 毫米和压荐量 8～9 毫米，如图 3-74 所示。

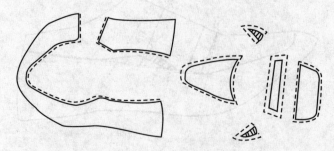

图 3-74　工艺跷开料样板

③里样板。可不分内外怀处理，后跟在划线板基础上，自上至下减 2 毫米、3 毫米、5 毫米，如图 3-75 所示。

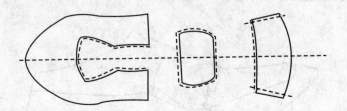

图 3-75　工艺跷里样板

六、橡筋鞋对位跷及后升跷应用实例

橡筋鞋的对位跷及后升跷如图 3-76 所示。

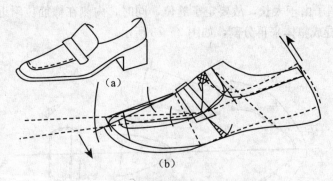

图 3-76　橡筋鞋的对位跷及后升跷

1. 楦型

方或尖素头楦：男 25 码，L＝265mm，Ⅱ型半，S＝239.5mm，跟高 25 毫米。

女 23 码，L＝242～245mm，Ⅰ型半，S＝218.5mm，跟高 45 毫米。

2. 帮结构

围子、横胆、横条、鞋舌、后帮、中缝橡筋、前帮衬里、后帮衬里。

3. 镶接关系

围子压帮盖（帮盖压围子），胆压鞋舌，前帮压后帮、后帮内、外中缝车橡筋，最后车横条。

4. 特殊要求

外侧可整体，内侧在横条位断开，鞋舌及后帮在工艺中可车边沿或车反缝工艺。

5. 步骤图解

（1）前帮。在楦头位置确定帮盖位，在角位找 A' 点（按楦型定）然后作中线垂线找 O' 点，连接 $O'O$ 线，作帮盖的造型（方楦以方型为主，尖楦以小圆为主）；在 V 点向后移 10～13毫米作为鞋口的断位，O 点向后移 15～20 毫米，在 HF 分 1/2 作落脚，绘画前帮断置线，外帮可不用断，直接连后帮，如图 3-77 所示。

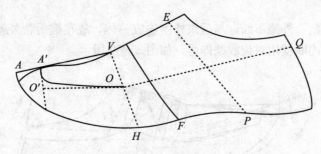

图 3-77 前 帮

（2）横带与鞋舌。在断位上，将后中线上升 2～3 毫米，OQ 线下降 10～15 毫米，以断位为中点，分别两侧找等份，一般中间宽男为 25～30 毫米，女为 20～25 毫米，两侧比中间宽 10 毫米，横带可按款式变化。而鞋舌在 VE 分 1/3 等份找 E'，舌位一般在 E'、E 之间来定。宽度在其舌垂线上分 3 等份或过 O' 点作垂线，即在 1/3 处和垂线之间定宽度，如图 3-78 所示。

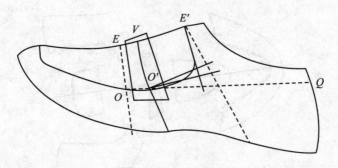

图 3-78 横带与鞋舌

（3）后帮。在鞋舌确定后，在中线上向前移 15～20 毫米，定橡筋与舌之间距离，将中线下降 15 毫米，定单边长度，打开则长 30 毫米，而在划线板的制取上定 28 毫米，因考虑

材料延伸性和弯度，宽度一般定在 15～20 毫米，后帮前连 O 点，后帮弯位在舌的角度下面经过，要小圆状，后跟成直线状。此款在造型上有两种要求：

一种是在围子的横条处内、外都可断，此处理能在断置位作对位取跷即可，如图3-79所示。

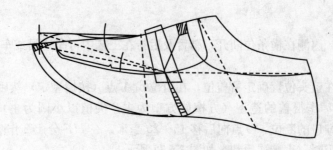

图 3-79 内、外围子断开

另一种是内侧断，外侧不断，与后跟外侧连成一体，故在鞋后帮外侧处理上可利用后帮升跷来还原，在内断就用对位取跷即可，如图 3-80 所示。

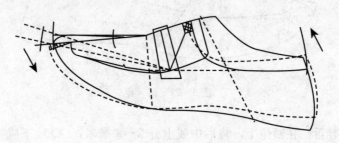

图 3-80 内侧可断、外侧整件

（4）样板的制取。

①划线板。如图 3-81 所示为围子内帮和外帮都是断开。

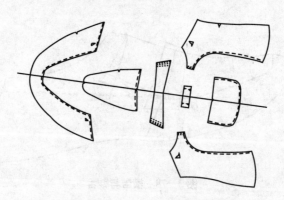

图 3-81 橡筋鞋对位跷及后升跷划线板（一）

②开料样板。此是车缝工艺，按一般尺寸增加即可，如图 3-82 所示。

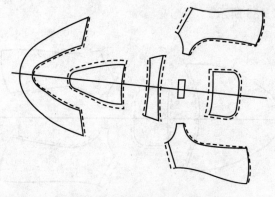

图 3‐82 橡筋鞋对位跷及后升跷开料样板（一）

③划线板。本图为围子内帮是断开，外帮连为一体，如图 3‐83 所示。

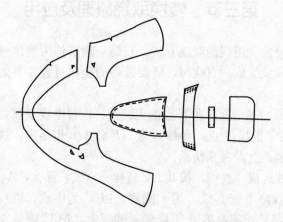

图 3‐83 橡筋鞋对位跷及后升跷划线板（二）

④开料样板。由于此款的鞋舌、后帮在工艺上可车反缝工艺，故此面、里一齐同步加 4 毫米，而内侧的断置可按后跟工艺加 1.5 毫米车缝，其他按尺寸加即可，如图3‐84所示。

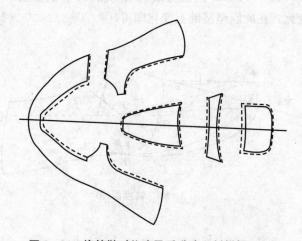

图 3‐84 橡筋鞋对位跷及后升跷开料样板（二）

⑤里样板，如图 3-85 所示。

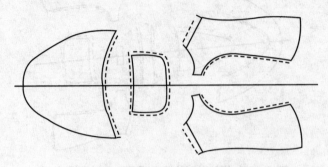

图 3-85　橡筋鞋对位跷及后升跷里样板

第三节　转换取跷原理及应用

转换取跷是一种经常要用到的取跷方法，它是处理部件为整体时，而背中线又分为两段线，并将背中线一段线变成一直线时，所要处理的变化过程，下面以光身鞋来说明原理过程。

（1）在确定设计图的基础上，在 E 点前定鞋舌，作背中线垂线，将垂线分 3 等份，在 OQ 中帮控制线内分两等份找 O' 点，在帮脚的 HF 分 1/2 作落脚，这样，将上述各点连一控制线，那么，帮线就按此参考来绘画。

（2）首先 AV 曲线连成一直线，按其 EV 延伸一直线，那么，AV 与延伸线就出现一夹角量，我们就将 AV 线降下变直线。用大圆规，以 V 为中点，VO 为半径画弧过中线将 $V'V''$ 量，用大圆规量 AV 长度，将 A 下降到延伸线上，把 $V'V''$ 量加上得 A_1 点，再在 A_1 点减去本楦的自然量 $\varepsilon = 100\%$，得 A_2，即 A_2 是还原点。

（3）在 OQ 线与帮线交点附近找其角度 O' 为中心点 1/2 帮脚线为半径，画一弧半径交于 $H'H''$ 量，即以 $H'H''$ 量的 80% 为依据，在帮脚处返还其量（即完成转换取跷），用原样板分两步来绘画底线，第一步以 A_2 前段为依据画前段，1/2 的量画余下部分，如图 3-86 所示。以后的鞋款变化，在此原理基础上变化即可。

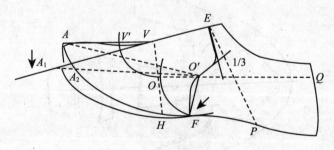

图 3-86　转换原理

一、光身鞋的应用实例

光身鞋如图 3 - 87 所示。

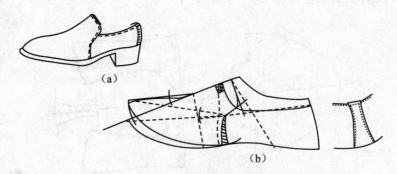

（a）

（b）

图 3 - 87　光身鞋应用图解

1. 楦型

方头或尖头素头楦：男 25 码，$L=265\text{mm}$，Ⅱ型半，$S=239.5\text{mm}$，跟高 25 毫米。

女 25 码，$L=242\text{mm}$，Ⅰ型半，$S=218.5\text{mm}$，高跟、平跟或中跟。

2. 帮结构

前帮、后帮、保险皮、前帮衬里、后帮衬里。

3. 镶接关系

前帮压后帮，后跟皮车保险，中缝车橡筋。

4. 特殊要求

一般都是深头类，所以争高可定男 60 毫米/女 55 毫米，后跟保险皮可按款式来演变。

5. 步骤图解

（1）首先画出所有部件，再按转换来处理。考虑此鞋是深头类，所以在 E 前定鞋舌（一般不准超过 E' 点）作其中线的垂线分 3 等份，按中段 OQ 线找 1/2，在 HF 分 1/2，再连接上述各点、线，按其尺寸作参考，画出前帮线，注意造型要求。在鞋舌位向前移 15～20 毫米定橡筋，宽度一般在 15～20 毫米，长度单位是 15 毫米，两边打开 30 毫米，而在划线板上定长度为 28 毫米，因橡筋有拉力，在 O' 点线下面作后帮的叠位 8～9 毫米连到橡筋处，而后跟在舌角度下面经过。后保险皮宽度一般定 16 毫米左右，造型按要求来演变，如图 3 - 88 所示。

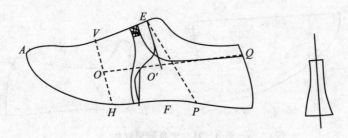

图 3 - 88　设计过程

（2）在全部设计完成后，按转换取跷原理完成处理过程；如前面所述。

（3）样板的制取。

①划线板。划线板是作为其他款式变化的基础，可以在此上变化多种款式，而尺寸按要求来定，后跟车拼缝工艺再加保险，如图 3-89 所示。

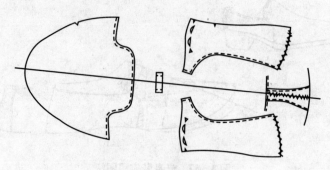

图 3-89　光身鞋划线板

②开料样板。因考虑此图可按工艺来变化车缝方法，所以后帮可造成接边工艺，反缝工艺及捆边工艺，如图 3-90 所示。

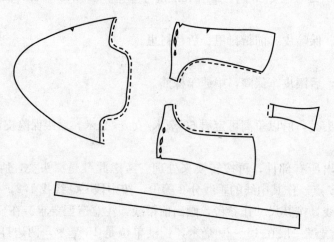

图 3-90　光身鞋开料样板

③里样板。可按划线板来设计，如图 3-91 所示。

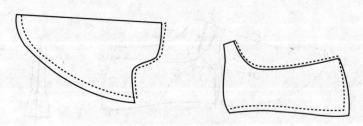

图 3-91　光身鞋里样板

二、女鞋转换跷的应用实例一

女鞋转换跷如图 3-92 所示。

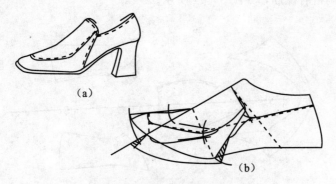

（a）

（b）

图 3-92　女鞋转换跷图解（一）

1. 楦型

方头或尖头素头楦：女 23 码，$L=242\sim245$mm，Ⅰ型半，$S=218.5$mm，中跟或高跟。

2. 帮结构

围子、帮盖、后帮（内有橡筋）、前帮衬里、后帮衬里。

3. 镶接关系

帮盖压围子，前帮压后帮，后帮内侧加橡筋。

4. 特殊要求

前帮压后帮要定清位，而内侧后帮加橡筋，鞋舌在中缝造型时有凹状。

5. 步骤图解

（1）首先在楦前头确定帮盖的深浅找 A' 点，作 A' 点的中线垂线 1/2 处找 O_1 点，将 O_1O 连线即出现胆的控制尺寸，按楦型绘画胆型；将 E 点前确定鞋舌长度，作其垂线再分 3 等份，按 1/3 点延伸至 H 点附近连一直线，在这连线上画出中帮造型；由于此是圆口，所以背中线到舌宽要画成一圆弧状，接着绘画似直线状型，即可完成前帮，后帮在舌角位下经过，而内帮可设计有橡筋，穿着方便，宽度 15 毫米，如图 3-93 所示。

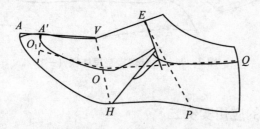

图 3-93　女鞋转换跷设计过程

（2）在图绘画完后，按转换原理来完成取跷。在转换前，必须将 AV 变成直线，使其

出现夹角量，在转换直线上，将A_2下降5～10毫米作工艺跷，而在胆的外侧处理内侧线，分内、外帮，如图3-94所示。

（3）样板的制取。

①划线板。内帮有橡筋，如图3-94所示。

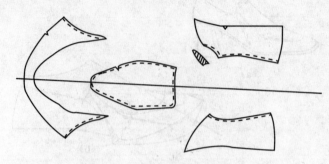

图3-94 女鞋转换跷划线板（一）

②开料样板，如图3-95所示。

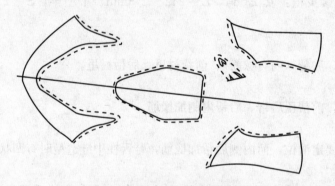

图3-95 女鞋转换跷开料样板（一）

③里样板。后跟里分内、外两件，或后跟整体，两侧分开，如图3-96所示。

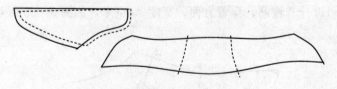

图3-96 女鞋转换跷里样板（一）

三、女鞋转换跷的应用实例二

女鞋转换跷如图3-97所示。

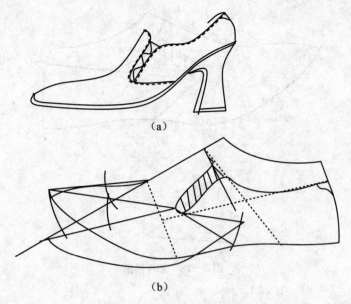

（a）

（b）

图 3-97 女鞋转换跷图解（二）

1. 楦型

方头或尖头素头楦：女 23 码，$L=242\sim245mm$，Ⅰ 型半，$S=218.5mm$，跟高 45 毫米。

2. 帮结构

前帮，后帮，内、外橡筋，前帮衬里，后帮衬里。

3. 镶接关系

前帮压后帮，后帮车橡筋。

4. 特殊要求

前帮一般为光身，但在跗面位置变化款式，前帮在橡筋的转弯中帮高度控制线上绘画，而橡筋的宽度一般定 15 毫米左右，整个口型成圆状。

5. 步骤图解

（1）先确定鞋口深度，一般在 E 点前定，作其垂线分 3 等份，在第一等份处定宽度，按直角的 45°定斜位，长度尽量到 O 点附近，前帮转角在控制线 OQ 线上绘画，直画到 F 点附近，这样，前帮即可画完，橡筋的宽度 15 毫米左右，后帮按圆口造型绘画，如图 3-98 所示。

（2）当部件绘画完成后，按转换取跷原理完成取跷，将 EV 延长一直线，再将 AV 连成一直线，使其出现夹角量，按原理、步骤来处理；而在前帮的转换过程中，必须先剪裁样板，如图 3-98 所示。

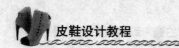
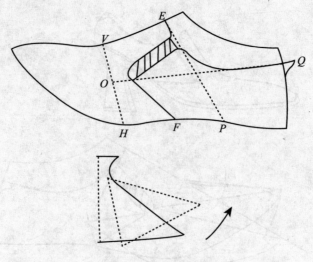

图 3 - 98　部件绘画

（3）样板制取。

①划线板，如图 3 - 99 所示。

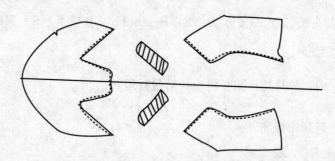

图 3 - 99　女鞋转换跷划线板（二）

②开料样板，如图 3 - 100 所示。

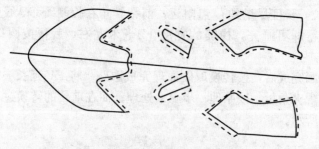

图 3 - 100　女鞋转换跷开料样板（二）

③里样板，如图 3 - 101 所示。

图 3 - 101　女鞋转换跷里样板（二）

④我们可以在此基础上变化款式，如图 3 - 102 所示。

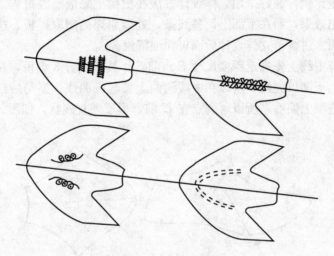

图 3 - 102　部件变化

四、女鞋转换的应用实例

女鞋转换如图 3 - 103 所示。

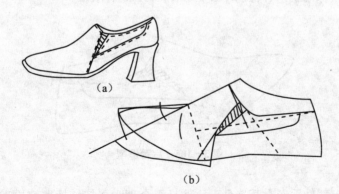

（a）

（b）

图 3 - 103　女鞋转换图解

1. 楦型

方头或圆头素头楦：女 23 码，$L = 242 \sim 245\text{mm}$，Ⅰ型半，$S = 218.5\text{mm}$，跟高 45 毫米。

2. 帮结构

前帮、后帮、橡筋是拉链、前帮衬里、后帮衬里。

3. 镶接关系

前帮压后帮，后帮车橡筋或拉链。

4. 特殊要求

前帮的造型比例较前，留后帮结构比例较大，橡筋可换拉链或车暗橡筋。

5. 步骤图解

（1）此款着重比例，最好采用立体设计方法在楦面上完成绘画过程，较接近于鞋的比例尺寸，容易看出效果，而在平面上调整线条，处理原理的制取样板，这样才能准确和快捷，下面先以平面来讲解，立体设计后面再详细解说。

（2）在楦的背中线上先确定深度尺寸 E 点前，作其垂线分 3 等份，在中间等分处画出前帮线，由于此属于圆口类鞋，所以在中线绘画上要起圆曲线，要与后帮连成圆弧状；而考虑前帮的比例造型上偏前，所以落脚点在 H 前，形成一直线状，如图 3－104 所示。

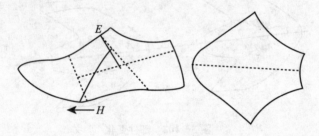

图 3－104　前帮造型

（3）在前帮的舌角下面，按橡筋的尺寸（造型一般为宽度 10 毫米左右）确定长度一般过 OQ 控制线；后帮接着橡筋来绘画，注意是圆口型，如果是车拉链，可按链的宽度来定尺寸要求，也可按橡筋工艺、橡筋车缝，如图 3－105 所示。

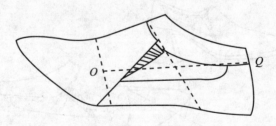

图 3－105　后帮造型

（4）全部画出部件后，看其造型，比例是否合理，再按转换取跷原理来完成跷度的处理，如前面所述。

（5）样板的制取。

①划线板。后帮的橡筋可变明、暗工艺，也可车拉链工艺，其他尺寸不变，如图 3－106 所示。

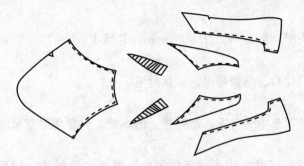

图 3-106　女鞋转换划线板

②开料样板。开料样板由于基本上是对称的，所以可用半边格来设计，如图 3-107 所示。

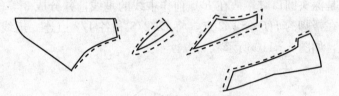

图 3-107　女鞋转换开料样板

③里样板。前帮衬里按前格，后帮衬里可视整体来设计，如图 3-108 所示。

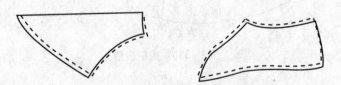

图 3-108　女鞋转换里样板

五、男鞋转换跷的变化应用实例

男鞋转换跷如图 3-109 所示。

图 3-109　男鞋转换跷图解

1. 楦型

方头或圆头素头楦：男 25 码，$L=265\text{mm}$，Ⅱ型半，$S=239.5\text{mm}$，平跟。

2. 帮结构

前帮、后帮、后保险、前帮衬里、后帮衬里。

3. 镶接关系

前帮压后帮，外帮车中间车舌，帮鞋带，内车缝，另后帮可变车缝橡筋或拉链。

4. 特殊要求

鞋口要圆型，外帮可根据款式来变化需要，但要注意每款之间要注意比例造型的要求，线条的走向因素。

5. 步骤图解

(1) 本例的图解主要以外帮有鞋带为主，附带其他鞋款。

首先考虑的是深头圆口鞋，故在 E 点前作中线的垂线，并分成 3 等份，在中帮控制线上找 1/2 中点，在帮脚的 HF 分 1/2 点，将 $EP2/3$ 和各 1/2 点连一虚线，这可画出线条，注意按线作参考，如图 3-110 所示。

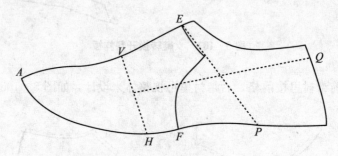

图 3-110　前帮造型

另外我们可在此基础上变化款式：

①如要车拉链的，也是在上述虚线基础上绘画，即按拉链的宽度作分中线来确定，而按款式的变化，帮脚落点可在 F 点，而转变的角度相对较前和高，可按中帮分 3 等份取前等份，如图 3-111 所示。

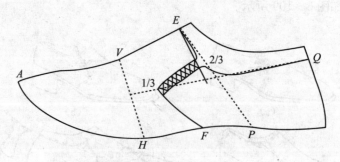

图 3-111　拉链造型

②如是车暗橡筋或明橡筋，按 E 点垂线的 2/3 点不变，而变化在中帮控制线处分 3 等

份取前等份，落脚可在 E、P 之间，这样绘画的效果有偏长的感觉，如图 3-112 所示。

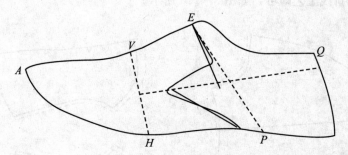

图 3-112 暗、明橡筋造型

以上都是只作参考，我们可在此基础上变化，从每一鞋的总体效果上看，看线条是否流畅，结构是否简洁，比例是否合理（长度和宽度），要做到举一反三。

（2）在前图的基础上可按圆口型绘画后帮，注意造型要在前、后断位处分别在 15 毫米上再加 8～9 毫米作叠位，如图 3-113 所示。

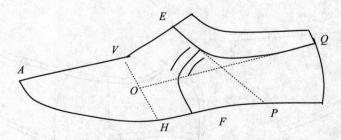

图 3-113 外侧帮鞋带

（3）当部件全部画完后，再用转换原理来完成取跷，如图 3-109 所示。

（4）样板的制取。

①划线板。注意内、外的区别处理，如图 3-114 所示。

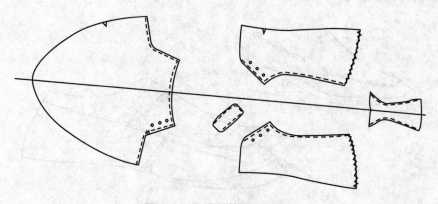

图 3-114 男鞋转换跷划线板

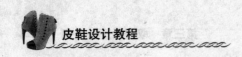
②开料样板。内侧可车反缝和叠位车缝工艺，外侧要构分叠，接工艺，而后跟车保险的，外内跟骨车拼线工艺即可，如图3-115所示。

图3-115　男鞋转换跷开料样板

③里样板。按图设计后帮衬里可在 P 点附近用垂位断开，如图3-116所示。

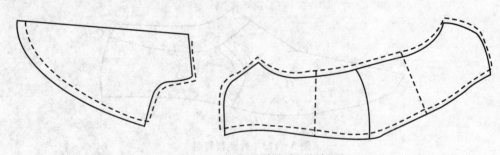

图3-116　男鞋转换跷里样板

六、帮盖的转换取跷实例

帮盖的转换取跷如图3-117所示。

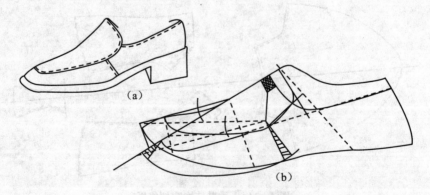

（a）

（b）

图3-117　帮盖转换取跷图解

1. 楦型

方头或圆头素头楦，男 25 码，$L=265$mm，Ⅱ型半，$S=239.5$mm，平跟。

2. 帮结构

围子、帮盖、后帮、前帮衬里、后帮衬里。

3. 镶接关系

帮盖压围子，前帮压后帮。

4. 特殊要求

此款有两种工艺要求。一种是围子与后帮断开，另一种是外侧与后帮连体、内断开，不管哪一种鞋舌都要定位。

5. 步骤图解

(1) 有帮盖的鞋款，首先要设计出胆型。所以在鞋头的角度上定 A' 点，作其中线的垂线分 1/2 点 O_1 点，连 O_1O 线，根据楦型绘画出胆型，分内、外怀处理；鞋舌的设计在 E 点前确定，作其中线垂线，分 3 等份，而在后帮高控制线 OQ 的中段分 3 等份，将 1/3、2/3 点连线画出舌型，将胆型连成一体，如图 3-118 所示。

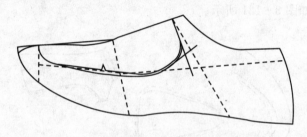

图 3-118　帮盖、鞋舌设计

(2) 后帮。在鞋舌确定后，向前移 15～20 毫米定橡筋位，宽度 15～20 毫米，而单边长为 15 毫米，构画出橡筋尺寸，后帮造型在舌角下经过，注意造型，前件在中段 1/3 舌位上升 12 毫米定叠位，而帮脚在 HF 的 1/2 处落脚，如图 3-119 所示。

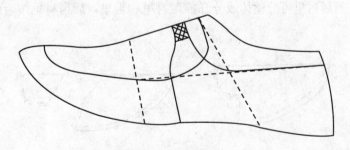

图 3-119　后帮设计

(3) 在前后帮画完后，根据转换取跷完成处理。由于从图中我们可以看出，帮盖与舌是连成整体的，围子在中帮断开，所以我们在处理时，可以把前观的部件看做是整体，根据原理完成后，再把部件分解，这样便于处理后部件在拼接工艺中不变形，如图 3-117 所述原理。

（4）样板的制取。

①划线板，如图 3-120 所示。

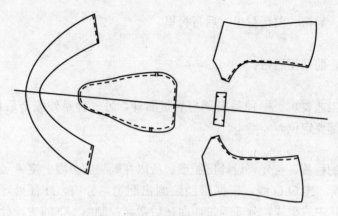

图 3-120　帮盖转换跷划线板

②开料样板，如图 3-121 所示。

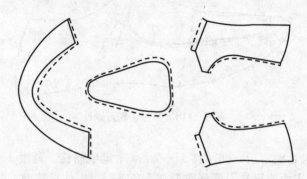

图 3-121　帮盖转换跷开料样板

③里样板。前帮衬里可分整体或分开前帮衬里和舌里，后帮衬里按后缝，如图3-122 所示。

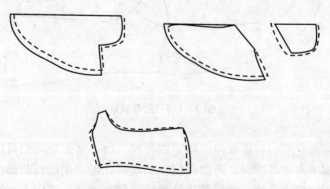

图 3-122　帮盖转换跷里样板

七、帮盖的双线转换取跷实例

帮盖的双线转换取跷如图 3-123 所示。

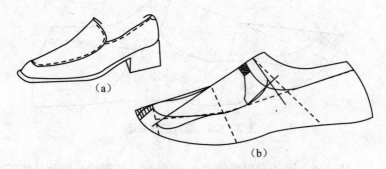

图 3-123 帮盖的双线转换取跷图解

此款与前面鞋款基本相同，改变之处是外帮不断开，内帮可以按要求断开，鞋款其他尺寸与前面图一样，所以，可按其尺寸先画图案。

考虑此图的帮盖与围子是分离的，所以在处理上可分别来处理，先完成帮盖，后处理围子，步骤如下：

（1）按帮盖的前部件 VO 用样板先剪取出来，然后在胆型的基础上将 EV 线延长，这样 A_1V 与 EV 延长线出现夹角量，即将 A_1V 线下降，那么在 VEO 的面积不变情况下，前部的造型就改变，如图 3-124 所示。

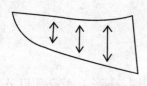 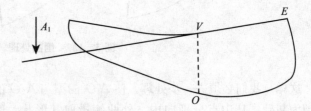

图 3-124 帮盖处理

（2）我们可以根据转换跷及工艺跷来处理前部件，根据楦的自然量$\sum=100\%$来制取，在 EV 延长线上把$\sum=100\%$来相加 VV'，用剪出样板 V 对着 V' 点，向前量取 A_2，即 $A_2=A_1VE+\sum$，这样可保持原中线长度不变，又加入一剪口量，而宽度按样板的每一小段来量取，当胆型画完后，可发现胆线 A_2O 比 A_1O 线要短，如图 3-125 所示。

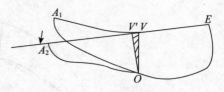

图 3-125 帮盖处理

（3）在胆底线处理后比原来 A_1O 线要短，而围子的长与胆的长有一定差距。我们可以采用如下方法来解决：

①我们可以按 5 毫米为单位，从 A_2 向 O 方向量取等份，与之相交于原线 O' 点，再以

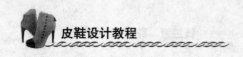

O'点为起点，向原线A_1方向量取A_2O的等份，得出A_1'点，使$A_1'O'$的线长与A_2O'线长相等；这样，围子前部件可连取$A_1'A'$，使之出现工艺跷度$AA_1A'A_1'$，如图3-126所示。

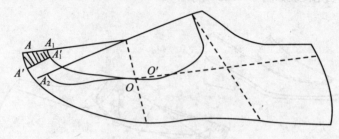

图3-126　围与胆的处理

②围子的工艺跷处理，围子在原中线AA_1前取时，其形状与胆型是相匹配的；但在处理后的$A'A_1'$中线后，发觉其形状变尖，难与胆型车缝，如图3-127所示。

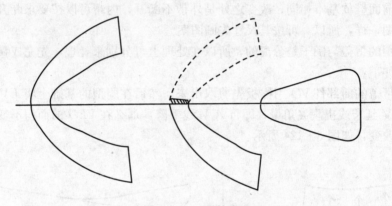

图3-127　围的处理

这样，我们必须进一步处理，使$A'O'$的型与A_2O'的型相同，那么，就必须以A_2O的胆型为基础，从中点分别向内、外两侧量取其形状，使胆与围的形状、长度相同，如图3-128所示。

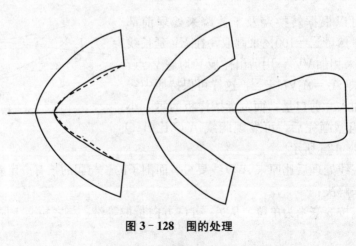

图3-128　围的处理

③当帮盖转换为直线及加入自然量∑时，其鞋的前胆下降后边缘线会发现比原来短一些，这会导致帮盖与鞋围在车缝上出现偏差，这就要求在胆边缘上标定出三个定位点，利用材料的延伸性将其拉长，而围子的长要求不变，这也要在围边上与胆边相对应的位置上定出围子的三个定位点，在车缝上将胆拉回原来的长度，使帮盖达到起跷作用，如图3－129所示。

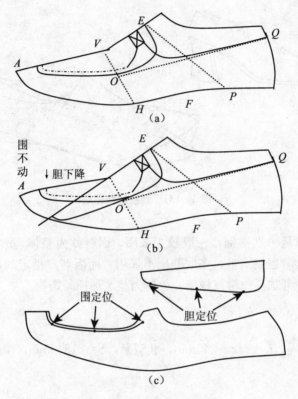

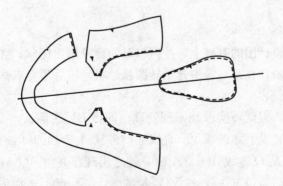

图3－129 围与胆的处理

（4）样板的制取。

①划线板。基本上与前款相同，就是外帮连成一体，内帮可断可连，如图3－130所示。

图3－130 帮盖双线转换跷划线板

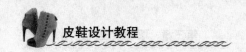

②开料样板。开料样板可按前款相同尺寸，按要求来加、减即可。

③里样板。里样板可按前款相同尺寸，按要求来加、减即可。

八、转换后跷的特殊处理实例

转换后跷的特殊处理如图 3－131 所示。

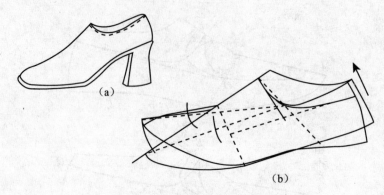

（a）
（b）

图 3－131　转换后跷图解

本女鞋款讲解只是个别案例，一般较少采用，因鞋款为整体，故材料占用空间较大，同时是深口鞋类，穿着也较困难，多数鞋厂不采用，而因客户指定的，就采用口门尽量偏前，及在鞋的内侧断开加插拉链或橡筋，外侧为整及加插装饰物。

设计过程：

1. 楦型

素头楦：女 23 码，L＝242～245mm，Ⅱ 型半，S＝218.5mm，中跟或高跟。

2. 帮结构

整体一件。

3. 镶接关系

筒口接边或捆边，或反缝工艺，分前帮衬里、后帮衬里。

4. 特殊要求

口型要圆形，可以在此图基础上变化多种鞋款，例如内侧车拉链或橡筋，而鞋头可加图案等。

5. 步骤图解

（1）首先在确定设计图的基础上，按圆口鞋的要求画出图状；在 E 点前定深度，作背中线的垂线，分 3 等份，在第一等份开始转圆弧形状，按后帮要求画出后帮，后跟高定 55 毫米，如图 3－132 所示。

（2）在图完成后，根据转换取跷原理处理；即将 EV 线延长，把 AV 曲线变成直线使之形成夹角量，将 AV 线下降到 A_1VE 直线上，再从 A_1 减至 100％ 得 A_2 作还原点；从鞋口的角 O' 点，分别将从 O' 连线 AO'、A_1O'，使之出现在夹角 $AO'A_1$，用圆规按住 O' 为中心点，后跟高为半径画弧得 $V'V''$，按 $V'V''$ 量的 80％ 或 100％，而后用样板先剪取后帮部分，按住 O' 来后升跷，要求帮脚线分三步来画出，第一步后帮，第二步前头，第三步中间部分，在画中间部件时要按工艺跷来保持其宽度不变，如图3－133所示。

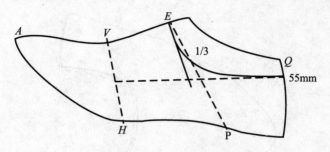

图 3－132 口门确定

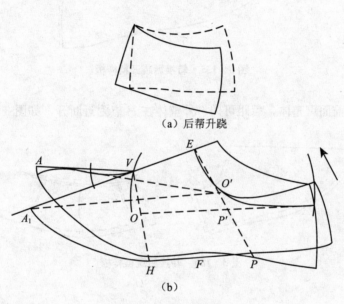

（a）后帮升跷

（b）

图 3－133 后跷处理

（3）样板制取。

①划线板。由于此是基础图，故较简单，如图3－134所示。

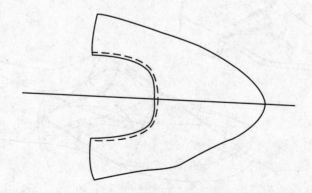

图 3－134 转换后跷划线板

②开料样板，如图 3 - 135 所示。

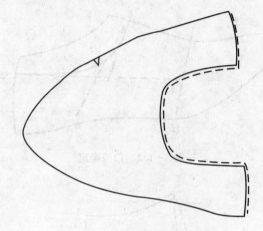

图 3 - 135 转换后跷开料样板

③里样板。前面可整体，后跟可内、外整体在 P' 点附近断开，如图 3 - 136 所示。

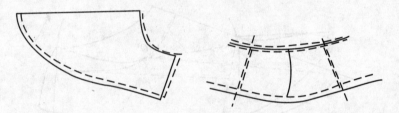

图 3 - 136 转换后跷里样板

九、转换跷的变化应用实例

转换跷的变化如图 3 - 137 所示。

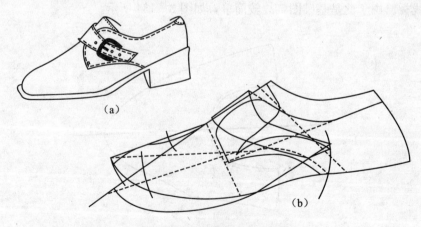

（a）

（b）

图 3 - 137 转换跷的变化图解

1. 楦型

方头或尖头素头楦：男 25 码，$L=265\text{mm}$，Ⅱ型半，$S=239.5\text{mm}$，平跟。

女 23 码，$L=242\text{mm}$，Ⅰ型半，$S=218.5\text{mm}$，平跟。

2. 帮结构

前帮（连舌）、后帮（内、外不对称），前帮衬里、后帮衬里。

3. 镶接关系

后帮压前帮，内侧压外侧，外侧加扣（扣车橡筋）。

4. 特殊要求

注意扣要放在中间，而带尾不要过后帮线外，要注意中帮的造型要求。

5. 步骤图解

首先绘画外耳部件，再画横带的造型，最后在前帮的两侧先加上叠位再根据转换来处理，让样板剪取后才定前帮的定位线。

（1）外耳的绘画。在中帮控制内将 VE 中线下降 4 毫米，作为楦背弯度的减量，在 O 点的 ± 5 毫米范围内定外耳的角度，落点在 FP 的 $1/2$ 处附近，在 EP 线与 OQ 线相交上绘画后帮。这样在其尺寸范围内勾画外耳造型，注意外耳两边要有角度，因内侧横带在中间经过，要注意其造型和比例要求，如图 3-138 所示。

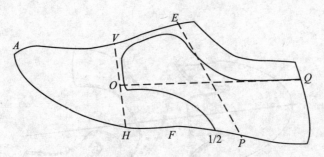

图 3-138 外耳设计

（2）内横带与前帮。将背中线 VE 上升 2~3 毫米，作横带的弯度量，宽度根据外耳的宽度来画顺，根据口的大小来定带尾，尾到帮脚一般是 15~20 毫米，而宽度在外耳的范围内，扣放在耳的中间；而鞋舌在外耳的上角向后移 8~10 毫米，作中线的垂线宽为 30 毫米，在外耳的边缝上加 8~9 毫米作前帮压荐量，在耳前线的叠位上左移 12 毫米作 O' 点，连接鞋舌，如图 3-139 所示。

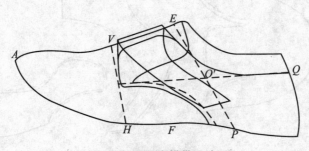

图 3-139 内横带设计

（3）内帮、外帮的制取。在完成其图的基础上，可利用转换原理来处理前帮，外帮可按图直接剪取，内帮即要在外帮的样板基础上，再按内横带先剪取小样板，在外帮和横带的基础上，按中线将横对接，在中缝接驳位画顺，即完成内帮的设计，如图3-140所示。

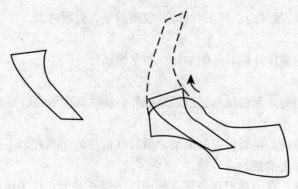

图 3-140 内横带的处理

（4）样板的制取。

①划线板。前帮最好先量取叠位，再用后帮定前帮的定位，而后帮分内、外的，如图 3-141 所示。

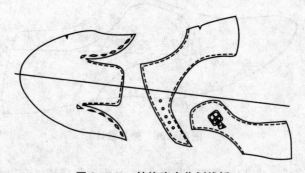

图 3-141 转换跷变化划线板

②开料样板，如图 3-142 所示。

图 3-142 转换跷变化开料样板

③里样板。可按划线板相同形状，但尺寸不同，如图3－143所示。

图3－143　转换跷变化里样板

第四节　跷度的灵活运用

取跷的目的，就是运用某种原理，采用一种方法，使平面状的材料，达到特定空间曲面状的形式，并且利用鞋用材料的延伸性，使之与楦面相黏附。不管采用哪一种方法，最终就是要使平面转换成曲面，达到鞋面伏楦的目的。

我们在设计及处理跷度过程中，要根据鞋款的形式，造型的大小，线条的走势，及所出现的跷度大小来灵活运用；同时，要以书本的数据、尺寸作为参考，结合实际的操作技能，两者互相结合才能更好地发挥其作用。

现在的皮鞋设计师傅，侧重鞋纸样的制作，这是设计过程中较重要的一个环节，仅仅是互相间设计的抄仿，起不到促进作用，永远创不出自己的品牌。要真正能成为设计师，除必须有制鞋的技能外，还要有相关的知识为基础，包括美工、化工、市场营销、资讯收集和分析等，要有一种综合的能力。因为当今鞋业的发展，涉及方方面面的知识，你必须有所了解，才能设计出好的东西。

鞋的设计师不但要了解市场的需求，还要了解材料的变化，楦型的改变，底型的变迁；另外，在设计过程中还要注意样板的制取原理以及跷度的应用，可根据楦面的变化来采用较合适的方法。要做到"多动脑、多动手"，才能起到举一反三的作用。

我们在前面讲解原理的基础上，对各种跷度再加以说明。不管采用哪一种方法，都可起到曲面的作用，达到灵活运用的目的。比如内耳鞋的处理，前面采用的是定位取跷达到使平面变曲面的效果。如果我们不用加插自然量绷服到楦面上，因为利用材料的延伸性也可变换成曲面状，但当鞋楦移离鞋面时，及鞋子摆放时间延长，同时工艺上的处理不当，即可出现鞋面随之变形的效果。

而在外耳鞋处理上，因其断位在V点后，将背中线连成直线时发现帮盖的中间出现工艺跷，所出现的工艺跷会影响鞋的造型效果，自然量越大，影响越明显。为减少其影响，我们将定位取跷改换成对位或转换跷度，这样，在原鞋款相同情况下，取跷方法的改变，都可以达到一样的效果，如图3－144所示。

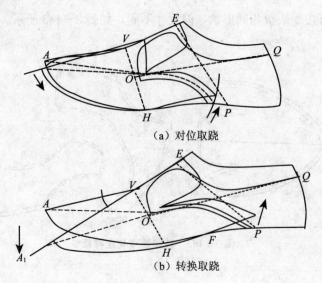

（a）对位取跷

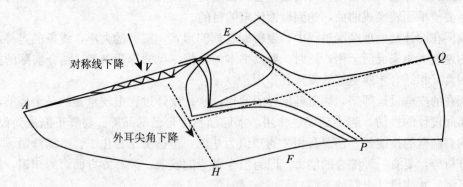

（b）转换取跷

图 3－144　取　跷

假如采用定位跷，当跷度较大时，绷帮会出现外耳鞋尖角下落现象，如图 3－145 所示。

对称线下降

外耳尖角下降

图 3－145　定位加工艺取跷

从上述分析可得，无论采用哪种方法，都必须要操作方便、快捷、生产便利。

一、鞋款的变化实例

鞋款的变化如图 3－146 所示。

（a）　　　　　（b）内侧断开，外侧整体　　　　　（c）鞋口车拉链

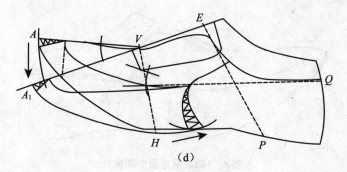

图 3-146　鞋款变化图解

1. 楦型

方头楦、尖素头楦：男 25 码，$L=265$mm，Ⅱ 型半，$S=239.5$mm，平跟。

女 23 码，$L=242\sim245$mm，Ⅰ 型半，$S=218.5$mm，中跟或高跟。

2. 帮结构

鞋围，帮盖、舌，后帮，前、后帮衬里。

3. 镶接关系

帮盖压鞋围或反之，胆车绽鞋舌，后帮压前帮。

4. 特殊要求

帮盖、围与后帮的车缝可根据工艺要求改变，而鞋口工艺可变接边或车捆边，也可改车拉链，鞋舌最后才车合；捆边男鞋要不少于 4 毫米，女鞋可细小。

5. 步骤图解

（1）在原图的基础上，首先将中线 VE 下降 5 毫米，这主要考虑接边工艺预留量；假设是车捆边工艺，耳角转弯位可拼缝，按其下降尺寸在 V 点前开始到 E 点附近画上口型；按 EP 与 OQ 的角度画出后帮轮廓线，注意女鞋造型，如图 3-147 所示。

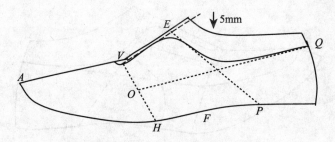

图 3-147　口型设计

（2）从 A 向后移尺寸找到 A' 点，将 A' 点作中线的垂线找 1/2 点，连接 O 点，在控制范围内画出帮盖，并分内、外怀处理。将 EP 的上段控制线分 3 等份，OQ 与 EP 的交点前控制线分 1/2 和 1/3 等份，在该尺寸范围内勾画中帮线，角度在 1/2 前偏上，在 1/3 偏后，直到 HF 的 1/2 或 F 点上，注意造型要合理，前后比例要相匹配。最后将胆线连顺，也注意胆线型偏直，如图 3-148 所示。

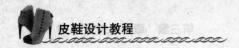
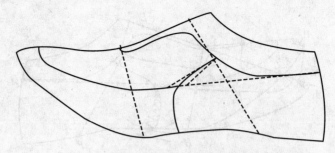

图 3 - 148　帮盖及中帮设计

（3）在图中可看出，胆是与中帮连成整体的，而背中线是分两段的，再考虑鞋口的工艺可变成接边或车捆边，假设是接边工艺，这样必须用转换跷来处理，才能使之开裁，假如是车捆边工艺，鞋口工艺的样板可开裁成对齐，而另楦的跷度较少，中线演变成为直线时，可采用对位跷或与转换跷之间的处理，如图 3 - 149 所示。

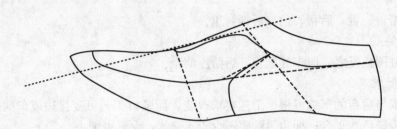

图 3 - 149　帮盖及中帮设计

（4）鞋舌及其他。鞋舌可在鞋口的基础上，量取其长度来定尺寸，后宽可定 30 毫米，前面由于是最后成型才车缝，可比前少 5 毫米。这里指的是单边尺寸，如图 3 - 150 所示。

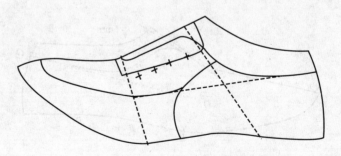

图 3 - 150　鞋舌设计

（5）样板的剪裁。

①划线板。鞋口的接边和捆边工艺不同，剪裁也不同，要注意区分，如图 3 - 151所示。

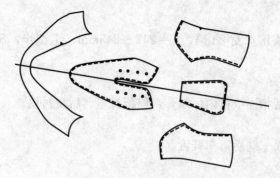

图 3 - 151　鞋款变化划线板

②开料样板，如图 3 - 152 所示。

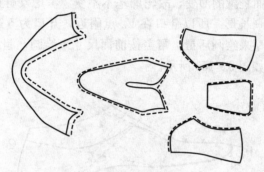

图 3 - 152　鞋款变化开料样板

③里样板。虚线为里样板，舌可与开料样板相同，如图 3 - 153 所示。

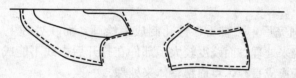

图 3 - 153　鞋款变化里样板

二、女鞋的变化实例

女鞋变化如图 3 - 154 所示。

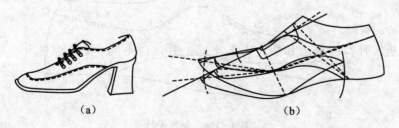

（a）　　　　　　　　　　　（b）

图 3 - 154　女鞋变化图解

1. 楦型

方头楦或尖头素头楦：女 23 码，$L=242\sim245$mm，Ⅰ型半，$S=218.5$mm，中跟或高跟。

2. 帮结构

鞋围、帮盖与后帮相连或在内怀断开，前帮衬里、后帮衬里。

3. 镶接关系

鞋围压帮盖，鞋面车缝后再车鞋舌。

4. 特殊要求

鞋舌必须最后才车缝，由于胆与后帮脚长，故可考虑在内侧断开，鞋的线条要偏后，造型感觉偏直、窄，比例前后穿插。

5. 步骤图解

（1）由于本图是前面鞋款的演变，故轮廓基本不变。考虑女鞋讲求线条造型，故此图整体造型偏前，线条要画长形。所以鞋口在 V_0 点附近，开口为 5 毫米，而鞋耳在 E_1、E 之间来确定，按偏直造型来绘画后帮，帮盖按前面尺寸来绘画，胆线的中帮画到 F、P 之间，注意线条要流畅，如图 3-155 所示。

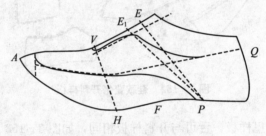

图 3-155　帮面设计

（2）在部件绘画完后，按鞋舌、鞋孔制成来绘画，而在处理上，由于帮盖与后身连体，故可利用对位跷来处理，而跷度较大，部件在打开后中线不能成直线时，可用转换跷来处理，将背中线变换成直线，将前帮整体来处理。

而另一种是将鞋围和帮盖分开处理，将帮盖先转换，加入自然量先保证中线长度不变，在胆线的基础上，来取鞋围的长度，围边长度不变，定出车缝三点定位，如图 3-156 所示。

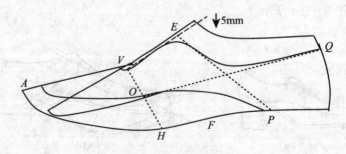

图 3-156　帮面设计

（3）样板的剪裁。

①划线板。后帮的样板可在内侧断开，如图 3－157 所示。

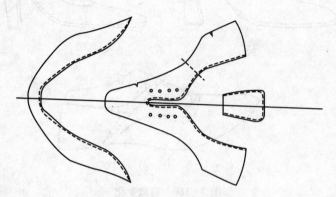

图 3－157　女鞋变化划线板

②开料样板，如图 3－158 所示。

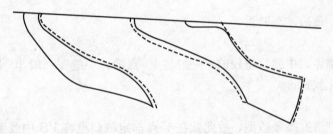

图 3－158　女鞋变化开料样板

③里样板，如图 3－159 所示。

图 3－159　女鞋变化里样板

三、鞋款的变化实例

鞋款变化如图 3－160 所示。

1. 楦型

方头楦或尖头素楦：女 23 码，$L＝242～245$mm，Ⅰ 型半，$S＝218.5$mm，中跟或高跟。

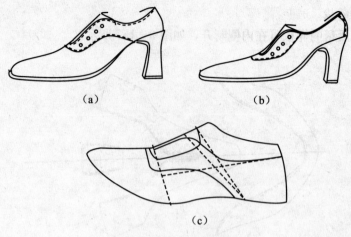

图 3‑160　鞋款变化

2. 帮结构

前帮、后帮、鞋舌、前帮衬里、后帮衬里或加保险皮。

3. 镶接关系

后帮压前帮，最后才车鞋舌。

4. 特殊要求

后帮是内外整体，中缝口型较前，一般过 V_0 点前，中缝宽一般 10 毫米左右，鞋舌最后才车缝，可变化款式。

5. 步骤图解

(1) 由于女鞋讲究线条造型，故此款在 V 点前定鞋口点将 VE 中线下降 5 毫米，作打开对称量，按 $E'P$、EP 控制线画出后帮线，直到后跟高 Q 点上，在确定鞋口点的基础上向前移 10 毫米定宽度；由于中帮较前，所以在前帮口型的宽度不要过 O 点下，会影响宽度造型，中间线按控制线画至 F、P 点之间，这样从整体比例上感觉有窄、长的造型效果，如图 3‑161 所示。

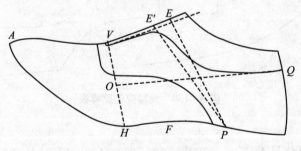

图 3‑161　部件设计

(2) 由于此鞋款的中帮经过 V 前点，有的在 V_0 点前，这样就出现两段中线，假设中帮前面到 V 点，就不会出现此现象，我们可以用定位取跷来处理；但出现不能将部件在处理后对接的现象该如何处理？我们可用定位和工艺及转换的方法来综合处理，即先用样

板，将前部件剪裁，按前面说过的胆的处理来将中线转变成直线，按其出现的夹角向下转移，使其演变成直线的量，这样，后帮就可成整体状，如图3-162所示。

（a）V点后直接用定位跷　　　　　　　（b）V点前用定位跷加工艺跷

图3-162　部件处理

（3）样板的剪裁。

①划线板。本鞋的车缝工艺一般为后叠前，如图3-163所示。

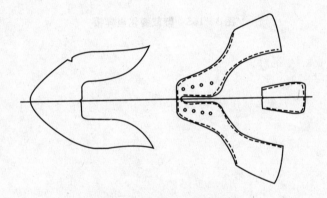

图3-163　鞋款变化划线板

②开料样板，如图3-164所示。

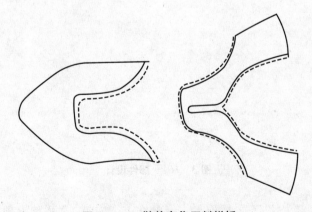

图3-164　鞋款变化开料样板

③里样板。两种设计方法，一种是按划线板相同，加其工艺量，另一种是在后鞋口处

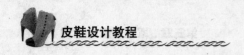

断开，分内、外两件，胆在车缝中必须要加强带来车死，否则部件会断裂或变形，虚线为里样板，如图 3－165 所示。

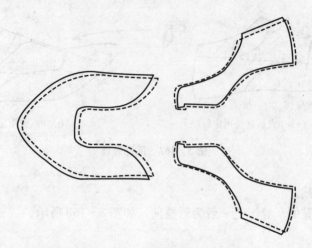

图 3－165　鞋款变化里样板

第四章 鞋款设计实例

第一节 外耳鞋的设计

外耳鞋如图 4-1 所示。

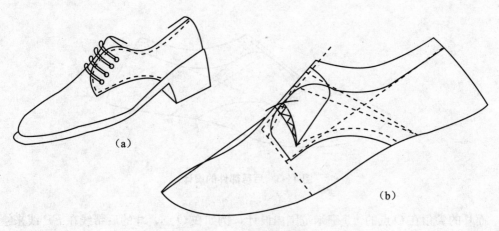

图 4-1 外耳鞋图解

1. 楦型
素头楦类：男 25 码，$L=265$mm，Ⅱ型半，$S=239.5$mm，平跟。

女 23 码，$L=242$mm，Ⅱ型半，$S=218.5$mm，平跟或中跟。

2. 帮结构
前帮、鞋舌、后帮、前帮衬里、后帮衬里、舌里。

3. 镶接关系
前帮压鞋舌，后跟压前帮。

4. 特殊要求
前帮与舌位注意接缝的造型，鞋舌与前帮接缝时最好加叠来处理，同时有些楦较歪，个别要分内、外后帮。

5. 步骤图解
（1）后帮。从图 4-1 可看出，设计完后帮部件的基础，就可看出前帮。

将 VE 中线下降 2～3 毫米，作耳到中线的距离，将 VE 中线分 3 等份，前 1/3 作前帮与鞋舌的断置作参考位，而后 1/3 等份的 E'，将 $E'P$ 和 EP 连线，鞋耳就在其范围内绘画，前或后，要看比例要求，如图 4-2 所示。

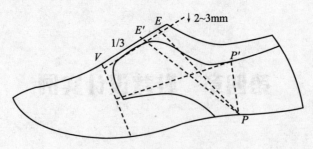

图4-2 后帮部件的设计

耳的前部分，可将 VO 分3等份找 V' 点，这样，将中线的下降线与 VE' 线相交一夹角线，可在夹角线范围内绘画，如图4-3所示。

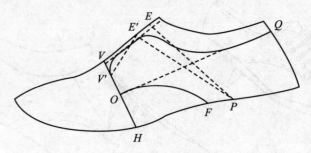

图4-3 后帮部件的设计

而耳的尖角在 O 点的±5毫米范围内设计，例如在 O 点，耳的后帮线在 EP 线来绘画，那么，效果会否造成比例太长；而在 O 点后移5毫米，后帮线在 $E'P$ 线来绘画，比例是否太短，这里指是长度比例；而宽度呢？我们也可从图4-3看出，加入在 O 点升5毫米定角位，其他不变，会否出现图像太扁，而在 O 点后5毫米，再下降5毫米呢？图形是否出现太宽，如图4-4所示。

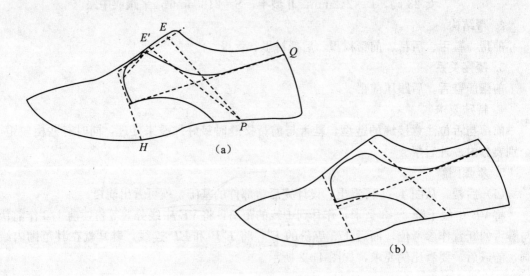

（a）

（b）

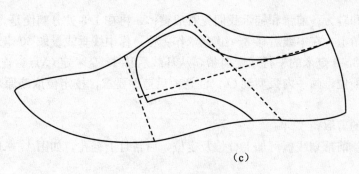

（c）

图 4 - 4　后帮部件造型

还有一要求是落脚点位置，一般在 FP 的 1/2 处附近，最前端不得过 F 点，最后端不得过 P 点，落脚点前、后要看鞋款的比例要求来设定，如图 4 - 5 所示。

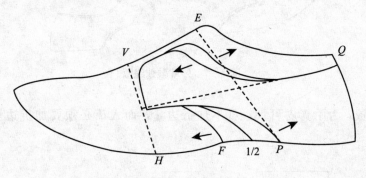

图 4 - 5　耳的造型

（2）后帮的内、外怀处理。在一般鞋款设计中，利用外帮图也可作内帮图形，这样，从设计过程到生产过程都较方便；但有些楦型在设计过程中，按脚型有意将楦型设计成偏歪楦，这样，就会出现内、外侧在长度、宽度上的区别；在长度上，可用皮尺分别量取楦的内、外斜长，量取的差距就是分长度的依据，而宽度上可在外耳的基础上，尖角前移和上升 2~3 毫米，女鞋可达 5 毫米，帮脚前 5 毫米左右，来区分内侧，鞋孔将耳弯下降 15 毫米，孔距一般定 10~15 毫米，其他不变，如图 4 - 6 所示。

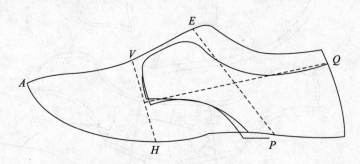

图 4 - 6　鞋耳内、外区别

（3）前帮和鞋舌。前帮和鞋舌我们先看成整体，再在 1/3 处分割便是。

在后帮耳角上，在中线后移 8～10 毫米作舌位，作中线垂线量取 30 毫米定舌宽；而在耳的车缝上加 8～9 毫米的平行线定前帮，从耳线后移 12 毫米定 O' 点。连画鞋舌，在 VE 的 1/3 等分处断位，画一内弧型到 O'，注意前后造型要求，按定位取跷原理完成取跷，如图 4 - 1 所示。

（4）样板的剪取。

①划线板。前帮划线板可加上叠位及定位，后帮打上鞋孔，如图 4 - 7 所示。

图 4 - 7　外耳鞋划线板

②开料样板。舌用真皮可加，可不加折边量，而入革必须要加折边量，如图 4 - 8 所示。

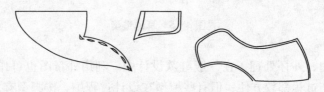

图 4 - 8　外耳鞋开料样板

③里样板。里样板可与划线板相同，而后帮可按式样与后跟相连，如图 4 - 9 所示。

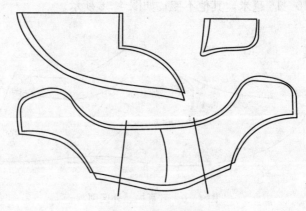

图 4 - 9　外耳鞋里样板

一、外耳式男花三头鞋设计实例

外耳式男花三头鞋如图 4-10 所示。

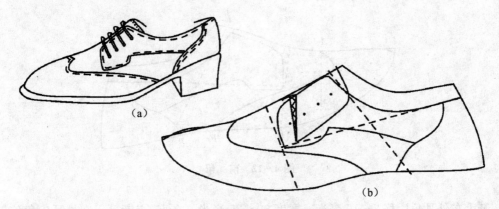

图 4-10　外耳式男花三头鞋设计图解

1. 楦型

素头楦：男 25 码，$L=265\mathrm{mm}$，Ⅱ型半，$S=239.5\mathrm{mm}$，平跟。

2. 帮结构

鞋头、中帮、后帮、后跟、鞋舌、前帮衬里、后帮衬里。

3. 镶接关系

鞋头压中帮，中帮压鞋舌，后跟压后帮，后帮压前帮。

4. 特殊要求

鞋头燕尾弯度要指向鞋头方向，中缝舌位可断可不断，后跟叉位可开或全缝。

5. 步骤图解

（1）后帮。在分析鞋款部件较多的情况下，绘画过程可按大、中、小顺序来绘画部件。故先画出外耳形状；将 VE 中线下降 2～3 毫米，同时分 VE 的 3 等份线找出 E_1、E_2 点，再将 VO 分 3 等份找 V_1，连接 V_1E_1 点，外耳的弯度在夹角处经过，而尖角在 O 点的 ±5 毫米范围内设计，由于是深头鞋，故后帮在 E 点前定弯度；后跟边距 25～30 毫米，帮脚在 P 点之前定，其他按鞋款来绘画，如图 4-11 所示。

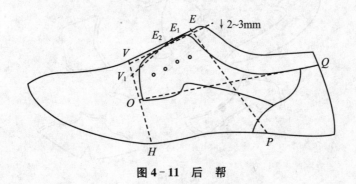

图 4-11　后　帮

（2）前帮。在 AV 曲线上分 3 等份找 A_1 点，作 A_1 点的垂线得 A_1H_1，分 A_1H_1 线的 3 等份，在上等份作参考画燕尾的造型，注意角度大方向是向前。两边画上的弯度直到 F 点附近，而弯度与外耳的距离，可以少于耳鞋的 8～10 毫米尺寸，如图 4 - 12 所示。

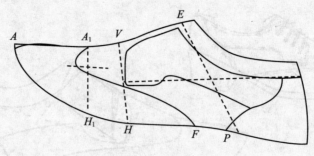

图 4 - 12　前　帮

鞋舌在外耳角后移 8～10 毫米，宽度 30～35 毫米，在 E_2 点断开，在外耳尖角位置后移 12 毫米，上升 8 毫米定 O' 点，画出断置位，注意断置位在背中线偏后绘画断位弧形，按定位跷来完成取跷处理，如图 4 - 13 所示。

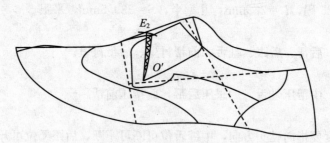

图 4 - 13　鞋舌断置

（3）样板的剪取。

①划线板，如图 4 - 14 所示。

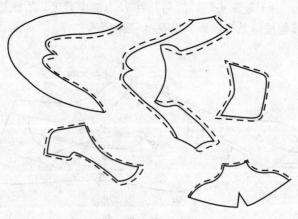

图 4 - 14

②开料样板,如图 4-15 所示。

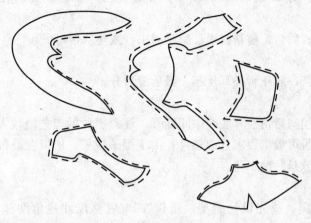

图 4-15

③里样板。前帮可看整体,其余按划线板,如图 4-16 所示。

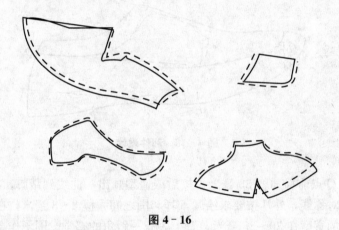

图 4-16

二、外耳鞋的变化实例一

外耳鞋的变化如图 4-17 所示。

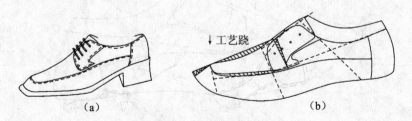

↓工艺跷

(a)   (b)

图 4-17 外耳鞋变化图解

1. 楦型

方式尖素头楦：男 25 码，$L=265mm$，Ⅱ型半，$S=239.5mm$，平跟。

2. 帮结构

鞋围、舌、耳、后帮、前帮衬里、后帮衬里（或整后帮衬里）。

3. 镶接关系

围子压胆和后帮，胆压舌外耳压胆、最后缝后分。

4. 特殊要求

围子是整件，胆与后帮在耳底线中间断开，注意胆位的工艺跷较大时要处理，胆位分内外怀区别，胆与舌可根据要求连成整件；由于围子较长，所以在前帮衬里与后帮衬里的接缝中采用下半部分是粘贴工艺。

5. 步骤图解

(1) 由于是胆类，故先设计胆型，所以在 A 后移尺寸找角度深浅作宽的 1/2 点线 O_1O，在控制范围内画出鞋型，同时根据 VE 的下降与 V_1E 的连线画出外耳的造型，根据 E 点前，在 EP 线与 OQ 线的角度上画出后帮造型，如图 4-18 所示。

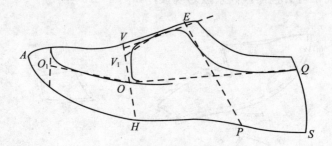

图 4-18 部件设计

(2) 在后跟 Q 点前移 30～35 毫米，按后跟造型画出一曲线到帮脚，在 Q 和 D 点间画一直线，作内外对称线，外耳按要求绘画，耳与围之间大概 2～3 毫米，在中间断开，作胆与舌的分界，耳的宽度在 30～35 毫米，看上去有一斜角的感觉，围子作弯度至后跟，一般在后跟线的 1/2 处；舌宽 30 毫米，长度比外耳长 8～10 毫米，在 E_2 处断开，按定位取跷完成跷度的处理，如图 4-19 所示。

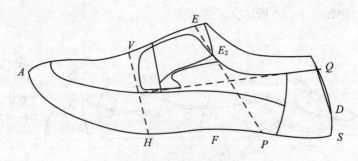

图 4-19 余下部件设计

（3）在鞋图完成后，将 A_1E_2' 连一直线作对接线，即可发现胆的宽度比原来大（多了工艺量），这样我们可要处理胆的工艺跷度，将原来的宽度不变，再分内、外怀，另一种方法是，假设胆与舌不断，看做整件，待处理后看要求来置其断舌，这样，可将 A_1V 连一直线并延长，将鞋舌的长度转到直线上（即保持原舌长不变），按其自然量的 $\Sigma=100\%$ 加上得 E'，将舌的宽度和胆连上即可，如图 4-20 所示。

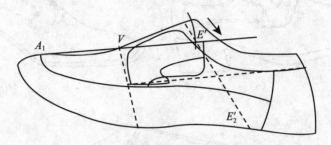

图 4-20　鞋舌后跷处理

（4）样板的剪取。

①划线板，如图 4-21 所示。

②开料样板，如图 4-22 所示。

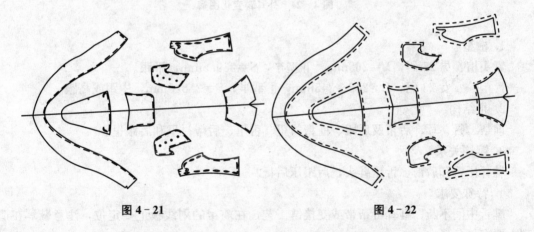

图 4-21　　　　　　　　　　　　　**图 4-22**

③里样板。前后中缝采用胶粘工艺，后跟里采用整体虚线为里样板，如图 4-23 所示。

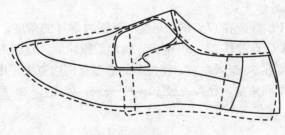

图 4-23

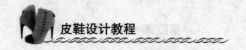
三、外耳鞋的变化实例二

外耳鞋的变化如图 4 - 24 所示。

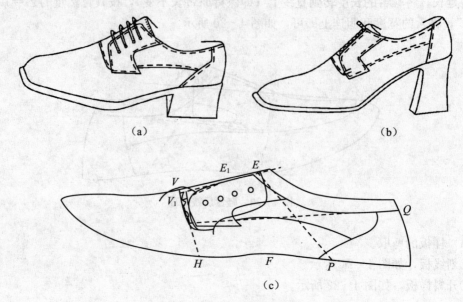

图 4 - 24　外耳鞋变化图解

1. 楦型

素头楦：男 25 码，$L=265mm$，Ⅱ 型半，$S=239.5mm$，平跟。

女 23 码，$L=242\sim245mm$，Ⅰ 型半，$S=218.5mm$，中跟或高跟。

2. 帮结构

前帮、舌、耳、后帮及后跟、前帮衬里、舌里、后帮衬里和后跟里。

3. 镶接关系

鞋耳压舌和后帮、舌压鞋头，后跟压后帮。

4. 特殊要求

鞋舌中间不断，鞋耳可帮带或变接链工艺，在前帮的划线板上要定位，注意鞋耳在造型上要有斜角形。

5. 步骤图解

（1）外耳及后帮。

首先在中帮上连 VE 线，在 O 点的 ±5 毫米范围内定耳的角度，画出耳角的弯度，在 EQ 线画后帮造型，从 Q 点前移 $25\sim30$ 毫米，画出后跟轮廓，直到 P 点附近，在 QD 连线作对称线，鞋舌的宽度在 35 毫米左右，注意耳的造型是两边宽大，中间偏小，要有一斜角的形状，鞋孔在耳的中间来定，孔数一般 $10\sim15$ 毫米，如图 4 - 25 所示。

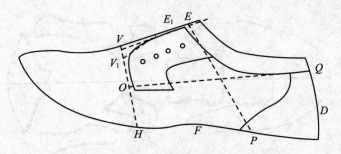

图4-25 外耳及后帮设计

（2）前帮、鞋舌。由于此鞋耳压着整鞋舌，所以前帮与舌的断置在V_O之间来定，断的宽度不超过耳位，用假线在耳中间经过，感觉耳位断开，而后帮的造型在假线的基础上绘画，形状向上弯曲，直到后跟线的1/2处，如图4-26所示。

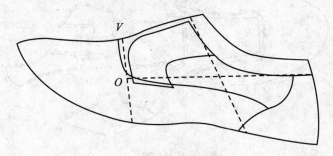

图4-26 中帮设计

由于鞋舌是整体，所以在后帮鞋上后移8～10毫米，宽30毫米的舌的基础上画，在前面耳位后移12毫米，上升8～9毫米叠位定舌，画一弯曲到舌宽。利用定位跷来完成跷度处理，如图4-27所示。

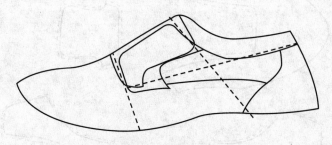

图4-27 鞋舌设计

（3）样板的制取。

①划线板。鞋头由于全部被压，故要加上叠位，其他按图绘取，如图4-28所示。

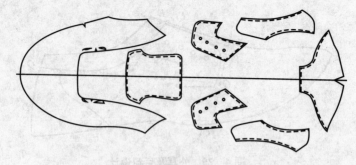

图 4 - 28

②开料样板，如图 4 - 29 所示。

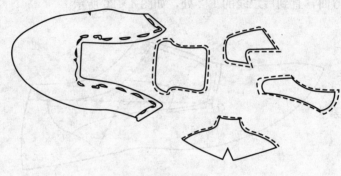

图 4 - 29

③里样板，如图 4 - 30 所示。

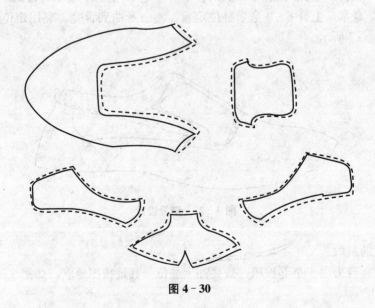

图 4 - 30

四、外耳鞋的变化实例三

外耳鞋的变化如图 4－31 所示。

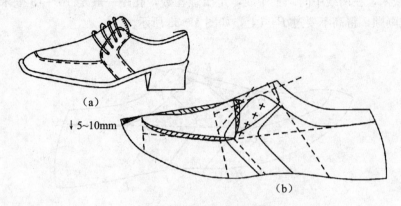

（a）

↓ 5~10mm

（b）

图 4－31　外耳鞋变化图解

1. 楦型

方式或尖头素头楦：

男 25 码，$L＝265mm$，Ⅱ型半，$S＝239.5mm$，平跟。

女 23 码，$L＝242～245mm$，Ⅰ型半，$S＝218.5mm$，中跟。

2. 帮结构

围子、帮盖、鞋舌、外耳、后帮、捆条、前帮衬里、后帮衬里。

3. 镶接关系

围子压帮盖、胆压舌、外耳压后跟、后帮压前帮、筒口车捆条。

4. 特殊要求

外耳到中线较其他鞋款要宽、外耳的弯度一般在中线控制线上过，捆条在开料样板上可用直条状。

5. 步骤图解

（1）帮盖。在鞋楦前部找角度，确定其帮盖的深浅度 A_1，作 A_1 的中线垂线，并找 1/2 点，将其连到 O 点上，这样可在虚线范围内设计帮盖，并在处理工艺跷的基础上分内外之区别，如图 4－32 所示。

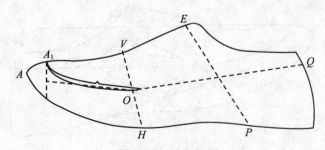

图 4－32　帮盖设计

（2）外耳和后帮。由于此鞋款外耳对称位较宽，所以将 VE 中线下降6毫米，将中线 VE 分3等份，并将 VO 分3等份，将 V_2E_1 连线，在范围内画出外耳线，前角在 OQ 上经过，以 O 点 ±5 毫米为参考，直到 HF 的 $1/2$ 等份帮脚落点；画出前形状的平行线，一般为 $25\sim30$ 毫米，在两线中间画上中线，定出鞋孔数，孔距一般定 $10\sim15$ 毫米，后跟线按鞋耳造型来画顺，帮高不要过 P' 点上，如图 $4-33$ 所示。

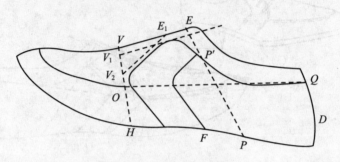

图 4-33　外耳和后帮设计

（3）鞋舌及取跷。由于外耳压围子，所以在外耳线的基础上加 $8\sim9$ 毫米的压荐量，在 E_2 点处画一弧状做定位取跷，O' 点与外耳距离一般定为12毫米；而鞋舌到耳距离为15毫米左右，舌宽一般30毫米，画出鞋舌，如图 $4-34$ 所示。

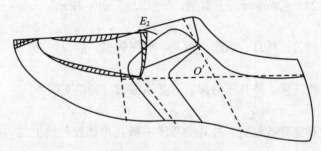

图 4-34　鞋舌及取跷

另一种因工艺要求帮盖与鞋舌是整体，故此在处理上可用后跷来处理，如图 $4-35$ 所示。

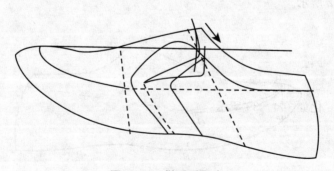

图 4-35　鞋舌后取跷

（4）样板的剪取。

①划线板。捆条可剪取成直条状，男成型最小 4 毫米宽，女可更细，如图 4-36 所示。

图 4-36

②开料样板如图 4-37 所示。

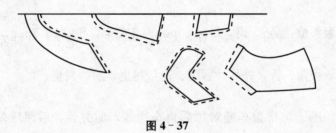

图 4-37

③里样板如图 4-38 所示。

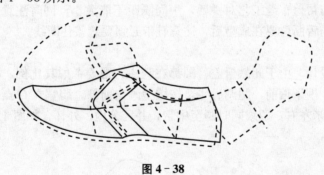

图 4-38

五、男外耳鞋的变化实例

男外耳鞋的变化如图 4-39 所示。

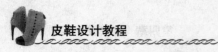

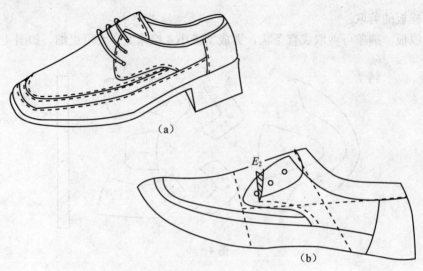

（a）

（b）

图 4-39　男外耳鞋变化图解

1. 楦型

方头或圆头素头楦：男 25 码，$L=265mm$，Ⅱ 型半，$S=239.5mm$，平跟。

2. 帮结构

鞋围、围子、帮盖、舌、外耳、后跟、前帮衬里、后帮衬里。

3. 镶接关系

鞋围压围子，围子与帮盖车缝对拼后再车边线，胆叠舌，后跟压外耳及围，外耳叠帮盖。

4. 特殊要求

注意围子条与帮盖车缝工艺对拼后，中间隔距不能太小，同时注意胆、围子、围之间的造型要求及胆与舌断位要在成型后，注意鞋带必须要遮盖住断线。

5. 步骤图解

（1）胆、围设计。由于此款帮盖、围都在鞋头，帮要考虑其比例，故按楦头角度外参考，来确定位置，围子偏前，胆调后些，按楦型画出前部，胆宽在 O 点来定，围子与胆之间距离大概 10 毫米左右，两线同时画至中帮，并区分内、外怀，如图 4-40 所示。

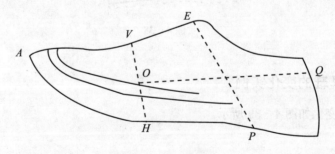

图 4-40　胆、围设计

（2）外耳及后帮设计。外耳的造型前面较宽开，故接其外耳数根据作参考，即将中线 VE 下降 $2\sim3$ 毫米，并分 VE 的 3 等份找出 E_1、E_2 点，将 VO 分成 2 等份，连接 V_2E_1 线，按外耳造型绘画部件；后帮在 E_1P 和 EP 之间画出，鞋孔与外耳边距为 15 毫米，后跟在 Q 前移 $30\sim35$ 毫米，画至 P 点后，连接 QD 对接线，打开即为整件部件，如图 4-41 所示。

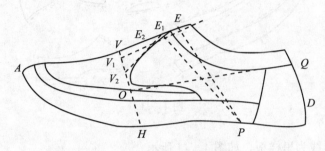

图 4-41　外耳及后帮设计

（3）整体效果画完后，看其比例造型、线条是否符合要求，再进行修改；而在处理上，在 E_2 作胆、舌断置位，按定位取跷来完成跷度的还原，在成型试格中，再调整断位的前后，如图 4-41 所示。

（4）样板的剪裁。

① 划线板。围、围子、帮盖必须区分内、外怀处理，如图 4-42 所示。

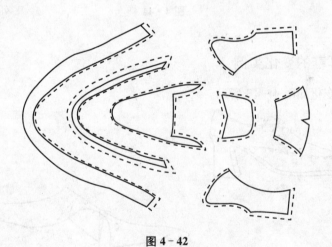

图 4-42

② 开料板样。围子与帮盖此图按对接反转再彻缝边线工艺来设计，可根据其他工艺来改变，如图 4-43 所示。

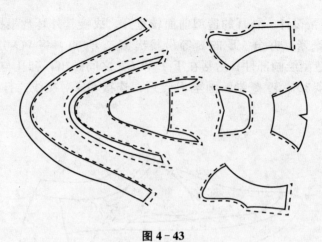

图 4-43

③里样板。虚线为里样板，如图 4-44 所示。

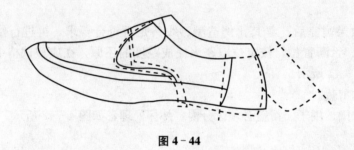

图 4-44

六、女外耳鞋的变化实例

女外耳鞋的变化如图 4-45 所示。

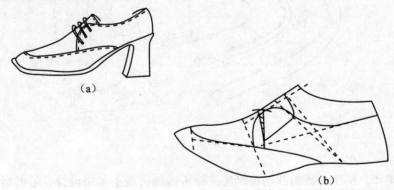

（a）

（b）

图 4-45 女外耳鞋变化图解

1. 楦型

方、尖素头楦：女 23 码，$L=242\sim245$mm，I 型半，$S=218.5$mm，中跟。

2. 帮结构

围、帮盖、舌、后帮、前、后帮衬里。

3. 镶接关系

围子压帮盖、后帮、帮盖压舌、后帮压胆、后帮衬里。

4. 特殊要求

围子的造型线要与地面平行、后帮的筒口较前，此帮盖与舌可断可不断。

5. 步骤图解

(1) 帮盖。在鞋楦前头上找出角度定帮盖尺寸 A_1 点，作中线的垂线找中点，将其连线到 O 点上，这样可在范围内绘画胆型，从鞋外观造型来看，该胆线与地面近乎平行，故一直画到 FP 的中点附近，这给人感觉在造型上较直和偏窄的视觉，如图 4-46 所示。

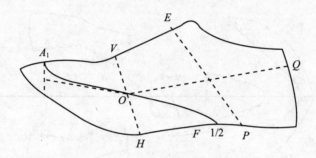

图 4-46 鞋围和胆设计

(2) 外耳。将中线 VE 下降 2~3 毫米，把 VE 分 3 等份，找出 E_1 和 E_2 点，将 E_1P 连线作后耳位，再将 VO 分 3 等份找 V_1 点，在其夹角中画外耳造型，耳前尖角在 O 点±5 毫米附近定，鞋孔在耳的弧线上作 15 毫米的平行线，如图 4-47 所示。

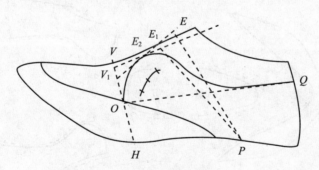

图 4-47 外耳设计

(3) 舌和取跷。在耳尖后移 12 毫米外叠位，在 E_2 作胆与舌的断置，并且按定位取跷完成平面曲面的过程，鞋舌长度在外耳的基础上加 10~12 毫米，宽度一般定为 30 毫米，直到 O' 点。要求 O' 点到胆线的距离为 10 毫米，因在这位置上部件太多，叠位连在一起太厚，如图 4-48 所示。

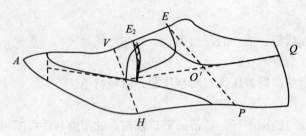

图 4 - 48 舌和取跷

（4）样板的剪取。

①划线板如图 4 - 49 所示。

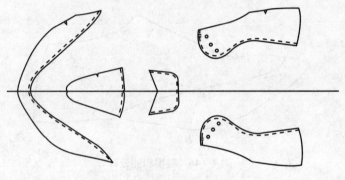

图 4 - 49

②开料样板如图 4 - 50 所示。

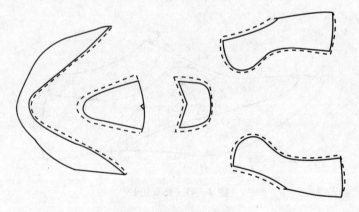

图 4 - 50

③里样板如图 4 - 51 所示。

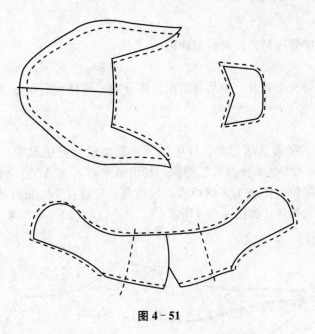

图 4-51

第二节　开包头鞋设计

一、外耳鞋设计实例

外耳鞋设计如图 4-52 所示。

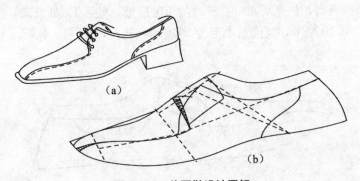

(a)

(b)

图 4-52　外耳鞋设计图解

1. 楦型

方头素头楦：男 25 码，$L=265$mm，Ⅱ型半，$S=239.5$mm，平跟。

女 23 码，$L=240\sim242$mm，Ⅰ型半，$S=218.5$mm，中跟或平跟。

2. 帮结构

帮盖、中帮、鞋舌、后帮、捆边条、前、后帮衬里。

3. 镶接关系

帮盖压鞋舌、中帮压帮盖、筒口车捆边条。

4. 特殊要求

帮盖前身直落鞋头不断开，中帮与前面连体分内、外怀和后跟整体，注意捆边宽度的尺寸要求。

5. 步骤图解

(1) 鞋头。由于帮盖直落帮脚，故可用前述胆型设计方法参考，按素头楦尺寸，男23~25毫米，女19~21毫米作参考依根据，找出 AA' 点，按 A' 点作背中线的垂线到帮脚线，分该段量的 4 等份，并连 1/2 到 O 点，按楦型的轮廓在 1/4 及胆型控制范围内绘画来包头造型，并分内、外怀，如图 4-53 所示。

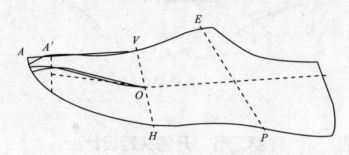

图 4-53　鞋头设计

(2) 中、后帮。由于此图属外耳鞋类，故外耳的设计按 VO 的 1/3 到 E' 点来参考画出，前部与胆线连接注意其造型，中缝分离一般定 6 毫米后帮在 $E'P$、EP 线之间来绘画，在后帮线 Q 前移 25~30 毫米定后跟，按楦型要求画到 FP 之间，后跟把 QD 线连直作对称线，在 QS 后弧线分离，注意后跟口打开时的角度造型，鞋舌 E'' 处断离，按后帮外耳的角度在背中线上后移 10 毫米，宽度最小定为 30 毫米，连接以 O' 点，如图 4-54 所示。

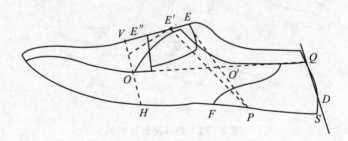

图 4-54　中、后帮设计

(3) 部件处理。在取跷上，鞋头变直线所出现的工艺量要减去，而在图解中利用定位跷来处理，在自然量不算大时可利用材料的延伸性减去中线的量，但自然量过大就会影响胆与外耳的连线造型，因其有宽度尺寸，如图 4-55 所示。

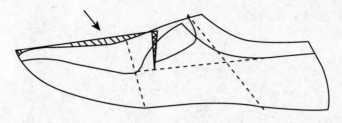

图 4-55 工艺跷

在图 4-55 不改变的情况下，我们可利用对位或转换跷来解决跷度的多余量，根据鞋款，将 $E''V$ 连线并延长，先将前开包头转下，在 V 加入其自然量，保持原中线长度不变，并将开包头形状用样板剪下，在 V 的垂直宽度上找 O'' 点，使 O'' 点在转移过程中加入量，但在转换过程中，必须以中线的长度不变为原则，使胆线相应变短；在完成开包头的处理后，反过来按胆线的长度来测量外包头线的长度，这样可保证鞋头的整体长度不变，如图 4-56 所示。

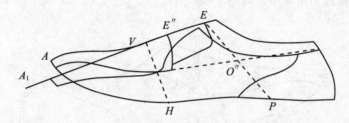

图 4-56 转换跷

（4）样板的剪裁。
①划线板，如图 4-57 所示。

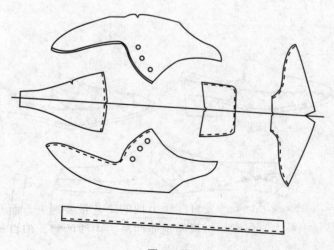

图 4-57

②开料样板，如图 4-58 所示。

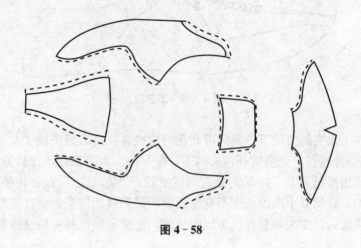

图 4-58

③里样板。虚线为里样板，如图 4-59 所示。

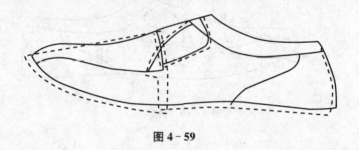

图 4-59

二、开包头鞋设计实例

开包头鞋设计如图 4-60 所示。

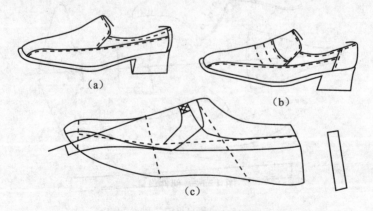

(a)

(b)

(c)

图 4-60　开包头鞋设计图解

1. 楦型

方头素头楦：男 25 码，$L=265mm$，Ⅱ型半，$S=239.5mm$，平跟。

2. 帮结构

开包整舌，内、外围边、后跟条、后保险皮、前帮衬里、后帮衬里、舌里。

3. 镶接关系

开包舌压后边条，内外围压开包舌及后车缝保险皮（后帮筒口可变车捆边工艺）。

4. 特殊要求

开包整舌要用转换处理，而在中间断开则可用定位跷来处理，也可用后跷来处理，但注意在格度上要打定位，后跟式样可改变。

5. 步骤图解

（1）首先从 A 找到 A' 点，将 A' 点作中线垂线并分 4 等份，连接 1/2 点到 O 点，按开包头造型画出内、外怀，由于围侧直至后跟，故胆的宽度在 O 下降 5～10 毫米，后帮线再画出，在整体后帮画完后再看效果来调整，如图 4-61 所示。

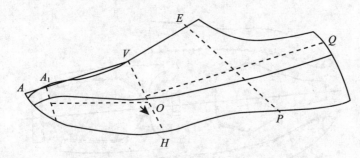

图 4-61　鞋围设计

（2）鞋舌的位置，可在 E 和 E' 之间确定，宽则作中线到 OQ 线的 1/3，前部件在 O 点后移 25～30 毫米作定位，后跟的橡筋在鞋舌前移 15～20 毫米，橡筋的宽度在 15～20 毫米，单边的长度定 15 毫米，对称打开则 30 毫米，要求在样板的长度位上要短 2 毫米，因橡筋有延伸性；注意鞋舌压后跟的连接位一般要 12 毫米，连接橡筋位置时线条可视要求调整比例，如图 4-62 所示。

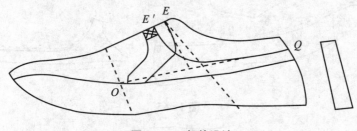

图 4-62　部件设计

（3）在原图解上，可以看出鞋的开包头连至鞋舌形成整体，这样可用转换跷将 AV 改变成直线 AVE，按胆鞋的处理方法来完成取跷，而围子的长度不变，胆和围同步要定三点作为车缝位；而另一种款的变化在 V 点附近断置，即用定位跷来完成，这样其他部件可不用作较大的改变，如图 4-63 所示。

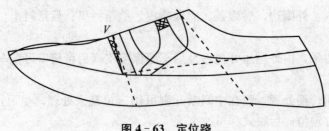

图 4-63　定位跷

（4）样板的剪裁。

①划线板。本图样板按开包头整体来剪取，如是断开的，可在 V 前、后看成为直背中线来对称，如图 4-64 所示。

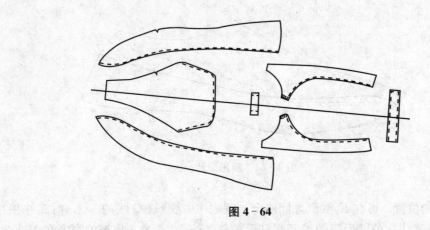

图 4-64

②开料样板。本款因是对称，故在单边长处理，如图 4-65 所示。

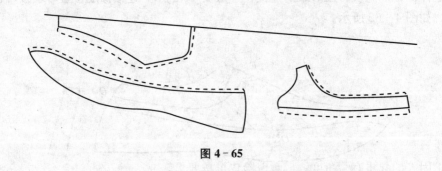

图 4-65

③里样板。虚线为里样板，后跟打开对称，如图 4-66 所示。

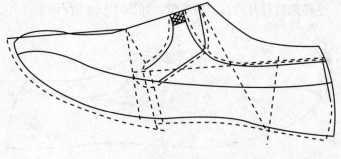

图 4 - 66

三、开包头鞋变化设计实例

开包头鞋变化如图 4 - 67 所示。

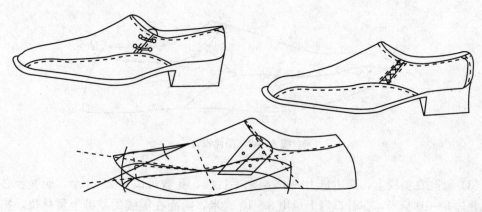

图 4 - 67 开包头鞋变化设计图解

1. 楦型

方头素头楦：男 25 码，$L=265\text{mm}$，Ⅱ型半，$S=239.5\text{mm}$，平跟。

女 23 码，$L=240\sim242\text{mm}$，Ⅰ型半，$S=218.5\text{mm}$，中跟或平跟。

2. 帮结构

胆、舌整体、内、外围、后帮、外侧帮带或车拉链，前帮衬里、舌里、后帮衬里。

3. 镶接关系

内、外围压胆、舌、外侧与后帮帮带会变拉链，后跟车皮保险皮。

4. 特殊要求

鞋头开包位要按楦型来绘画，围子的线条让人感觉与地面平行，帮带的斜线按 45°角作参考，因人的起步有一角度，后跟保险皮可按要求转变。

5. 步骤图解

（1）绘图的顺序要求按大、中、小部件来绘画，所以从鞋款式来看，先画鞋口的造型，此类鞋一般是深口型，故在 E 点来定，作 E 点的垂线到 OQ 控制线上，将其宽度分 3 等份，在第一等份内一般是画直线，因打开要平直，在第一等份上开始画圆位，注意其角度，及后帮造型，这样鞋口打开后有圆的感觉，如图 4-68 所示。

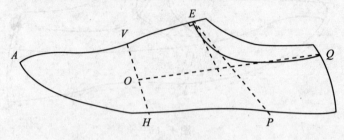

图 4-68　鞋口设计

（2）开包头造型按前述内容，而中帮的线条画至 FP 之间，画时注意造型要求，而断置位在垂线的 2/3 等份处连断，注意斜度要从 45°角度作参考，如图 4-69 所示。

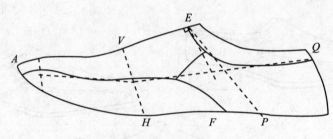

图 4-69　部件设计

（3）鞋孔在斜线上，两边量 10～15 毫米平行线，孔数可以是 2～3 个，而鞋舌必须让鞋孔叠过 8～10 毫米，在鞋口弯上量出 8～10 毫米，前面在围线的基础上量叠位，按其斜位剪取鞋舌；由于胆与鞋舌是连成一体的，故用转换跷完成处理，如图 4-70 所示。

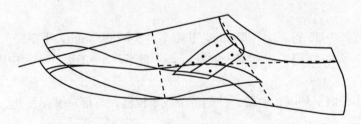

图 4-70　转换跷处理

（4）样板的剪裁。

①划线板，如图 4-71 所示。

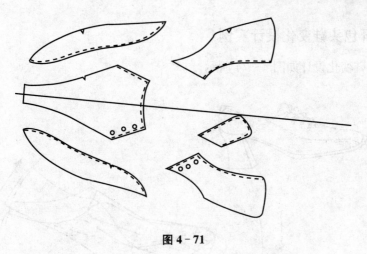

图 4－71

②开料样板。内侧可车缝叠位工艺，或可两边加 105 毫米车反拼工艺，如图 4－72 所示。

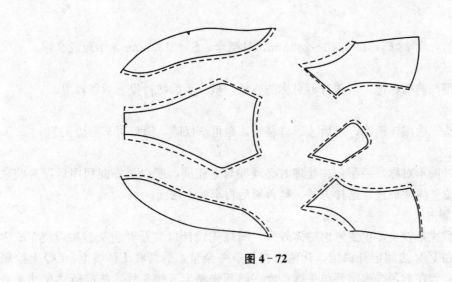

图 4－72

③里样板。可在图上设计，虚线为里样板，如图 4－73 所示。

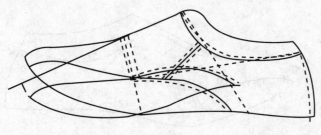

图 4－73

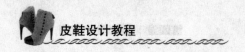
四、女开包头鞋变化设计实例

女开包头鞋变化设计如图4-74所示。

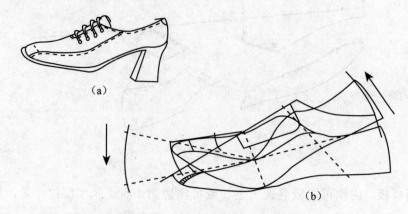

图4-74　女开包头鞋变化设计图解

1. 楦型

方头素头楦：女23码，$L=240\sim245$mm，Ⅱ型半，$S=218.5$mm，中跟或高跟。

2. 帮结构

外围、内围与前嘴相连，帮盖有不对称的感觉，鞋、舌前帮衬里、后帮衬里。

3. 镶接关系

围叠中包头，内围连前嘴，组后才车缝鞋舌，跟可车保险，筒口可车捆边工艺。

4. 特殊要求

由于内、外围不对称，而帮盖在处理时必须要与之相同，所以最好能利用后帮升跷来处理，前帮看成整体才剪裁，这样方便，鞋舌最后再车缝上帮面。

5. 步骤图解

（1）本鞋款线条较少，主要考虑整体效果，所以先设计口型及开包头造型，将VE中线下5毫米，在V_0V之间定开口位，让两边打开有一余量，后帮在EP线上，OQ上绘画出筒口轮廓线；而在前帮线画出开包头线；而在前帮先画出开包头线，按前所述尺寸来考虑画出，如图4-75所示。

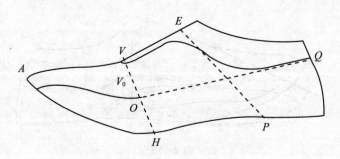

图4-75　造型设计

（2）在前帮开包头造型的基础上，按要求绘画中段帮线，注意在前弯线画至筒口造型，要其弯度造型；而鞋舌在外耳弯位上后移 8～10 毫米，作中线的垂线，舌宽一般定 30毫米，前部件在 V_0 的开口处前移 10 毫米作叠位量，前宽 25 毫米，将其连接即可，如图4-76所示。

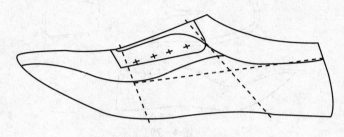

图 4-76 造型设计

（3）从鞋图分析中看前、内、外围，帮盖属不对称结构，为便于各部件的剪裁，故用后帮升跷来解决跷度的变化，前面就看为整体，在打开后根据要求任意变化线条和造型，如图 4-77 所示。

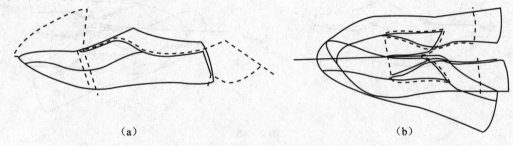

（a）   （b）

图 4-77 部件展平处理

（4）样板的剪裁。

①划线板，如图 4-78 所示。

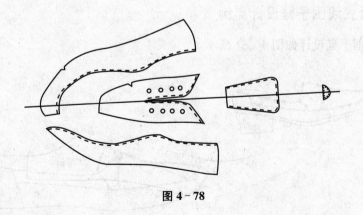

图 4-78

②开料样板，如图 4-79 所示。

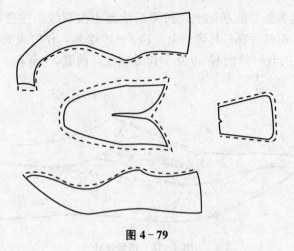

图 4-79

③里样板。虚线为里样板，最好能车拼缝工艺，车套里工艺，如图 4-80 所示。

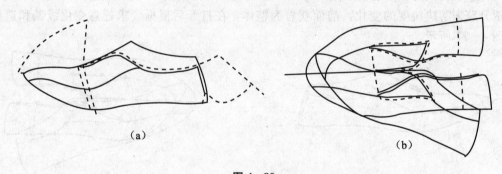

（a）

（b）

图 4-80

第三节　浅围子鞋设计

一、整舌式浅围子鞋设计实例

整舌式浅围子鞋设计如图 4-81 所示。

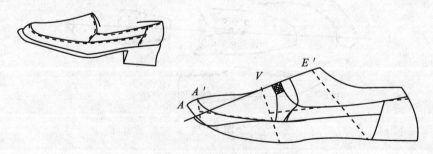

图 4-81　整舌式浅围子鞋设计图解

1. 楦型

舌式鞋楦：男25码，$L=265$mm，Ⅱ型半，$S=236$mm，平跟。

2. 帮结构

鞋围、帮盖与舌连接、后帮、后跟、前、后帮衬里。

3. 镶接关系

鞋围压帮盖和后帮，后跟压后帮、舌边和帮口，可再缝捆边或接边。

4. 特殊要求

帮盖的设计较前。较宽，围子要注意前后连接的造型，此款属于浅口类，故在 VE 的 $1/2$ 前未设计。

5. 步骤图解

(1) 舌式楦的前口较前，故在楦前的角度上定 AA' 等于16~19毫米，作 A' 的垂线找宽度，并分成4等份，将 $1/2$ 点连至 O_1 点上；宽度在 O 下降10毫米找 O_1，在其 OO' 之间经过画胆线，根据舌头楦胆型要求画出轮廓，并分为内、外怀处理；而鞋舌在 VE 分2等份找 E' 点，浅口类鞋一般在 E 前设计，但不能前于 VE 的 $1/3$ 等份，作其中线的垂线到 OQ 线上，分3等份，在 O_1 后移15毫米左右，画出鞋舌，如图4-82所示。

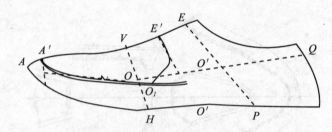

图4-82　前帮设计

(2) 由于鞋舌较前，所以，橡筋在舌位前移10毫米左右，橡筋宽度可定10~15毫米，单边长度为15毫米，后帮在舌位角度下经过，而鞋舌在叠后帮量为12毫米，画至橡筋；后跟在 Q 前移30~35毫米画到帮脚，连接 QD 线作对称打开线；围中帮按后帮造型画出，如图4-83所示。

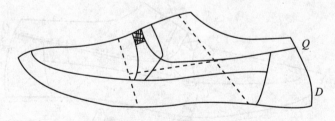

图4-83　部件设计

(3) 由于此鞋款胆、舌整体，口型较前，所以按转换跷来处理帮盖即可；将 $E'V$ 线延长，在 V 点处加入自然量，按 $A'V$ 线长不变转到直线上，按胆的宽度来画出原宽度，根据原胆线长加后舌位的量处理，这样可保证线长与围长度不变，如图4-81图解。

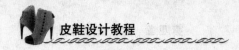

（4）样板的剪裁。

①划线板，如图 4-84 所示。

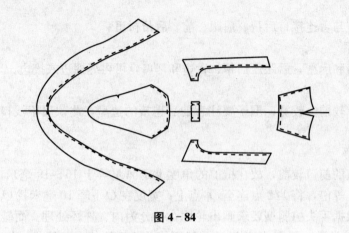

图 4-84

②开料样板。筒口可变接边工艺和捆边工艺，如图 4-85 所示。

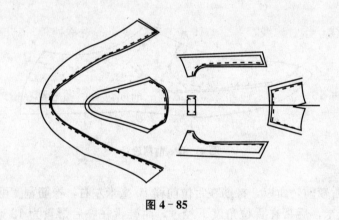

图 4-85

③里样板。虚线为里样板，如图 4-86 所示。

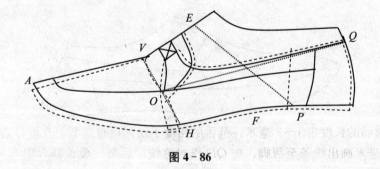

图 4-86

二、宾度鞋设计实例

宾度鞋设计如图 4-87 所示。

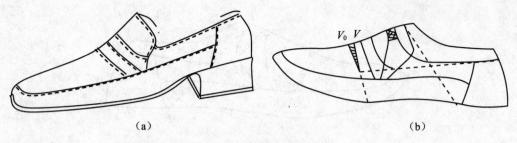

图 4-87　宾度鞋设计图解

1. 楦型

舌式楦：男 25 码，$L=265\text{mm}$，Ⅱ型半，$S=236\text{mm}$，平跟。

2. 帮结构

鞋围、帮盖、鞋舌、后帮、后跟，前、后帮衬里。

3. 镶接关系

鞋围压胆及后帮，鞋舌（内有小部件），舌边可车捆边，后跟压后帮，筒口可车捆边。

4. 特殊要求

帮盖可变换为不对称结构，但断置位一般在 VV_0 之间定位，假设自然量不大，可将胆的中线变换一直线，作对称线，看成整体分割部件或作不对称处理，其他部件不变，即可变鞋款。

5. 步骤图解

(1) 根据尺寸 19～22 毫米作参考，找出胆的前面位置，一般都在楦的偏前角度上，而宽度在 O 下降 10 毫米 O_1 之间来控制其范围，注意要区分内、外怀；鞋舌作 VE 的 1/3 等份找 E_1 点，一般在 E_1E 之间来定舌的位置，接垂线的宽度（中线到 OQ 线）分 3 等份定舌宽，在 O_1 的胆线上后移 25～30 毫米，将移点与 1/3 等分处连线画出鞋舌的造型，如图 4-88 所示。

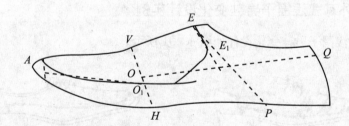

图 4-88　帮盖、舌的设计

(2) 在鞋舌上前移 15～20 毫米做橡筋位，橡筋宽一般定 15～20 毫米，单边下降 15 毫米，注意在橡筋的长度少 1～2 毫米；鞋舌的角度下绘画后帮造型，直至 Q 点上，后跟在 Q 前移 35～40 毫米画出线条至帮脚，按 QD 作对称线，后帮一般在鞋舌压 12～15 毫米；帮盖与舌的断置在 VV_0 之间定，即分为两段中线，鞋舌的中间小部件，可在整体上任意设计，如图 4-89 所示。

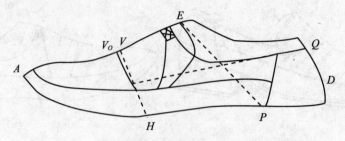

图4-89 部件设计

（3）图4-89为基础图，在此帮盖的基础上变化出多种款式，而其他部件可以不变，即可演变出多种鞋款。

鞋楦的跷度较少时，可将其中线转换成直线，使之变化出多种款式和多种不对称结构，如图4-90所示。

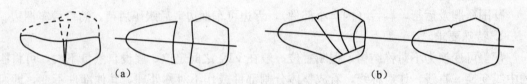

图4-90 帮盖变化

（4）样板的剪裁。

①划线板。可按图4-84不变来设计，也可在除帮盖以外不变，只是变化帮盖的工艺，即中间可车缝拼接，对拼、叠位、鞋舌车包边。

②开料样板。按划线板工艺来增减即可。

③里样板。按图4-86所述。

三、内、外耳式浅围子男鞋变化设计实例

内、外耳式浅围子男鞋变化设计如图4-91所示。

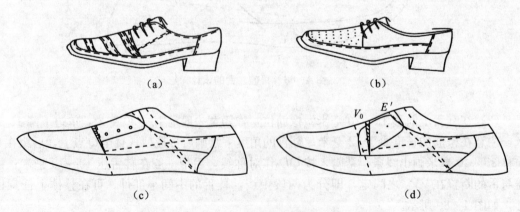

图4-91 内、外耳式浅围子男鞋变化设计图解

1. 楦型

方头或歪头舌式楦：男 25 码，$L=265\text{mm}$，Ⅱ型半，$S=236\text{mm}$，平跟。

2. 帮结构

鞋围、帮盖、鞋舌、内、外耳、后跟、前帮衬里、中、后帮衬里。

3. 镶接关系

鞋围压帮盖，内、外耳、后跟压中帮，内、外耳统边可车捆边工艺和接边工艺。

4. 特殊要求

帮盖与舌的断位一般在 V_0 处断开，而耳部件在 E' 点前设计（因其属于浅口类），胆与围的接壤要分内、外怀区别。在此类别上，可分内、外舌式鞋款。

5. 步骤图解

(1) 根据楦面上各控制点、线来画出设计图，由于本类型是属浅口类鞋要把 V_0 点边标出，作为断置的参考尺寸。而鞋头从 A 点后移 19～22 毫米作为胆位参考尺寸，同时将 O 点下降 10 毫米找 O' 点，按浅围子鞋绘画出围和胆的造型，注意在样板上要分内、外怀区别，如图 4 - 92 所示。

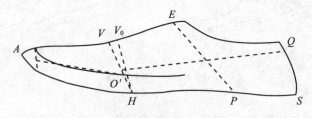

图 4 - 92 鞋围设计

(2) 在中帮控制尺寸内，将 VE 背中线分为 3 等份，找出 E' 点，作内、外耳最后控制点，而最前面控制点在 VE 分 1/2 点的 V' 点上，即耳的部件在 $E'V'$ 之间来确定；而后帮在 $E'P$ 的连线范围内根据造型要求来绘画后跟，一般从 Q 点前移 30～40 毫米，画到帮脚，而对称线在 QD 点连线上打开即可；内耳的鞋舌在 V_0 断开处根据定位取跷完成曲面处理，而外耳式鞋在 V'' 点断开加入自然量即可，可舌宽一般 30～40 毫米，注意整体上的造型比例要求，如图 4 - 93 所示。

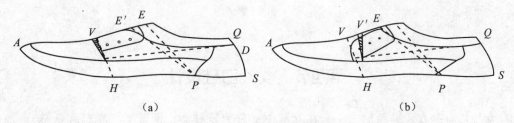

(a)　　　　　　　　　　　　　　　(b)

图 4 - 93 内耳和外耳鞋设计

(3) 样板剪裁。

①划线板，如图 4 - 94 所示。

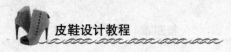

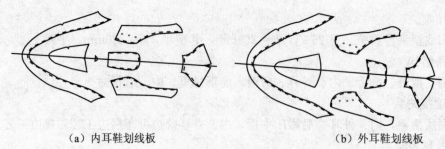

（a）内耳鞋划线板　　　　　　　　（b）外耳鞋划线板

图4-94　划线板

②开料样板如图4-95所示。

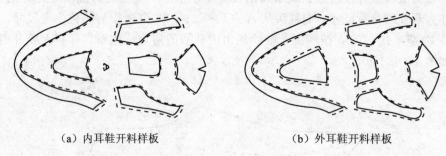

（a）内耳鞋开料样板　　　　　　　（b）外耳鞋开料样板

图4-95　开料样板

③里样板。虚线为里样板，后跟打开为对称部件，如图4-96所示。

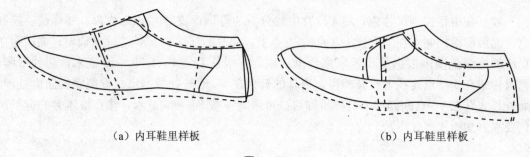

（a）内耳鞋里样板　　　　　　　　（b）内耳鞋里样板

图4-96

第四节　女浅口鞋设计

　　女浅口鞋是女式鞋系列之一，在女鞋中又分为靴鞋类、便鞋类（春鞋和秋鞋）、凉鞋类。女浅口鞋的特点是口门较前，穿着方便，外观简单、轻巧，能显示出女性特有线条美。这要求设计者在创作上要从线条顺畅、造型审美、艺术视角上有一定深层次的理解，同时要通过时间磨练和经验的积累，才能认识所需，因鞋子的气质、品味是整体性的东西，一双漂亮的鞋子，需要有适当的鞋楦、大底、皮料材质、颜色及适当的线条。

设计人员在绘画线条时完全是凭直觉，但每个人的审美观不同，所绘线条也不尽相同，而线条所表现出的效果则完全不同，女浅口鞋所绘线条也有一些基本规律：比如圆口鞋帮绘画鞋口时须注意鞋头的形状，一般鞋头宽的，口也跟着加宽，鞋头尖而小的，鞋口也跟着小；绘画深口鞋时，则须注意拔楦是否便利，穿着时脚是否方便，女浅口鞋口绘画浅尺寸时须注意不可太浅，以穿着不容易脱落为原则，一般是鞋口越深，则鞋墙越低，较好穿着，鞋口越浅，则鞋墙越高，较不易脱落。

女浅口鞋的学习，可分两步来完成，第一步是基础，利用平面设计来学习全过程、步骤、要求，掌握好基本要领。第二步是提升和创作，利用经验设计法在楦面完成线条的绘画，再利用平面来展平处理跷度及样板；在鞋楦的实体上绘画出鞋款的整体线条造型，再结合大底、跟型与之相匹配来审视整体效果，侧重在线条造型方面的表现，这更能接近于实际要求。本章列举的是部分代表作品，要求学员在此基础上通过自身的努力，经过"多动手，多动脑，脑要灵"去理解和体会、发挥，才能学到其精华所在。

一、女浅口鞋的特点

女浅口鞋的造型基本上由简单的1～2条线所绘画出的图案所组成，在绘画过程中细小的改动变化所表现的效果则完全相反；而当鞋的口门线条造型确定下来后，因自身的操作有少许的误差，也会导致口型的改变，整体效果也跟着改变，比如线条的剪取、线外和线内、鞋成型操作者力度的大小等都会改变其效果。设计者要养成一种对全过程进行跟踪、监控，及时发现问题要立即解决和改进的良好习惯。

而在女浅口鞋的设计过程中，应注意线条、造型、比例上的分配，特别强调线条所构成的造型要求，因为线条在绘画安排上，偏前、偏后、偏上、偏下都会影响其效果，而在整体构思中必须根据鞋楦前头的大小造型、鞋跟的高低、外底结构造型、材料皮质、色感、市场需求以及客户要求来决定产品的定位。

1. 女浅口鞋的基本规律性

(1) 女浅鞋口控制点。女浅口鞋的口门深度一般不超过 V_0 点（围度线与背中线相交点）以后，设计多采用在 V_0 点前移8～10毫米，由于部件是利用背中线作对折（此段背中线 AV_0 近拟直线），可利用对折打开即可分内、外怀，而当部件延长至 V 点或更后时，这样背中线就会形成跷度量，就要进行取跷处理；而鞋的口门最浅一般定在 A_1 点（AV_0 分2等份找 A_1 点），同时要根据楦头型为参考，如尖嘴楦、超长楦与大头楦、圆头楦就有区别，即要求在 A_1V_0 之间设计鞋口门的深浅度，以穿着时不得露出脚趾为原则，但有个别例外，另行处理，如图4-97所示。

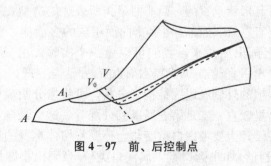

图4-97 前、后控制点

习惯 V_0 点附近设计口门的一般为大口鞋型：口门越深，口门宽越大，则鞋墙越低，较好穿；鞋跟越高，口型越大，反之越小，但口型不管多大，后帮部件要在 P' 点附近经过，如图 4-98 所示。

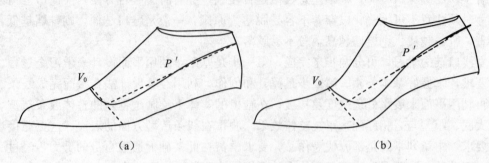

图 4-98 深口型

在 A_1 点附近设计口门的一般为小口型或方尖鞋口型：鞋口越浅（一般不得超过 A_1 点），口门宽越窄小，则鞋墙越高，穿着就不易脱落，如图 4-99 所示。

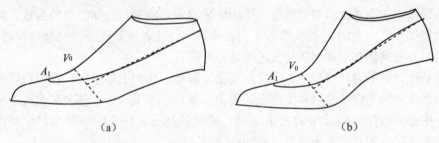

图 4-99 浅口型

(2) 女浅口鞋线条的绘画要求。女浅口鞋的线条主要根据楦的结构造型来决定，我们将平跟楦和高跟楦对比发现高跟楦的整体形状较明显，特别是前掌到腰窝部位，在有经验的设计师看来，高跟鞋比较容易设计，因本身线条比较明显，其线条所绘画出的效果比平跟楦较易反映出来；而平跟楦整体较直，曲面不够明显，要在平跟楦上较好地反映出线条的造型需要一定时间练习，这要求学员对楦体造型知识有较深入的了解，才能掌握好线条的安排。

要学习好，首先要理解一个概念"非直非曲"。非直是指绘画的线不是直线，要带微弯曲感，但从外观上看其形状是直的；而非曲是指所表达的造型要直，所画线条要有微曲状，即"线要曲，型要直"；因楦面是由多个曲面组成的多面体，要在曲面表达出一个直线型，就必须在曲面上画出曲线来，我们可以做一个实验，用一直尺贴于楦外（或内）侧，用笔贴紧直尺边画出一直线来，再观察楦面的线是否是直线。

现从女浅口鞋中跟楦的外侧底边线结构来分析，可将楦分割成三段，一是楦前头到脚的第五跖趾为一段，这里较直；二是第五跖趾到外踝骨，这里最弯，线条变化较多；三是后跟，变化最小。而在设计上要考虑口型变化，还要将楦体本身的线条反映出来，这样可根据这三段为依根据设计。如小圆口鞋（属浅口类），当画出小圆口型时，就要按第一段

作参考画出平行状弧线至腰窝处，使边线与底线带有平行感，而外腰窝是前后最弯处，中帮造型必须根据弯位来绘画，这里要注意前中帮线条接驳要顺，外墙一般最低为外腰窝部位，而后帮按底线型来绘画即可，要求整体帮线带微弓状，如是大口鞋（属深口类），帮线就可直少许，如图 4－100 所示。

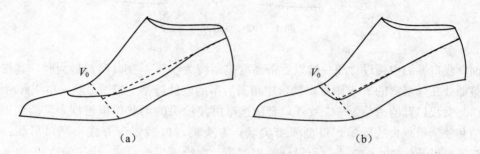

(a)　　　　　　　　　　　　(b)

图 4－100　线条走向

女浅口鞋设计一般要求口门尽量偏前，因为要在一个物体空间的长度与宽度不变情况下，展示其长度的感觉，就要在一定的空间来绘画线条和突出线条所表现的效果，因在一个近似方体（楦体）内要表现整体的长度，而在总体宽度不变情况下，就要将线条的造型拉长，即鞋口偏前，帮线提高，弧度拉后，这样从整体结构及比例上给人有一长度感觉，在造型上有一偏窄之感，给人一种秀气的视觉。这要求学员反复多练，多作对比，观察其效果，才能悟出其原理，如图 4－101 所示。

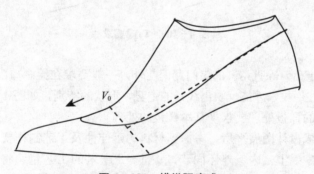

图 4－101　横纵肥瘦感

（3）女浅口鞋的尺寸要求。女浅口鞋的具体尺寸要求，是很难用数字来表达的，书本数据只起参考作用，因为设计上要考虑到楦体的造型、材料的配搭、客户的要求等，属于一种随意性很强的设计表现手法，但是有一定规律是在 A_1、V_0 之间设计鞋口门的深浅度，口门设计越后，口型越宽大，口门越前，口型越窄小。

女浅口鞋的后跟高度较好设定，比如以女鞋楦 23 码中跟为例，后跟高度一般设计为 55 毫米，但在平跟楦上也可设计 60 毫米，而高跟楦也可设计 50 毫米；而有的深头鞋后跟只有 23 毫米左右（后跟突点），一般规律是鞋口越深，后跟可越低；反之鞋口越浅，后跟就越高，但不得高于 60 毫米（脚后跟高度控制点），如图 4－102 所示。

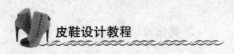
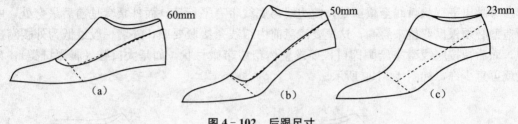

图 4－102 后跟尺寸

而女浅口鞋的中帮设计线一般以后帮高度控制线为参考。在口型宽最大时，其帮线的经过最低处在外腰窝的 F 点附近，要求中帮与后帮的设计造型上带微弓状，也叫虾弓腰。

（4）女浅口鞋的造型要求。女浅口鞋的造型可按楦头的形状作依根据来灵活变通，如尖头楦和放余量越长的鞋楦，口型要带尖状；方头楦，口型要带方或小圆口形状；大头楦，口型可设计偏宽；楦头歪就可设计偏歪型等。在绘画尖形（或小圆口形）上要考虑对称造型的效果，在背中线的一小段上要有少许的垂直弯状（开始一小段要有直和圆感觉），要求绘画的效果是型要尖，不是绘画成尖角，如图 4－103 所示。

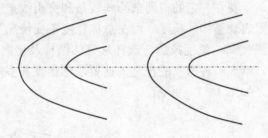

图 4－103 口门要求

当鞋的口型确定后，除直帮鞋的口门宽偏前外，一般要求在绘画口门两侧要与底线有平行感，要将造型线往后拉，才能反映出线条的走势，形状的特别，如图 4－104（a）所示。

（5）女浅口鞋的样板处理要求（基本样板的处理）。

①长度。在完成设计图展平后，考虑到材料的延伸性及工艺制作要求，在鞋后跟高 50 毫米处（在后跟弧中线上）内、外怀同步减去 1～2 毫米的工艺量，将其连顺后跟弧线即可；个别女楦的内外侧长度不相同，要用皮寸分别量取外、内侧长度 AQ，及外、内侧长度 AD，按其实际长短分别设定外怀长和内怀长；不管如何区分，在车缝鞋口时，整个口门必须粘入加强带作补强处理，如图 4－104（b）所示。

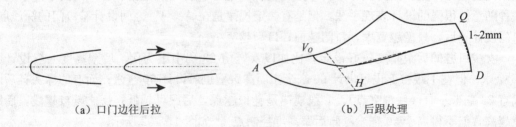

（a）口门边往后拉   （b）后跟处理

图 4－104

②宽度。当外怀帮线确定后，在口门弯度开始直至 P' 点处分出 1～5 毫米的内怀线，规律是口型宽度越大，线的区别越大（有的可达 10 毫米），小口型可以不分，鞋跟越高，区别越大；因真皮鞋考虑节约材料，可以在内侧 F' 处断开（外侧不断），人造革鞋可内外为整体，不作处理，如图 4–105 所示。

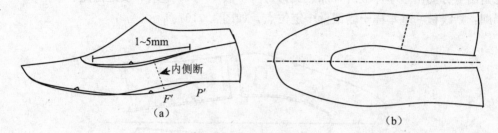

图 4–105　鞋面展开

当女浅口鞋帮的样板为整体，而楦是中跟（或高跟）时，你会发现后帮在展平时会出现内外重叠，而在单边样板对折上，背中线的延长线会越过中线，出现后帮部分超越其中线，有两种方法解决这一问题：一种是如上图在内侧断开；另一种是利用后帮降跷来处理，为保证鞋口门不变型，一般在两例边上找 O'，以 O' 为中心点，将后帮整体下降至背中线以下，这样作对称即可；当后帮完成降跷后，如果跷度减少太多，帮脚线长度相对减少，可在后弧线上加入少许跷度作为保充其量，如图 4–106 所示。

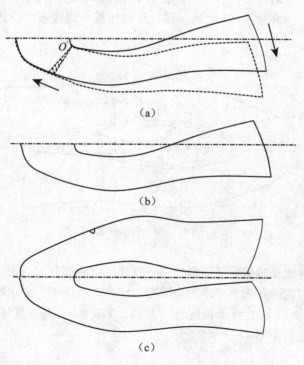

图 4–106　后帮降跷

（6）女浅口鞋样板的基本制作。

①划线板。划线板是生产过程中重要的面板之一，起到对鞋面各部件的接缝、车缝、标准定位部件作用，也是审定设计人员对鞋样设计纸样的好坏、成品鞋整体效果差异准确性的检验样板，还是设计其他纸样的基础样板，也是扩缩其他鞋码的原始样板；它的设计来源是图解分离出基本样板后，加入绷帮量（一般15～18毫米）及定位点。

即：划线板＝基本样＋绷帮量＋定位点，如图4-107所示。

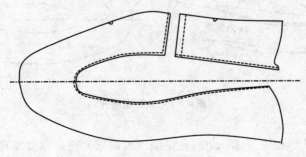

图4-107 划线板

②开料样板。开料样板是对生产用料（面料）进行开裁制取的格子（一般为铁皮或模具），是计算生产成本用量依根据之一，它可以根据工艺的要求改变其工艺量，如鞋面是折边工艺，其折边量是4.5～5毫米，而鞋口门要车反口工艺的，则折边量（面、里同步）是4毫米，而鞋口门车捆边工艺的，则折边量不用增加，另内侧断开车对拼工艺的，折边量只增加1.5毫米；压荐量8～9毫米。即：开料样板＝划线板＋折边量＋压荐量，如图4-108所示。

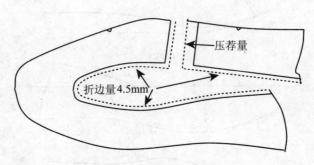

图4-108 开料样板

③里样板。里样板是指鞋内里层部分，一般分前后两部分，后帮一般在脚内外踝骨处断开，断的方向要以成鞋后垂直于地面为原则，鞋的口门视工艺要求增加其冲边量（2～3毫米），在后帮（后弧线）上减少长度量（2、3、5毫米）。即：里样板＝划线板＋冲边量－绷帮量－工艺量，如图4-109所示。

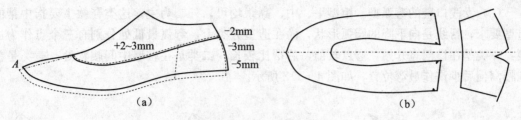

图 4-109 里样板

④衬布。衬布是放置在鞋面与鞋里之间的布里，起加强鞋的巩固和定型作用，它的设计和制作要视鞋的结构工艺要求来确定。如套楦鞋，为了使帮盖不易变形又不影响围子的皱褶效果，衬布就设计成胆舌的一个整体；而靴子为了保证鞋的前身固有形状不易变形又不影响靴筒的柔软性，故在脚腕以下放置了衬布起定型作用（特别是前身为整体结构的）；而运动鞋则是利用衬布起车缝定位作用；女浅口鞋由于部件数不多，结构简单，衬布的加和减，主要考虑所用材料的厚薄、延伸性、柔软性，及皱褶工艺而定，一般可根据鞋面的整体结构为参考来设计，如图 4-110 所示。

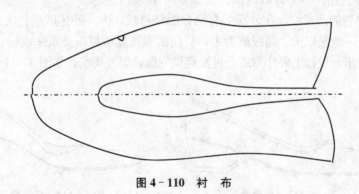

图 4-110 衬布

2. 女浅口鞋的基本分类

女浅口鞋涉及女浅口鞋的结构、款式变化要求，这类型的变化调整根据市场需求、客户要求来设置，同时要按鞋的工艺流程来设计，这里描述有代表性的，可从中变化出各类款式。

（1）女浅口鞋的露趾缝型。露趾鞋的设计是有意露出脚的中趾部位，但不要露太多，一般选择超长鞋楦和方头鞋楦，以平、中跟楦为主，好让鞋头有一定的空间比例，口型侧重方型、心型，鞋后帮设计偏高，一般可达 60 毫米，因这类属于特殊鞋的要求，故要根据客户实际情况来设计，如图 4-111 所示。

图 4-111 露趾鞋

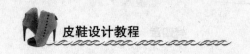
（2）女浅口鞋的弯弧型。楦型平、中、高跟均可，外销为主，这类鞋款主要指中帮的造型要求，帮线是向下降的圆弧形状，而在造型分类上，弯弧最低处分别有三个点作为过渡：一类是在口门宽开始，弯点较前，后帮比较长；二类是在鞋墙中间腰窝处；三类是在鞋腰窝偏后少许作最弯位置，如图4-112所示。

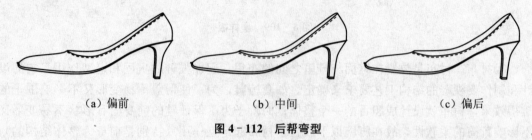

|（a）偏前|（b）中间|（c）偏后|

图4-112　后帮弯型

（3）女浅口鞋的直线型。指后帮造型较直，从口门宽度开始一直延伸至后跟，变化较少，口门较深，而口门宽度以适中为主，鞋跟一般以中跟为主，在造型工艺上鞋头部件可加工电脑绣花等变化，本类鞋以内销为主，如图4-113所示。

（4）女浅口鞋的凸弧型。在外帮上有明显的虾弓状，内、外怀区别较大（8～12毫米），前后起伏较大，一般是以中、高跟楦为主，口门的深浅度可根据要求来设定，此类鞋带有明显的线条走向需求，设计上要注意线条过渡理顺问题，属外销类，如图4-114所示。

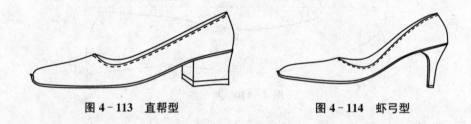

图4-113　直帮型　　　　　　　　图4-114　虾弓型

（5）女浅口鞋的前空型（鱼嘴型）。鞋的前头是留空，留空尺寸一般在楦的放余量位置上，楦型以小方为主，鞋面留空则以看不见脚趾甲为准，这要试穿来调整，口门和帮的造型看要求设计，楦型一般为平跟，鞋款的变化可加插些扣和花装饰，如图4-115所示。

图4-115　前空型

（6）女浅口鞋的中空型。是指中帮（腰窝附近）没有部件，只有前、后帮是密封，这类鞋的设计主要是前后帮在中段的定位设置，包括楦底、飞机板，让操作者有标准，而在前帮定位上一般是内前外后，起不对称作用，具体位置是外腰窝至外踝骨之间留空，内侧作相对调整，后帮定位可用分踵线作对称，口型变化不大，装饰上变化沿条之类的物体，以中、高跟楦为主，如图 4 - 116 所示。

图 4 - 116　中空型

（7）女浅口鞋的后空型。是指鞋头前部分密封，在腰窝后留空，同样设计和绷帮定型时要利用飞机板作成鞋的定位处理，而在内、外怀定位上可作对称或不对称结构，主要以中高跟楦为主，口门以深口为主，同时可视楦体的形状或客户的具体要求来调整设计尺寸，如图 4 - 117 所示。

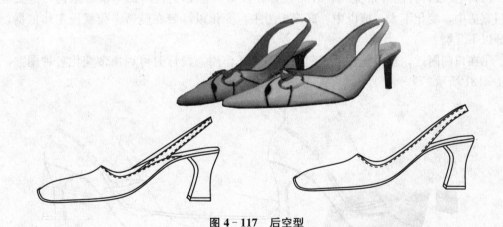

图 4 - 117　后空型

（8）女浅口鞋中空与后空组合。女浅口鞋中空与后空的组合结构是在中帮和后帮不设置部件，是一种鞋款造型的变化设计，如图 4 - 118 所示。

图 4 - 118　中、后空型

（9）女浅口鞋的内空外满型。是指内、外怀不对称结构，外怀为全满帮部件，内怀在内腰窝处留空，留空大小要视具体要求来设置，本款鞋同样要用飞机板作定位，这款鞋以平、中跟楦为主，可作休闲鞋处理，如图 4 - 119 所示。

（10）女浅口鞋的外空内满型。与前面鞋款相反，内怀为全满帮，在外腰窝与外踝骨之间留空，在外腰绷帮上要有飞机板作定位点固定位置，本款以中跟为主，如图 4 - 120 所示。

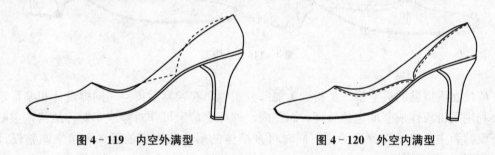

图 4 - 119　内空外满型　　　　　　图 4 - 120　外空内满型

（11）女浅口鞋的纤带变型。纤带鞋是在浅口鞋基础上再增加基横带结构，这类鞋的口门宽适中，变化不大，楦以中、高跟楦为主，变化以纤带在鞋帮上位置设定作依据，一般分以下几类：

①在口门附近，较偏前，纤带起装饰、衬托作用，设计时可利用带变化各种图案，如图 4 - 121 所示。

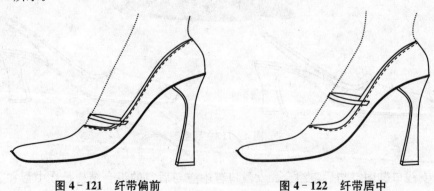

图 4 - 121　纤带偏前　　　　　　图 4 - 122　纤带居中

②在背中线 VE 的 1/2 处设置纤带，纤带可使鞋附脚、穿着走路不易脱落，如图 4-122 所示。

③在脚舟上弯点处，以设计在 E 点前为准则，完全起绑脚作用，如图 4-123 所示。

④以绑脚腕为准则，起鞋款变化作用，在设计上要注意鞋扣避免磨伤脚外踝骨为标准，如图 4-124 所示。

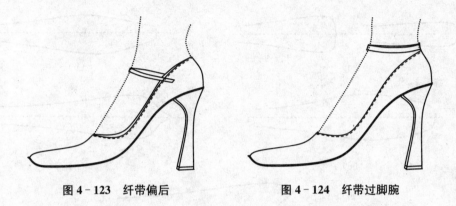

图 4-123 纤带偏后 　　　　　　图 4-124 纤带过脚腕

(12) 女浅口鞋的开中缝结构。开中缝结构注意内、外结构在背中线分开，以车缝组合为前帮，本鞋款侧重内、外材料选用上的区分，例如颜色区分来反映内外的差异，较多在外侧中后帮上变化出图案装饰等，如图 4-125 所示。

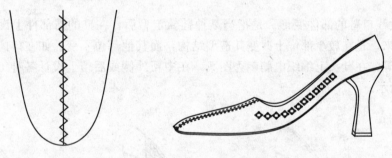

图 4-125 开中缝结构

(13) 女浅口鞋的内外不对称结构。即内、外怀的结构不相同，是根据要求作出相应的调整及设计，口门的变化因内外结构不同而改变其造型，设计出不同图例的鞋子，如图 4-126 所示。

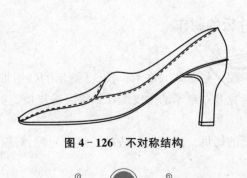

图 4-126 不对称结构

（14）女浅口鞋的口门变型。是指女浅口鞋口门的各种造型演变，一般局限于较少的部位，而其他部位相对不变，口门造型在变化中可根据要求设计出不同形状，如圆口形、方头形、蛋形、心形、桃形、不对称形等，但要注意在演变中楦体本身的形状对口门变化的影响，如大头楦对圆形、方形口，尖头楦对小圆形、蛋形等，平跟楦口门不适变化太大，但随着跟高的增加，口门适当要设计多些款式，如图 4-127 所示。

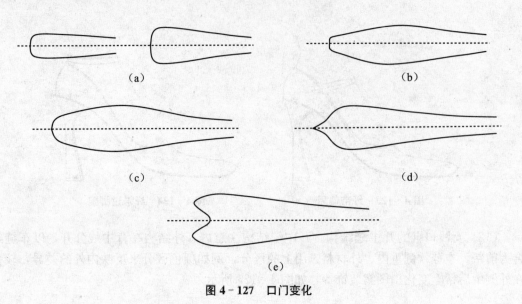

图 4-127 口门变化

（15）女浅口鞋的部件变形。是指当某种鞋款定型后，在鞋的帮部件上设计出各种工艺要求结构来，是在较少部位上改变其造型结构，而其他部位不变，如在口门前只是加插鞋扣、鞋花等，在鞋头上编织电脑刺秀图案，在中帮外侧或后帮上设计各种工艺结构，如图 4-128 所示。

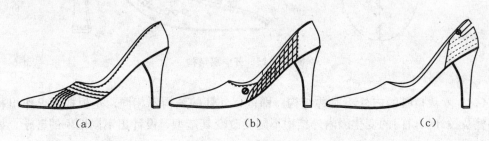

图 4-128 部件变化

二、女浅口鞋设计板的制作

1. 工具准备

每人一只女鞋楦，中跟，一条宽 8 毫米、长 50 毫米的鞋用带尺，宽 25 毫米的美纹纸一卷，一张长 300 毫米、宽 200 毫米的牛皮纸，铅笔、橡皮擦、剪刀、介刀等。

2. 操作过程

（1）女浅口鞋美纹纸的拷贝。当我们在粘贴美纹纸对楦体进行拷贝时，一定要注意鞋

材在楦面的延伸方向，再确定楦面的长度和宽度方向，因为在材料的开裁上也要考虑其长宽延伸性，如图4-129所示。

①首先剪取一段长约150毫米的美纹纸，以楦的背中线为准则（外侧）粘于楦背中线上，以保证背中线长度不变，如图4-130所示。

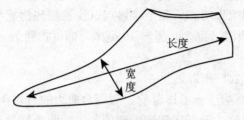

图4-129 楦面的长和宽

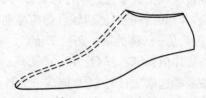

图4-130 背中线粘贴

②再剪取一段楦外侧长的美纹纸，在楦外侧宽1/2处将美纹纸粘贴于楦面以确定其长度方向，方法是先按中段，再按前后方向，纸不能起皱，将其理顺，以确保其长度方向不变为原则，如图4-131所示。

③用一小段美纹纸，以楦后跟弧中线为准，以纸的边缘为直线粘于后跟弧中线外侧上，注意不要过线，这可作为楦的半边格后边缘线，如图4-132所示。

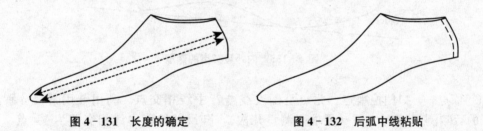

图4-131 长度的确定　　　　　　　图4-132 后弧中线粘贴

④最后剪取多段美纹纸，按其楦的宽度方向，按楦的前、中、后顺序把美纹纸重叠粘贴于楦面上，美纹纸重叠量一般在5～8毫米，如图4-133所示。

⑤将美纹纸全部贴上楦体后，用硬物扫顺其美纹纸夹层的空余量，使其贴近于楦的立体面，这样楦体外侧单边即完成贴粘，如图4-134所示。

图4-133 宽度的确定

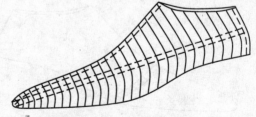

图4-134 楦面的长和宽

（2）女浅口鞋设计点的选取。设计点是指在楦型上按脚型规律设计帮样的控制点，它是初学者入门的设计依据之一，分别取在楦底楞上、后跟弧中线上、背中线及楦面上，由

于女浅口鞋口门部件比较靠前，其跷度相对较少，在处理上可以不计自然量而直接展平纸样。以下根据女浅口鞋的特点，将部分设计点不太重要的就不作选取，而取其重点。

①H点——脚的第五跖趾部位点。

按规律值换算：$HO=63.5\%L$（脚长）$-n$ 或 $58.04\%L$（标准楦长）$=141.6\pm2.9$

按经验选取法：设计人员端坐于工作台前，利用台前边的直线作平行，楦底向上，将楦外侧边缘线摆放于台边平行位，即可找到楦作前、后两个接触点（注意楦底楞要与平面成锐角），同时将楦外侧前触点向前移动，女鞋8毫米，男鞋10毫米，即可找到H点。

②H'点——脚的第一跖趾部位点。

按规律值换算：$H'O=72.5\%L-n=162.25\pm2.9$

按经验选取法：与H点同理。设计人员端坐于工作台前，利用台前边的直线作平行，楦底向上，将楦内侧边缘线摆放于台边平行位，即可找到楦内侧的前、后两个接触点（注意楦底楞要与平面成锐角），将前触点移前少许即可找到H'点，如图4-135所示。

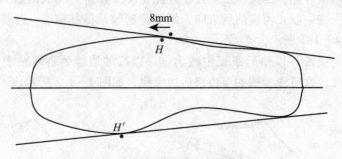

图4-135　内外最突点的选取

③V_0点——口门控制点。此点是围度线与背中线相交点。利用鞋用带尺分别经过HH'的后侧测量楦围一周（要求多测量几次），鞋尺与楦背中线相交即为V_0点，如图4-136所示。

④Q点——后帮高度控制点。此点作为鞋后帮高度控制尺寸，一般高度在50～60毫米，规律是口门越前，后帮越高，反之越低；同时在平、中、高跟上也可考虑，一般是平跟楦在55毫米以上，但不得超过60毫米，随着楦跟高度增加，后帮高可以降低，但不得小于50毫米，如图4-137所示。

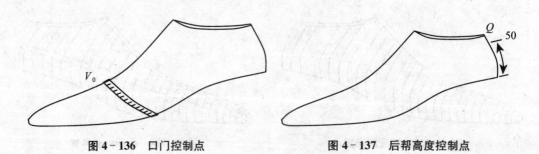

图4-136　口门控制点　　　　　图4-137　后帮高度控制点

⑤OQ——内外帮高度控制线。此控制线作为鞋内外帮高度设计参考线，选取于V_0H'和V_0H的1/2得O点，并将OQ连接即可，如图4-138所示。

(3) 女浅口鞋半边格的处理。待上述工作完成后，再检查其正确性，然后用美工刀顺着背中线、筒口线、后跟弧中线、底楞线把多余纸碎剪去（或用铅笔绘画各线后直接取出半边格），再从楦前头开始顺着向后把美纹纸从楦体上取出外怀半边格。同理把内侧半边格制取出来，将内、外怀作对比，我们发现有以下区别：

①宽度。从楦头前部分到第一、五距趾对比，内侧比外侧短1～5毫米，平跟楦小点，随着跟越高差距越大，个别考虑到工艺操作上的方便，在设计时也可以不作区分，即按外线为内线；在中段内外腰窝上，内侧长5～10毫米的量，同样随着楦跟越高，差距越大，反之越小，这段不管是平、中、高跟楦都要求作内、外怀的处理；而楦后跟因相似对称，故可不分内、外怀处理，如图4-139所示。

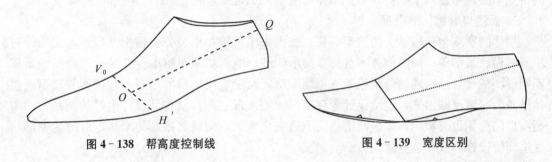

图4-138 帮高度控制线　　　　　　　图4-139 宽度区别

②长度。长度是指楦前头到楦后跟弧中线之间的曲线长，有两种类型：一类是将外侧的后弧中线也作为内侧后弧中线处理；二类是在外侧的后弧中线上区分内侧后弧中线，一般是在外怀Q点长度上调整1～2毫米确定内怀的Q点，D点可不变，将后弧线修顺即可，当打开内、外怀半边格时就会发现其长度的区别（注意要测量实际楦型为准），如图4-140所示。

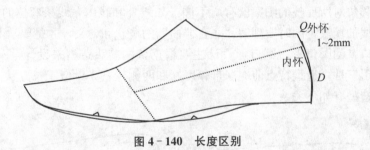

图4-140 长度区别

(4) 女浅口鞋自然量的剪取。制帮原材料无论是天然革还是合成革，都是平面状材料，尽管经过下料裁断后，制成各种帮部件，它们仍然是平面状材料；而楦体表面则是一个不规则的多向空间曲面，如果将平面状的材料缝制成帮，套在楦面上，尽管革类有一定的弹性，而鞋帮与楦面仍不能相符。为解决这个问题，可以采用取跷的办法，使平面状材料较换为空间曲面状材料，达到帮面与楦面相符的要求。

我们在楦体外侧粘贴一张牛皮纸，当牛皮纸（平面状）粘到楦面（曲面状）时，你会发现在楦前弯凹位处粘不平伏，那就要在这里（V_0后）打一剪口，深度为楦面的1/2宽，注意剪口方向与背中线成垂直角，把牛皮纸贴伏于楦面；会发现中间有一打开量，我们叫

自然量或剪口量，可测得自然量是多少。自然量的多少，是在设计时由平面转换到曲面时所增加的量，一般是深口鞋在设计还原上使用，而女浅口鞋因部件偏前，故在设计上可以不使用。

三、女浅口鞋口门的设计

女浅口鞋的口门造型是变化最多的部位之一，它对鞋的整体美观、外形结构有很大影响，是设计人员最耗费精力的地方，它的各种造型演变，一般局限于较少的部位，而其他部位相对不变，而口门造型在变化中可根据要求设计出不同形状造型，如圆口形、方头形、蛋形、心形、桃形、不对称形等，这反映出女浅口鞋多变的一面。女浅口鞋口门变化的特点，必须考虑两个条件，一是楦体的造型，二是顾客的要求。

1. 女浅口鞋楦体的造型

楦体的要求包括楦前头的造型特征，如大头楦配圆口形、方头楦配方口形，尖头楦对小圆口形、蛋形等；同时楦体本身的结构形状的影响，如平跟楦本身反映出的造型线条就不明显，要设计出美观的造型线条有一定困难，而随着楦后身的增高，其楦体的造型及整体线条明显地反映出来，这给设计者有了很大的发挥空间，就容易设计出好的作品；后跟高对口门变化也有影响，如平跟楦口门不适变化太大，但随着跟高的增加，口门造型的演变适当要设计和改变多些款式。

2. 顾客的要求

顾客所提的要求是设计人员必须考虑的，因为资讯反馈最快的是市场产物，是了解外部运作的直接参与者，而设计人员只是将外面的信息转化为产品反映，故要求设计人员结合企业生产流程、工艺要求及顾客所提供的资讯来综合设计鞋款。

3. 女浅口鞋造型变化

女浅口鞋口门造型的绘画只是几条简单的线条组成一个图案，但要注意在绘画中线条的细小变动及移位对所反映的图案就有所不同，如线外和线内，线条弯位的前后位置，线条的弯度与直线的摆放，同时要理解"非直非曲"的概念和含义，才是要学习和掌握的。

（1）女浅口鞋的圆口形。圆口形设计主要根据楦的前头造型来设计，一般分小口形、中口形、大口形三种，造型特点前端（带弧度）和两侧较直，近似于长方状，如图 4 - 141 所示。口门的造型有如下关系：

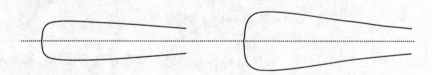

图 4 - 141　圆口造型

①口门的大小与深浅关系。鞋口长度越深（一般不能过 V 点），口门宽就越大；鞋口长度越浅（一般不得前于 AV 的 1/2 点），口门宽就越小，如图 4 - 142 所示。

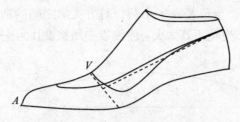

图 4 - 142　口门的前后与宽度

②口门的大小与跟高关系。鞋跟越高，口门长就越深，口门宽也越大，但后帮不得低于 P' 点太多；鞋跟高越小，口门就越浅口，口门宽也越小，鞋墙越高，如图 4 - 143所示。

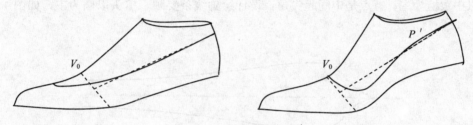

图 4 - 143　跟高与口门宽度

③口门的大小与内、外怀关系。口门宽度越小，鞋的内外怀区分越小（一般 1～2 毫米），但随着口门宽度增加，鞋的内外怀区分也越大（一般 5～7 毫米，有的达 10 毫米以上），如图 4 - 144 所示。

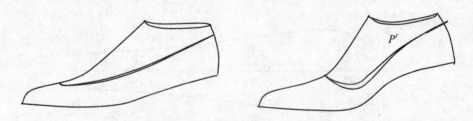

图 4 - 144　口门深度与内、外怀区别

（2）女浅口鞋的方头形。方头形的设计主要是根据楦前头造型来确定，要求口门与头型相配，一般以平跟楦和中跟楦为主，造型上前面为直线，两侧弧度开始偏后起曲线作用，注意直线与弧线连接位要顺，起小角型，口门宽度不得太宽，内、外怀区别不得太大，如图 4 - 145 所示。

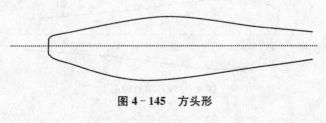

图 4 - 145　方头形

（3）女浅口鞋的蛋形。蛋形是介于小圆口与方头形之间的造型，宽度属于中型，内、外怀区别一般3～5毫米，变化不算太大，主要以中跟楦设计为主，如图4－146所示。

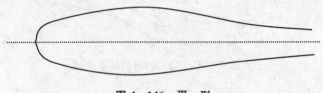

图4－146 蛋 形

（4）女浅口鞋的心形。心形鞋口门宽一般设计为中度型，内、外怀区别一般3～5毫米，以中跟楦为主，特点是中间起尖角，设计绘画线条要顺，楦头以圆为主，如图4－147所示。

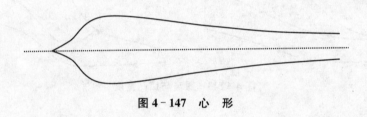

图4－147 心 形

（5）女浅口鞋的桃形。桃形鞋口造型与心形鞋口正好相反，在中间的尖角要绘画成小圆状，以中跟楦和高跟楦型为主，口门宽可以偏宽少许，后帮线一般设计为曲线，即虾弓腰型，如图4－148所示。

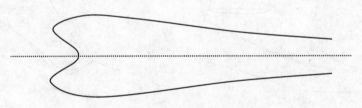

图4－148 桃 形

（6）女浅口鞋的不对称形。不对称形主要是根据楦头的偏歪来设计成歪型，并非指在口型和部件上设计不对称结构，它是按楦头的实际造型来设置的，其线条要求比较死板，不易作太多改变，如图4－149所示。

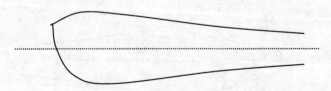

图4－149 不对称形

4. 女浅口鞋的不同口门设计造型

(1) 工具准备。每人一只女鞋楦，中跟，一条宽8毫米、长5毫米的鞋用带尺，宽25毫米的美纹纸一卷，一张长300毫米、宽200毫米的牛皮纸，铅笔、橡皮擦、剪刀、介刀等。

(2) 操作过程。

①女浅口鞋设计。首先利用制作好的楦体外半边格作为原始设计格，在牛皮纸（或A4纸）上绘画出设计图，并标出各控制点、线，如图4-150所示。

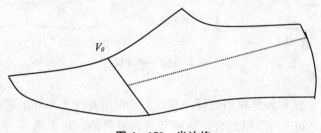

图4-150 半边格

由于是浅口鞋，鞋头的深浅尺寸要在 V_0 前确定，规律是口门越浅，口门宽越小，口门越深，则口门越大；随着楦后跟增高，口门也跟着越宽；口门形状要根据楦头形状绘画出圆口造型。要考虑内、外帮的对称形状，首先在背中线处画出一小段垂直线，以 $V_0 O$ 的3等份的第1等份宽作参考，开始绘画弧线，假设是小圆口的，弧线画至 OQ 线以上，中帮至后帮形状要有圆弧状，如是中、大圆口的，弧线直画至 OQ 线附近，中帮至后帮形状要有直的感觉，线的绘画要有弓状；而内怀是在外怀帮线基础上修入2～5毫米量，同时在绘画上要注意外线与内线之间的造型，使之相匹配，如图4-151所示。

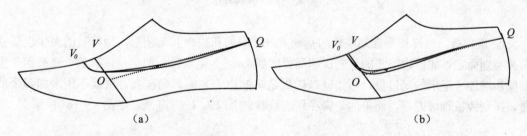

图4-151 口门形状

②女浅口鞋的样板的制取。

a. 划线板。由于浅口鞋口门较浅，其背中线较短及近似一直线，故一般不用对其作取跷处理，面板的制取直接利用背中线作对称即可（注意要分内、外怀区别），而考虑到材料的区别和合理开裁节约率；我们可采用内怀腰窝处断开，而外怀整体（一般适用真皮鞋）；而内、外怀都不断开为一整体的（一般适用人造革鞋），如图4-152所示。

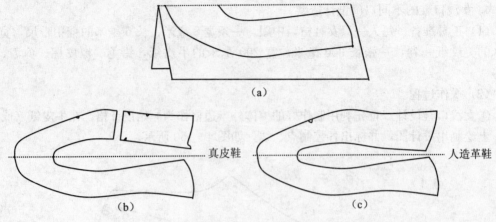

（a）

真皮鞋　　　　　　　人造革鞋

（b）　　　　　　　　　（c）

图4-152　划线板

b. 开料样板。开料样板是在划线板的基础上，根据各种工艺要求进行增加的工艺加工量，使之与鞋部件之间进行车缝组合，达到鞋面成型目的。这里选用其一为例，具体可视前面数据参考列举，如图4-153所示。

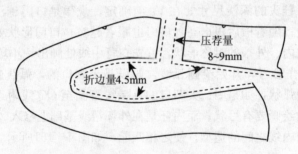

压荐量
8~9mm
折边量4.5mm

图4-153　开料样板

c. 里样板。里样板是在划线板的基础上进行增加和减少其工艺量，增减量的多少也要视鞋款类别而定，如折边工艺的，鞋口四周要增加4.5～5毫米量，如是反口鞋的，则鞋面、里要同步增加4毫米的反口量，假如鞋口四周是车捆边工艺的，则鞋面、里就不用增加多余的量，按划线板鞋口即可，而里的帮脚在划线板基础上修入4～6毫米，如图4-154所示。

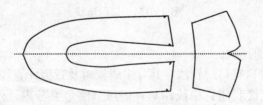

图4-154　里样板

d. 补布格。衬布格的设计一般可按划线板的大小来设定，可设计为整体和分部件形式，因主要起补强作用，故女浅口鞋在鞋口车缝上要另加4～5毫米宽的补强带作口门定

型，以免变形，如图 4 - 155 所示。

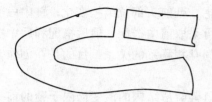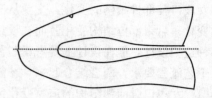

图 1 - 155　衬布格

5. 女浅口鞋口门不同设计要求

按照上述思路，把各种女浅口鞋的口门造型变化用实物或图片展示出来，在练习中可穿插案例，作为对比分析，也可以制作工艺为参考依据，这样更有真实感和直观效果。

6. 小结

女浅口鞋结构造型的绘画，要根据鞋楦的造型特征，鞋跟的高低，口门的种类要求来绘画，要先分析好，再设计造型；而线条的绘画要清楚、细致，可在平面上先练习多次，再在楦面上绘画；因女浅口鞋着重线条所反映的造型，同时还要反映出鞋的整体效果，所以女浅口鞋的设计过程必须在楦体上完成，因只有简单的几条线，要求设计者对其有一定的深入理解，所要绘画的线条能真实地反映其要求所在，只有多练才能体现设计思路。

女浅口鞋口门造型的设计，首先要从简单的圆口状口门开始练习，逐步过渡到多款类别的变化，要从单一的线条绘画，发展到能从多角度、多线的组图去考虑整体线条造型配搭，但要注意整体效果并能反映出鞋面的简洁。

女浅口鞋口门造型的变化，要先准备各种楦类和与之相配的材料（如鞋跟、皮料、外底、饰扣等），再加上各种参考资料（如杂志、鞋图、网上资讯等），结合本人的思路去创作各种口门造型，才能反映出本人个性及风格，不能按样来抄袭，要有所创新，要注意必须在楦体上进行，同时在绘画过程中，要用鞋跟和外底来配合和观察整体效果，要边看边修改线条造型，做到线条要清楚，表面整洁，整体布局合理。

四、女浅口鞋部件的设计

女浅口鞋部件的变形分别是指鞋的前、中、后帮某一部件的局部变化造型设计，只属于在某一比较集中的部位进行工艺的创作和改造，而其他部位可以不用改变其结构，比较好地衬托出鞋的某一部位亮点，设计人员可以从鞋的工艺要求和艺术角度来创新性地设计出各种鞋的帮件，满足特定的造型要求。

1. 女浅口鞋部件变型的要求

女浅口鞋部件形状的变化设计，主要从两个方面考虑：一是工艺要求，指鞋面部件结构的改变，应根据企业的实际运作相结合，比如鞋面要应用到电脑绣花工艺的，要求设计人员了解绣花设备的操作过程，所用皮料延伸方向和特征及操作过程的设计、纸样模具的定位设置，还有现有企业生产过程的条件局限性，如企业员工的综合素质高低，人员数量与生产量的比例要等。二是创意要求，指的是对鞋样造型进化款式的创意设计，包括材料的搭配、饰扣的运用、工艺的创新等，但在工艺创新上要考虑生产过程的复杂性、难度大

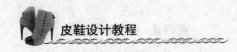
小、生产量多少等综合问题。

2. 女浅口鞋结构性要求

女浅口鞋部件结构的变化，主要从三个方面考虑：鞋前头部位结构变化；鞋中段部位结构变化；后帮部位结构变化。而在设计思路上也可采取前中搭配、前后搭配和后中搭配等多种造型设计，但在设计上要考虑工艺与创作之间互相联系的关系，目的是在创作上要融入工艺流程要求，两者结合起来，才能达到目标。

（1）女浅口鞋前帮结构的造型变化设计。女浅口鞋前帮结构的演变局限于鞋的前头部位，它只是在鞋头前部作工艺的创作改变及结构部件的造型设计和创新，而鞋的其他部位不作任何的装饰处理；工艺上利用装饰扣、金属定型套套住鞋头衬托其亮点，利用物料进行编织处理、改变其结构性能，在鞋口前加插鞋花和其他定型物，突出重点；而在创意上可利用电脑绣花把创作的各类图案加印于鞋面上，也可考虑在艺术角度内大胆、夸张地发挥个人的想象力，把有特点的造型设计出来，如利用动物的某一部位作展示（如蛇头），表示要保护动物等，如图 4－156 所示。

图 4－156　前帮变化

（2）女浅口鞋中帮结构的造型变化设计。女浅口鞋中帮结构是指在鞋的帮面中间部分，这里可分为帮面的内侧和外侧结构，设计的重点一般放在外侧，因人们的视线较注重在外侧的变化上，观察较集中，而设计人员可以在工艺结构和创意造型上多思考一下中帮结构的变迁。

①工艺上。可利用鞋面本身的材料来改变结构，如部件的网状编织结构及鞋面内外侧不同结构造型的区别上（有些设计成内侧不加装饰，外侧改变结构）等。

②创意设计上。可利用不同鞋面材料的重叠来突出亮点，或用其他装饰扣、装饰物穿插来加强该部件的形状作用，如图 4－157 所示。

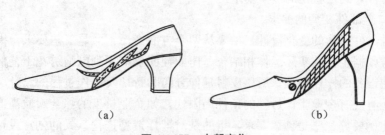

（a）　　　　　　　　　　　（b）

图 4－157　中帮变化

（3）女浅口鞋后帮结构的造型变化设计。女浅口鞋后帮结构指的是鞋后跟部件的变化，只是对鞋的后帮部件进行结构设计，是侧重工艺的结构改变（包括部件的编织和重叠结构等），以及加装金属扣之类的装饰物件，使鞋的整体效果较集中于后帮上，而鞋的前、中帮是空白结构，这类后帮造型的鞋一般为中跟和高跟较多，属于时尚类别，如图4-158所示。

图4-158 后帮变化

（4）女浅口鞋结构的演变。女浅口鞋结构的变迁，主要是各部件的互相配搭出各类结构造型，同时运用材料、楦型、跟底造型，再结合工艺要求设计出有创意结构的造型。

①女浅口鞋前后部件的结构。女浅口鞋前后帮组合要注意鞋的前后结构上的互通性，要考虑鞋整体协调性和一致性，包括材料分配、装饰物件的配置、色泽的运用等，如鞋头加装金属定型套，而后帮也要选择相应色泽的金属定型套作统一，而鞋工艺结构的改变也要前后要一致而且统一协调，如图4-159所示。

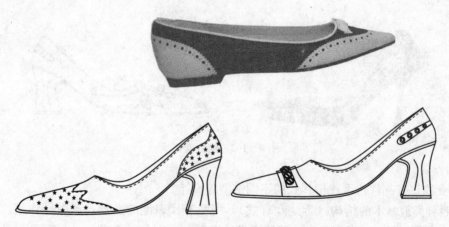

图4-159 前后帮变化

②女浅口鞋前中部件的结构。女浅口鞋前中部件在设计时一般要考虑鞋的前、中结构的连贯性，即鞋面前、中部件结构上是连在一起的，要考虑鞋整体结构的重点放在前帮上还是中帮上，而工艺设置和创作可利用前面所讲述到的即可，如图4-160所示。

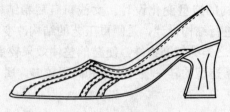

图 4-160　前中帮变化

③女浅口鞋中后部件的结构。女浅口鞋中后部件的设计，可以将其连贯在一起，但在结构上可设置为内、外不同结构（或内、外不对称结构），一般设计重点放在鞋面的外侧上，同理也要考虑其部件的连贯性结构，如图 4-161 所示。

（a）　　　　　　　　　　　　　　　（b）

图 4-161　中后帮变化

④女浅口鞋前中后部件的结构。在女浅口鞋的鞋面上，将所要创作的图案造型设计于鞋的前、中、后部位，让其有一个整体的结合，但在设置上要考虑鞋的前后比例和协调性，如图 4-162 所示。

图 4-162　组合变化

3. 女浅口鞋部件仿舌式仿耳式的不同造型等设计

参照鞋类最基本的结构（舌式和耳式），列举有代表性的造型，起引导作用，要求在此基础上有所创新，能根据自己的思路来设计多种不同图例的鞋款，并熟悉和灵活地加以应用。由于是以女浅口鞋为例，故设计的鞋口部件要偏前些，其他工艺和设计可按女浅口鞋步骤进行，这里不作太多描述。

工具准备：为每人一只女鞋楦，300 毫米长直尺，一张长 300 毫米、宽 200 毫米的牛皮纸，铅笔，橡皮擦，剪刀，介刀，人造革（或真皮），胶水，缝纫设备等。

操作过程：

（1）女浅口鞋舌式类。女浅口鞋舌式类型的鞋口一般较偏前，男鞋在 V 点后，女鞋在

V_0 处，而女浅口鞋则在 V_0 前约 $5\sim10$ 毫米作为断置位，分前中帮，如图 $4-163$ 所示。

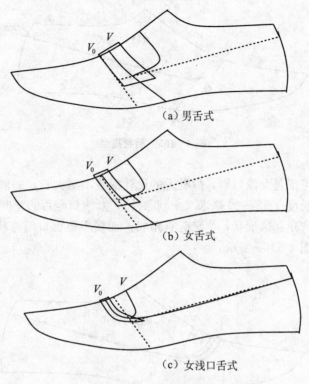

（a）男舌式

（b）女舌式

（c）女浅口舌式

图 $4-163$　舌式组合变化

①女浅口鞋舌式类设计。女浅口鞋直帮舌式鞋的确定：

首先将女鞋设计图画出，并标上各控制点、线，特别是标出 V_0 点位置，女鞋的口门断位在 $VV_0=8$ 毫米，而女浅口鞋的口门在 V_0 点前再前移 $5\sim10$ 毫米作为前帮与鞋舌的断层位置，如图 $4-164$ 所示。

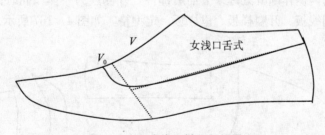

图 $4-164$　女浅口鞋口门位置

由于鞋头部件偏前，故女浅口鞋口门宽度一般不得超过 V_0H 的 $1/2$ 处 O 点，因女浅口鞋口门越浅，口门越大，则成鞋后脚背暴露面太多，会严重影响脚的外观美，女浅口鞋口门一般不易太宽；而女浅口鞋的后帮高度可确定为 $SQ=60\sim65$ 毫米，因女浅口鞋口门越浅，则后帮高度越高，但女浅口鞋后帮高不得超过 65 毫米以上，其他女鞋外帮变形除

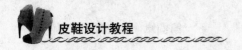

外，如图 4-165 所示。

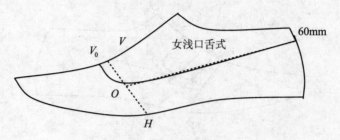

图 4-165　后帮高度

鞋舌的设计因考虑是女浅口鞋，故鞋舌的设计深度不易大长，一般在 V 点后移10～15毫米，即整体鞋舌长度在 15～20 毫米（个别除外），女浅口鞋舌的宽度根据口门宽来设计，女浅口鞋的舌位在弯角起圆形状，男鞋起直角状；而横胆根据口门弯状绘画成偏圆型，并可起尖型变化，如图 4-166 所示。

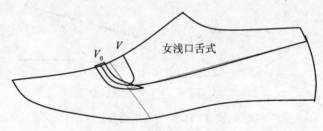

图 4-166　舌式变化

②女浅口鞋舌式类纸样制作。根据图解，分别制取出各部件的样板，因女浅口鞋部件断层（前中帮）较前，其背中线较短、较直，故不考虑采用取跷办法来处理部件的跷度问题，即直接将各部件展开即可，并利用中线作对称处理，分内外部件，因考虑到材料的节约，可以在鞋帮的内侧作断开处理来分前后部件，外侧连为一体，同时在面板上加装定位点，剪取正确的划线板、开料样板、里样板、定型格，如图 4-167 所示。

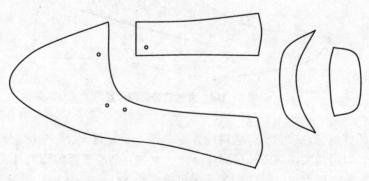

图 4-167　部件的分解

③女浅口鞋舌式类的变化设计。根据女浅口鞋直帮舌式的结构，按其设计步骤、方式、方法、原理，设计出多种变型的结构女浅口鞋舌式鞋，如图4-168所示。

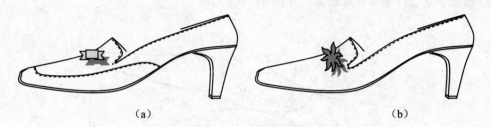

（a）　　　　　　　　　　　　　　（b）

图4-168　部件的变化

（2）女浅口鞋耳式类别。女浅口鞋耳式的类别，一般分为内耳型和外耳型两种，设计人员在此基础上，结合市场和顾客的需求，创作出各类仿耳式鞋的造型鞋款；本节由于是女浅口鞋类型，故其部件的设计一般要求偏前，将女鞋的后帮拉长，从外观上看让人感觉到鞋的整体有偏长、偏窄、偏瘦的美观。

女浅口鞋内、外耳式的区别在于其鞋面部件的结构不同，在工艺上制作不同所致，内耳式是指前帮压后帮的鞋子，而外耳式是指后帮压前帮的结构鞋子。

①女浅口鞋内耳式设计点的确定。

a.女浅口内耳式鞋口点的确定。利用女鞋楦复制出单边定型格（外侧），并将其展平处理，在平纸上画出半边格轮廓，标志各控制点、线，如图4-169所示。

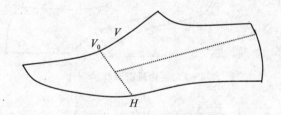

图4-169　半边格确定

在 V_0 点外或偏前5～10毫米作为鞋口门控制尺寸，而鞋的口门宽一般不得超过 V_0H 的1/2，同时注意女鞋线条造型要求，口门的造型绘画技巧，口门一般要向后偏歪点，有一定的圆形状，如图4-170所示。

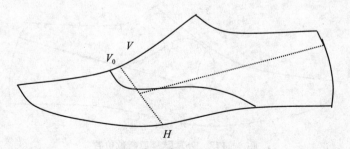

图4-170　内耳鞋口造型设计

b. 女浅口内耳式鞋中帮的确定。女浅口内耳式鞋中帮的确定，可利用背中线 VE 的后 1/3 作为女浅口内耳式帮位最后控制线，内耳前端直接连鞋口 V_0 点即可，这样可在 VE 的前 1/3 根据要求设计中帮耳式造型，如图 4-171 所示。

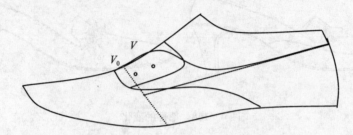

图 4-171　内耳鞋中后帮设计

c. 女浅口鞋内耳式纸样制作。部件一般可分为前、后帮和鞋舌，前帮依根据背中线对接即可，中帮分为内、外侧两部件，鞋舌也是背中线对接即可，由于是浅口类型，跷度可以不考虑，里样板参照面板即可，如图 4-172 所示。

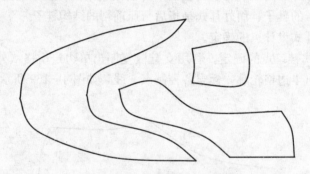

图 4-172　内耳鞋纸样的制作

②女浅口鞋外耳舌式设计点的确定。

a. 女浅口外耳舌式鞋口点确定。同上述原理，利用女鞋楦复制出单边定型格（外侧），并将其展平处理，在平纸上画出半边格轮廓，标出各控制点、线；而鞋口一般在 V 点后移 10～15 毫米定断位，作为前帮与鞋舌的连接位，在成鞋后检查外耳部件必须盖住断位线，如图 4-173 所示。

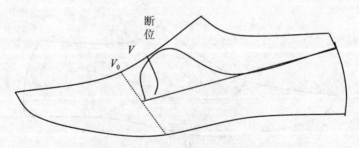

图 4-173　外耳鞋鞋口断位位置

　　b. 女浅口外耳舌式鞋中帮的确定。女浅口外耳式鞋中帮（分内、外部件）的确定，可利用背中线 VE 的后 1/3 作为女浅口外耳式帮位最后控制线，并将背中线下降 2～3 毫米作外耳线（外耳式内外帮中间要分离少许），有个别鞋的外耳是在背中线上设计（即外耳式的内外帮可在帮带上合并），外耳的前端尖位可在 V_0 点的 ±5 毫米范围上作落点参考位置，并根据外耳弧状连成中帮耳式造型，如图 4-174 所示。

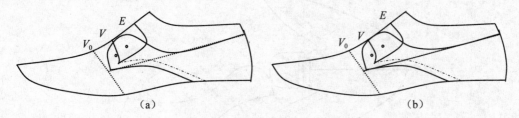

图 4-174　外耳鞋中帮设计变化

　　c. 女浅口鞋外耳式跷度处理。从外耳鞋整体设计看出，鞋的前帮与鞋舌断位较后，即前帮背中线曲度较大（跷度大），在取跷处理不能用定位取跷，可用对位取跷或转换取跷来处理。

　　● 将前帮部件单独先剪取出来，利用断位的背中线延伸一直线 A_1 作为部件对称线，这样得出原中线 A 下降为 A_1，将此 AVA_1 角度减去，如图 4-175 所示。

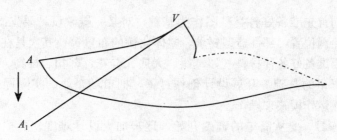

图 4-175　前帮取跷处理

　　● 将上述 AVA_1 角度量减去后，可利用 O_1 点作为中心点来转动，将前帮脚 A 向后转动让其增加减去的角度量，这里注意原中线 A 下降后 A_1 的位置，及后帮压前帮的压荐量的定位画线标志，如图 4-176 所示。

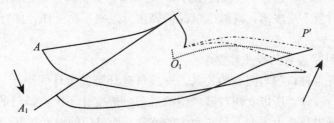

图 4-176　前帮取跷处理

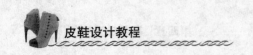

● 女浅口鞋外耳式纸样制作。外耳鞋的部件基本上与内耳鞋相同，只是结构不同，根据部件一般可分为前、后帮和鞋舌，前帮为一整体，分内、外侧帮脚，外耳分内、外两部件结构，鞋舌也是背中线对接即可，里样板参照面板，按里样板尺寸进行增加和减少其量，如图4-177所示。

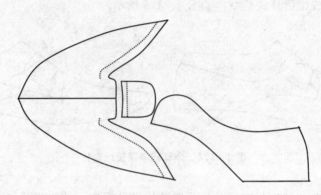

图4-177 外耳鞋纸样的制作

（3）女浅口鞋不同舌式和耳式类别的变化设计。女浅口鞋的其他类别变化主要是将各类造型结构进行综合组装和分类，集合出各类造型及在某一部位结构进行创作设计发挥，设计出某一独特鞋款，这里要注意市场需求和客户的要求，才能有所创新。

4. 小结

在楦面设计前首先准备好各类鞋图作为基础，对某一鞋款设计要先画出鞋的效果图，注意鞋款的线条绘画位置，部件造型要求，整体比例的布置等；其次是在楦面上掌握好尺寸比例；最后还要准备好各种材料（如鞋跟、大底、鞋花、鞋扣、饰物、皮革、刊物等），建立在有全方位资讯的基础上开展设计创作过程，把市场企业的实际操作引入思维设计中，最好参照企业运作模式来操作。

不同鞋款的练习，要从简单的鞋图开始，逐步加大设计难度，要按每一鞋款设计步骤、工艺流程细节逐步完成全部过程，才能领会到其中原理和要求、重点、难点所在。

五、女浅口鞋纤带的设计

女浅口鞋纤带结构的造型，主要是在女浅口鞋的基础上改变其纤带的设计位置所得到的整体效果的表现，而在纤带设置的功能上主要有两个作用：一是起装饰美化作用，增加鞋款的变化造型，如纤带设在 V 点附近的；二是捆脚、套紧脚背面让鞋贴于脚背上，这样女浅口鞋在起步时就不易脱落，同时也可保护脚在行走中不易受伤，如纤带设在 E 点前附近或在脚腕处。

1. 女浅口鞋纤带设置的规律性要求

（1）女浅口纤带鞋口门与跟高的关系。女浅口鞋纤带的设计规律，一般考虑是在女浅口鞋的基础上进行设计，所以女浅口鞋口门的造型一般变化不大，口门的宽度以适中度宽为主，线条的绘画以圆弧为主，不易作太大的改动，而口门的深度在 V 点附近即可。

而口门型变化上也可按女浅口鞋的变化来参考，即后跟高为平跟时，其口门一般为小口型，口门的深度可前移到 V_0 点前±5毫米，随着后跟的升高，口门宽可加大，口门的深度设计则尽可能后移，一般在 V 点即可；但不管口门变化如何，都必须参照鞋楦前头的形状为依据，即造型上尖与直匹配，方与圆以配套为原则。

（2）女浅口纤带鞋的设置与跟高关系。女浅口鞋纤带的设置，主要是以脚的骨骼为依据，再结合鞋造型来考虑，它主要分布如下：①在 V 点附近（口门位置），这类纤带的设置，主要起装饰衬托作用；②在 VE 点的前 1/2 处少许，大约在脚的前跗骨处，主要起装饰和捆脚作用，让脚在起步时带动鞋子运动；③在 E 点前，即在脚的舟上弯点前侧，主要起捆脚作用；④在脚腕处，后纤带的设置一般在脚腕处作参考，即在脚的后跟骨控制点往上量取大约 10～12 毫米，注意纤带要超过脚的外踝骨，主要起捆脚腕，在走动时带动鞋子起步作用，如图 4-178 所示。

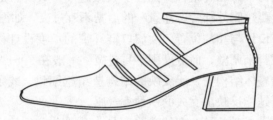

图 4-178 纤带的不同位置设计

而纤带的位置与鞋的后跟高主要是以造型要求和人脚运动产生舒适感来考虑，下面具体分析：

①女浅口鞋纤带在 V 点附近。纤带的作用起装饰美化作用，鞋的后跟高一般设为高跟，随着鞋的后跟高逐步增加，人的重心会向前移动，当脚在运动弯折时其弯折点越往前移动，鞋后跟越高其线条就越明显，越能反映出线条所表达的造型要求，故在高跟的配合下，纤带可设计出多种造型，使之形成适合的创意作品，如图 4-179 所示。

②女浅口鞋纤带在 VE 的 1/2 处。要考虑造型和穿着舒适，这里是脚前跗骨的位置，而在脚形运动过程中，该处有一角度（25°～45°）的运动量，不要捆脚过紧，否则较易磨损脚背部位，故此处设计一般为鞋的中跟较多，如图 4-180 所示。

图 4-179 纤带偏前设计　　　　　　图 4-180 纤带在中段设计

③女浅口鞋纤带在 E 点前。这主要起捆脚的作用，在脚运动中起帮助鞋子与脚同步运动作用，由于该处为脚的舟上弯点之前，故在设计纤带的长度上要有一定的松度，不易过紧，所以此处设计一般为平跟和中跟鞋（如护士鞋），如图 4-181 所示。

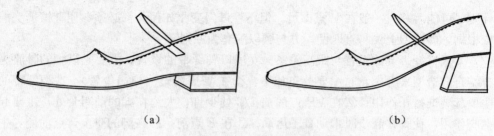

（a）   （b）

图 4-181　纤带偏后设计

④女浅口鞋纤带在脚腕处。一般鞋的类型为后纤带鞋，起捆脚腕并帮助鞋子运动的作用，这类鞋的设计一般为中跟和高跟鞋，因鞋子后跟越高，其纤带成型后越能与地面起平行美观作用，在设计上要过脚外踝骨，注意鞋的后帮不宜过高，如图 4-182 所示。

（3）女浅口鞋纤带设计与扣的位置。女浅口鞋纤带的长度设计根据楦型半边格其背中线作对称处理和利用试脚来调整，而宽度则不易过宽，一般在 10～15 毫米，因女鞋在造型要求上突出线条构成的整体结构美，所反映的结构造型越细致、线条越偏长，则该鞋在外观上给人感觉越修长，越能反映出女人的一种秀气感。

而鞋扣是附于纤带上的必备品，它的选购应是小巧玲珑、精致大方，而鞋扣的设计位置应是避免在脚穿着过程中容易出现磨损，要求：一是扣的设置应放在鞋部件的外帮上，不能超越外帮线上限，利用鞋帮部件来保护脚型；二是扣边角度偏圆，材料要细圆，四个边不能有角边，扣的位置尽量不要超越帮线位太多，同时鞋扣在加工工艺上，尽量车缝橡筋作加强带，起收缩、放长作用，如图 4-183 所示。

图 4-182　纤带在脚腕处设计

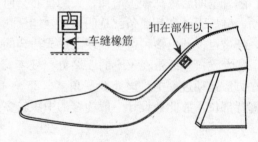

图 4-183　扣的设计

2. 女浅口鞋纤带结构性要求

女浅口鞋纤带的结构性类型，主要按纤带的设计位置不同而有所区别，而该浅口口门一般改变不大，再加上鞋的后跟高度影响，这就决定了其特点。

（1）女浅口鞋纤带在口门位置（V 点附近）。女浅口鞋纤带的位置，基本上在女浅口鞋口门的基础上进行设计创作，考虑到女浅口口门造型变化不大（一般为小圆口型），故纤带的起步连接车缝都在鞋内帮开始，横跨脚背到鞋帮外侧处，考虑美观装饰作用，故纤带的结尾不易过长，一般在鞋帮外侧线为佳，鞋扣可以不放置，要放也可用皮料车缝好作固定，同时纤带结尾造型可以有多种形状变化，突出其特点，如图 4-184 所示。

　　(2) 女浅口鞋纤带在 *VE* 的 1/2 处。女浅口鞋纤带口门变化不大，而纤带的开始同样在鞋内侧，经脚背横跨到鞋外侧，纤带的结尾应过鞋部件帮线位以下，高出脚背约 10～15 毫米，而鞋扣最好能设置在鞋外帮部件以下，让其起保护脚背的作用，扣的连接车缝可用橡筋作一定的松动余量，避免磨损脚背表面皮肤，如图 4－185 所示。

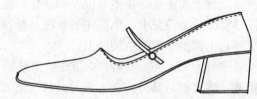

图 4－184　纤带在 V 点附近　　　　　图 4－185　纤带在 *VE* 的 1/2 处

　　(3) 女浅口鞋纤带在 *E* 点前。女浅口鞋的纤带设计在 *E* 点前的，主要考虑起捆脚作用，故在设计上考虑脚的舒适度，纤带的长度要适中，不应过紧，纤带同样在内侧开始（但要考虑女浅口鞋内位量正好是断开，故纤带的设计要避开断位，利用各种加工方法来填补），横跨脚背到鞋样外侧，纤带要超过鞋帮部件，到鞋帮脚量上约 15 毫米，鞋扣必须要固定在外帮上，最好能车缝橡筋作松动余量，如图 4－186 所示。

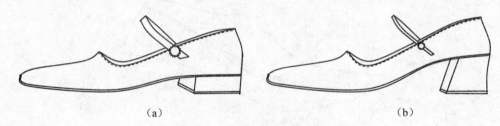

（a）　　　　　　　　　　　　　　　　（b）

图 4－186　纤带在 *E* 点前

　　(4) 女浅口鞋纤带在脚腕处。女浅口鞋的纤带设计在脚腕上，要考虑脚走路时所产生的重叠位，避免限制脚的舟上弯点和脚的后跟突点运动上的活动范围，故在结构上女浅口纤带鞋的帮后跟高上要增加一定的车接缝量，让纤带经过其中间，但不要车死纤带作固定，要让纤带有足够的活动空间，而纤带的开始和结尾应放于鞋的外帮上，纤带同时要高于脚的外踝骨高度点，避免鞋扣磨损脚踝骨，如图 4－187 所示。

图 4－187　纤带在脚腕处

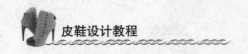

3. 女浅口鞋不同纤带式的设计

本节列举了女浅口鞋不同纤带有代表性的作品，了解基本操作要求和过程细则，在此基础上有独立创作的图例，并举出多款鞋图作说明。

不同女浅口鞋纤带的设置，由于是在女浅口鞋基础上演变的，而主要变化在口门的后部分来设置，故本节主要是纤带的设计位置上的改变：一是在口门处演变；二是在脚的设计控制范围 EV 之间来设计纤带位置。而纤带的长度是以纤带的起落点到背中线为尺寸依据，故在设计上要注意纤带不同位置的变化，在演变上创作出多种纤带效果图案。而在不同女浅口鞋纤带的设置上，也简述了女浅口鞋款式与不同鞋跟高对纤带设置的影响，并在其相应变化上调整纤带的结构造型。

工具准备：每人一只女鞋楦，300 毫米长直尺，一张长 300 毫米、宽 200 毫米的牛皮纸，铅笔，橡皮擦，剪刀，介刀，人造革（或真皮），胶水，缝纫设备等。

操作过程：

（1）女浅口鞋纤带在 V 点的设计。

①女浅口纤带鞋高跟口门的确定。首先在平面（或楦面）确定好女浅口鞋口门的深度 V_0 点（±5 毫米范围内），以楦前头造型为依据，绘画出圆口鞋的口门线条造型，由于有横带过脚背，以及适合设计高跟鞋，故口型一般可偏大些，按帮高控制线画出鞋外帮线，再在外帮线上区分内、外怀，注意内外帮造型上的差异要求，如图 4‑188 所示。

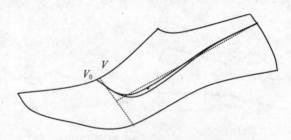

图 4‑188 女浅口纤带鞋高跟口门的设计

②女浅口鞋纤带的设计。在女浅口鞋口门确定后，找 VV_1 点后移±10～12 毫米确定纤带作位置，在 V_1 点作背中线的垂线至内外带线上，纤带的宽一般在 8～9 毫米，这样纤带大约在 V 偏后少许来设置，因考虑脚背有一起动位量（夹角），故在背中线上升 1～2 毫米的余量，同时考虑纤带有装饰作用，所以一般纤带中藏入内外帮的内层里，纤带边不宜外露于鞋帮部件外侧，鞋扣、纤带上的花纹图案可作增加和创新设计，如图 4‑189 所示。

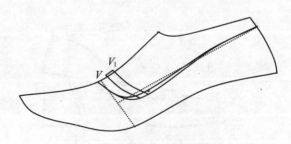

图 4‑189 女浅口鞋纤带的设置

（2）女浅口鞋纤带在 VE 的 1/2 处设计

①女浅口纤带鞋鞋口门的确定。首先确定女浅口鞋口门深度 V_0 点（±5 毫米范围内），其口门宽一般为中型即可，并分内、外怀，绘画出整体口门造型，如图 4-190 所示。

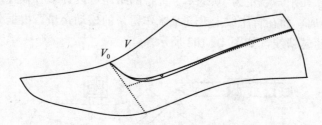

图 4-190　女浅口纤带鞋中跟口门的设计

②女浅口鞋纤带的设计。在背中线 VE 处找 1/2 的 E' 点，即鞋的纤带在 E' 点前设计，将背中线 E' 点作垂线至内、外帮部件，纤带在内侧开始可根据工艺要求调整起始位的结构，并作垂线的平行线 8~10 毫米定纤带的宽度，在纤带宽确定前必须先采购好鞋扣的样板来确定纤带的宽度，如女浅口鞋纤带设计为橡筋型的可另设计其宽，但纤带不宜过宽，要保证有偏窄感，而鞋扣的车缝，最好能连结有橡筋的，这会起活动作用，纤带的结尾要过外帮至帮脚 10~15 毫米，结尾可创作多种造型起美化作用，如图 4-191 所示。

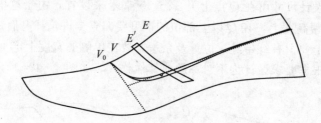

图 4-191　女浅口鞋中跟纤带的设置

（3）女浅口鞋纤带在 E 点前设计。

①女浅口纤带平跟鞋口门的确定。女浅口鞋纤带在 E 点前设计的，其鞋的跟高一般以平跟或中跟为主，故这类女浅口纤带鞋的口门以中圆为主，随着鞋后跟增加，其口门宽可适当增大，而随着鞋口门宽的扩展，其口门的内、外怀区别就会越大（5~10 毫米），而鞋口门的增大，其口门深度应越长，一般可到 V 点后，如图 4-192 所示。

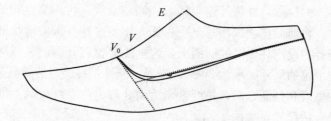

图 4-192　女浅口纤带鞋平跟口门的设计

②女浅口鞋 E 点前纤带的设计。本节女浅口鞋纤带的确定，一般在背中线 VE 分 2 等份找 E' 点，即在 EE' 点之间设计纤带位置，故在 E 点前定纤带，作其点的背中线的垂线过帮位线上，根据此线作平行线（平行线宽度根据鞋扣的内宽来定），在平线中间画出一中线来确定纤带鞋孔，孔距一般定为 10 毫米，纤带的结尾可设计多种款式，纤带结尾到帮脚一般留 10 毫米的距离，而在背中线上升 5 毫米作留帮的松动余量，根据鞋扣的大小放置于外帮部件内，不要超越帮线，如图 4-193 所示。

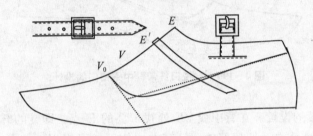

图 4-193　女浅口鞋 E 点前纤带的设计

（4）女浅口鞋纤带在脚腕处设计。

①女浅口鞋脚腕纤带口门的确定。首先确定女浅口鞋口门的深度 V_0 点位置（可移动 ±10 毫米），根据鞋楦前头的造型，鞋掌跟的高低和鞋外底的形状来绘画出鞋的口门造型，而鞋后帮高的设计尺寸可在 Q 点上升 12~15 毫米来设置，由于这里的设计尺寸高超过 Q 点，故在鞋后帮高度上，在 Q 以上部位的造型要偏直少许，让鞋后帮形状根据脚型来设计；由于鞋后帮上要留有纤带经过位置及余量，故在单侧的宽度上定 10~12 毫米；鞋对口门和后帮造型可根据要求设计为不对称款或其他款式，如图 4-194 所示。

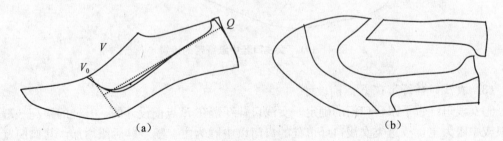

（a）　　　　　　　　　　　　　　　（b）

图 4-194　女浅口鞋脚腕纤带口门的设计

②女浅口鞋脚腕纤带的设计。在鞋的后帮高度位置余量上，在单边的角度下降 6 毫米找出中点作纤带经过的位置，并将其连接到 E 点画一直线，再根据鞋扣的宽度画出其平行线作为纤带的宽度，将前后作垂线使其出现一长方体，这样纤带的形状即可定型；在长方体处分 2 等份，把鞋扣设定在 1/2 的后面上，这里注意要避开脚的外踝骨，避免在走路时伤害脚部，扣留到带尾的尺寸一般为 30~35 毫米，鞋纤带在经过后帮高余量穿插工艺处理上，可经鞋后帮的里层和鞋面之间，将纤带作活动处理，注意纤带的长度应以脚腕围为依根据，并以试脚找合适尺寸，如图 4-195 所示。

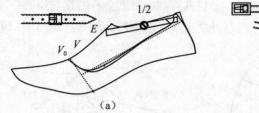
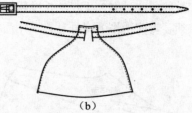

(a)　　　　　　　　　　　　　　(b)

图 4 - 195　女浅口鞋脚腕纤带的设计

（5）女浅口鞋纤带的变化设计——丁带鞋。

①丁带鞋的设计。此类丁带鞋的前部结构一般为整体结构，故先确定其丁带的位置；在背中线 VE 分 2 等份找 E' 点，丁带的位置在 EE' 之间来确定，一般不得超过此范围，在背中线横带的后线确定后，要保留横带与丁带之间的 6 毫米距离作保险量，再根据鞋扣的内宽定出丁带的平行线，注意丁带在背中线上升 5 毫米作为松动量，而在丁带的平行线中间作一直线垂线至帮脚，在外侧的丁带尾与帮脚之间定 10 毫米距离，把鞋扣安放于鞋帮部件内，不要让扣超过帮部件外，免伤脚，而内侧可根据工艺要求来设置；而鞋前帮的的转角弯度上尽量向 O 点靠近，角的方向尽量靠向鞋头中点，这样鞋的整体就有偏长的感觉，如图 4 - 196 所示。

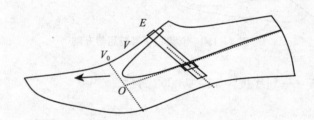

图 4 - 196　女浅口丁带鞋的设计

②丁带鞋的处理。从上图可看出前帮与丁带是连接在一起，处理上要用转换取跷来解决展平面，这里需要注意：在判断前帮的转角位的角度不易太大，丁带位与转角位不要太长，在取跷上保证有一定的后转移活动量作展平处理。将前段背中线向后延伸 AV_0E' 线，使后段背中线 V_0E 与延长线有一夹角 EV_0E'，用大圆规按 V_0 为中点将丁带的长度作半弧画至延长直线 E' 上，并加上剪口量 Σ 作还原处理，最后用原丁带的样板复制于直线上的尾部，再按圆角的 O' 点将余下部件画出即可，这样将直线对接分内、外怀部件，如图 4 - 197 所示。

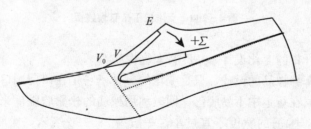

图 4 - 197　女浅口鞋丁带的取跷

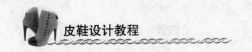
而当丁带的角度过大，丁带的长度较短，要将其后跷处理就会有困难，如图4-198所示。这就必须要将前帮作下降处理，采用后帮升跷来解决跷度转换问题，如图4-199所示。

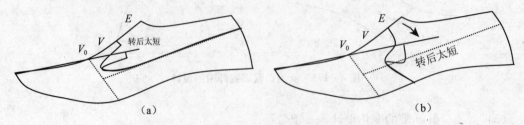

图4-198　女浅口丁带鞋前帮下降

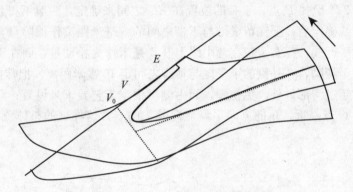

图4-199　女浅口丁带鞋后帮升跷

③丁带鞋的样板——划线板，如图4-200所示。

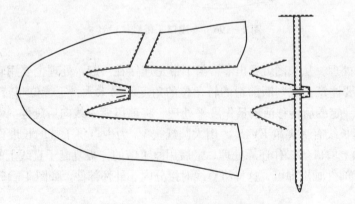

图4-200　女浅口丁带鞋划线板

（6）女浅口鞋纤带的变化设计——纤带车缝橡筋。

女浅口鞋纤带车缝橡筋的设计，只是变化的一种，它是在口门圆口型的后面加插橡筋作为横胆跨住脚背，在行走中不易脱落，同时利用橡筋的松紧收缩度来帮着脚背，它的设计点在 E 点前即可，橡筋的宽度不宜过小，一般为25～30毫米，橡筋长度在30毫米左右，如图4-201所示。

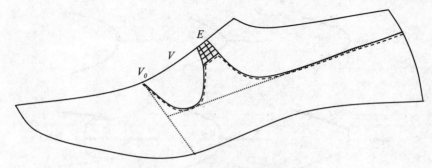

图 4‑201 女浅口鞋车缝橡筋变化

4. 小结

女浅口鞋纤带的设计，首先按各类型尺寸来熟悉其操作过程，并掌握好步骤和尺寸要求，要求按每一类型先完成设计过程，要有完整的设计图纸，工艺流程操作细则说明。各类女浅口纤带鞋的设计，应先在平面上完成设计过程，熟悉其基本的操作过程，再转移到立体（楦面）上完成设计实例，反复练习。最终要求独立完成全部的设计创作的方式方法。而在纤带设计定型前，必须采购好鞋扣的种类、造型及附设于纤带上的各种装饰配件，理顺好设计思路，再开始设计操作过程。

女线口鞋纤带的设计成型，要进行实际的试穿，脚在运动中测试是否合理，让其检验所设计的纤带是否符合人体穿着需要和运动适合性，同时对不合要求的尺寸和造型进行第二次修改和调整，再进行试穿检验是否达到设计效果要求，直至修改完善为止，要领悟对鞋的整体比例进行审美分析能力。

女浅口鞋纤带宽度的设计，要根据市场要求来确定尺寸，如鞋楦属尖头型和后跟是高跟的，其纤带宽要偏窄些，纤带宽尺寸一般为 8～12 毫米，而鞋楦属大头楦或圆头楦，后跟是平跟或中跟的，纤带宽尺寸一般为 15～25 毫米，这里要看鞋的整体效果。

六、女浅口鞋开中缝的设计

女浅口鞋开中的结构造型，主要体现在背中线上分割出内、外怀部件的结构，而在结构上又可设计出各种不用结构造型，这样可在内、外怀部件上利用不同的材料，不同的加工工艺演变出多种鞋的效果，从而表现出其独特的风格，以及结合鞋楦前头造型的变化、跟高的高低来衬托出鞋的个性和特色。

1. 规律性要求

(1) 女浅口鞋开中缝口门的应用。女浅口鞋开中缝口门一般为小方型（口门也可设计为凹型），较少设计成尖型或小圆型，因为女浅口鞋开中缝口门设计偏窄，口门的着力点较集中，容易出现鞋在穿着时起步中间的车缝位出现断裂现象，如图 4‑202 所示。

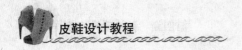
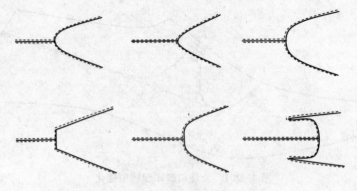

图 4 - 202　女浅口鞋车中缝口门

（2）女浅口鞋开中缝饰物的应用。女浅口鞋开中缝因工艺较简单，没有过多的线条要求，故应在饰物上多加考虑，借用饰物的特点来衬托出鞋的整体效果，但在饰物的选购上，要考虑楦前头造型要求：如楦前头造型是方楦或大圆头楦的，所购饰物应是方型偏宽类的；而楦前头造型是尖头楦或超长楦（偏窄头楦）的，所购饰物应是小巧精致、偏窄修长类的，同时鞋跟的高度应是中高跟类的，此外，若饰物是粗犷型的，楦型应是平跟楦或大头楦；反之饰物精细、小巧的，楦型应是高跟或尖头楦，如图 4 - 203 所示。

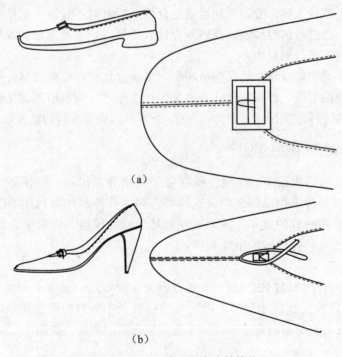

（a）

（b）

图 4 - 203　女浅口鞋车中缝饰物

（3）女浅口鞋开中缝工艺的应用。应从两方面去考虑：一是加强内外部件的牢固，避免穿着时容易断裂，在车缝工艺加插加强带（衬布皮）来巩固部件的整体性，同时车缝针距应为 1.5～2 毫米，选用 14 号型以下的车针；二是可利用加穿插条的方法，在背中线内

外边位置上互相穿插各种造型边条来起到固形和美化作用，如图4－204所示。

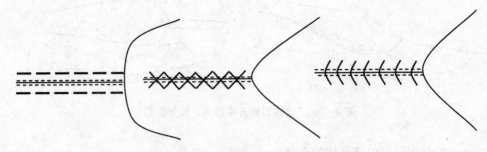

图4－204　女浅口鞋车中缝工艺的变化

（4）女浅口鞋开中缝楦型的应用。女浅口开中缝鞋的楦型一般选用方头楦（或小方楦），鞋的后跟选用中跟或高跟，这能反映出该类鞋的特点。这类开中缝鞋给人感觉是分开后两侧有一定不同感觉的自由空间来发挥创作能力，而鞋楦前部较窄（较尖）的在手工成型时有一定困难，容易出现变形现象，如图4－205所示。

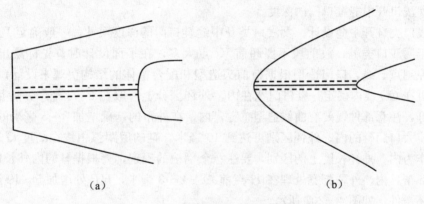

（a）　　　　　　　　　　　　　　（b）

图4－205　女浅口鞋车中缝楦型的变化

（5）女浅口鞋开中缝材料的应用。女浅口鞋开中缝要反映的是部件上的差异感，所用材料反映的是不同色泽感，故所选用的鞋面材料在颜色上要有所不同，尽量区分出不同配搭材料的色泽要求，让人第一眼就能分辨出该鞋的特点，如黑色与白色相配，红色与黄色相配等。在车缝线色泽的选择上也可有区分，如面料黑色选用白线（粗线），这就是差异感，目的是要有明显对比的感觉。

2. 结构性要求

女浅口鞋开中缝的结构，一般是在背中线上区分出内、外怀，由于是背中线开缝，故在取跷原理上不用考虑，只是增加对接量的加工量要求即可，再在背中线开缝，故也不存在口门的深浅位尺寸，只考虑在 V_0 点附近设计圆口型即可，将背中线分为作内、外怀两部件处理，内、外怀的帮口线区别一般为2～5毫米（口门为中宽型），5～10毫米（口门宽则为大口型）或高跟鞋楦，前帮与后帮为整体的，在鞋的后跟弧中线上断开即可，不适合在中帮上再断开，这样可在内外帮部件上设计各种图案，如图4－206所示。

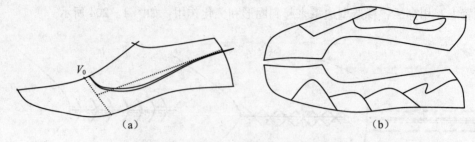

图 4-206　女浅口鞋开中缝内、外怀区别

3. 女浅口鞋不同开中缝结构的设计

通过女浅口鞋与女深口鞋在不同开中缝结构的实例，明白在女浅口鞋开中缝结构中应注意的尺寸设置要求。同时在女浅口鞋开中缝上的分类举例上说明要领，并在演变过程中穿插各种饰物起衬托作用，并能通过各加工手段，来衬托演变出新的鞋款。

工具准备：每人一只女鞋楦，300 毫米长直尺，一张长 300 毫米、宽 200 毫米的牛皮纸，铅笔，橡皮擦，剪刀，介刀，人造革（或真皮），胶水，缝纫设备等。

操作过程：

（1）女浅口开中缝鞋口门的深度。

①女浅口类鞋开中缝设计。女浅口类开中缝鞋口门的深度尺寸，一般确定 V_0 与 V 点之间，由于属浅口类鞋，故前段不要超前 V_0 点太多，在平面设计时首先标绘出设计图，并标出各控制点、线，口门造型根据楦前头造型和配合楦体的结构美观来设计口门形状，口门宽度可在 OQ 线内确定，鞋口门宽在内、外怀区分上一般在 2～3 毫米，后帮在 P' 点下经过即可，注意部件线要有曲线造型感觉，内帮在外帮的基础增加 3～5 毫米的工艺量，而高跟鞋或大口门鞋的内、外怀区别可达到 10 毫米，鞋的后跟弧中线在高度 Q 点外修入 1～2毫米作为内、外怀长度上的区别，要注意个别楦的确定，要根据鞋的内外长度分出鞋的内、外怀帮，内、外帮脚宽处理在 H 点前减去 2～3 毫米，HP 处增加 5～10 毫米来区别内、外怀帮件，如图 4-207 所示。

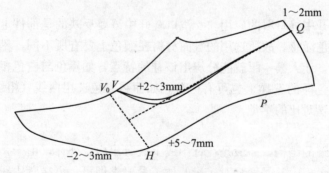

图 4-207　女浅口鞋开中缝口门设计

②女深口类鞋开中缝设计。女深口类鞋开中缝口门深度的设计尺寸，一般可在 VE 的 1/2 处找 E' 点附近来设定，这类鞋的造型一般为舌式较多，舌的两侧可车缝橡筋来加固；在 E' 点作背中线垂线，舌宽一般为 30 毫米左右，形状绘画成小弧凹状，在外侧处可加插

装饰扣物作美化处理，鞋帮内怀线在鞋帮外怀线基础上增加 2 毫米的处理量，如图4-208所示。

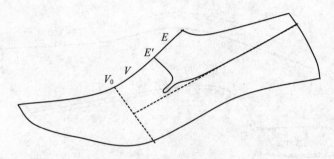

图 4-208　女深口鞋开中缝口门设计

另一类女深口类鞋开中缝口门深度可达到 E 点，这类深度在工艺上可车缝拉链，在链位内层加插舌式来保护脚背，便于穿着，如图 4-209 所示。

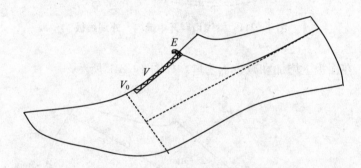

图 4-209　女深口鞋开中缝口门设计

（2）女浅口开中缝鞋内、外部件的处理。女浅口开中缝鞋结构要分内、外加以区别，由于在背中线上分离内、外怀，故在跷度上不用考虑取跷处理的过程，直接剪取即可（包括浅口类和深口类女鞋），只是在断开处增加车缝黏合量等工艺处理即可，如图 4-210所示。

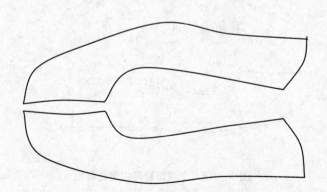

图 4-210　女浅口鞋开中缝内、外部件

（3）纸样的制作。

①划线板。在原来基本样板上增减工艺量，如图 4-211 所示。

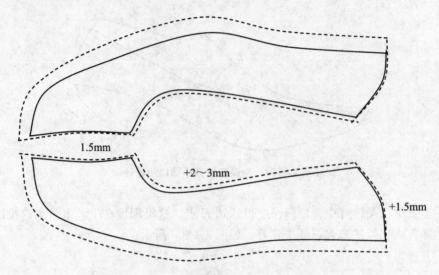

图 4-211　女浅口鞋开中缝内、外划线板

②里样板。在面板上增加和减少工艺量。如图 4-212 所示。

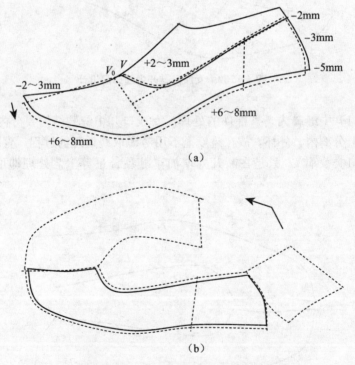

（a）

（b）

图 4-212　女浅口鞋开中缝里样板

4. 小结

女浅口开中缝鞋的设计，首先要理解女浅口鞋设计基础，并在明白原理要求的基础上展开设计，其次要区别重点和难点，特别在单侧开中缝的工艺处理中，所用材料的对比要有所区分，线材、物料的选择也要考虑，才可展开设计步骤。

在每一款女浅口开中缝鞋的设计和实际操作过程中，前期准备好各种辅助材料，包括设计好的图纸、各类楦型、跟型、皮料、饰物等，同时在设计前必须绘画出鞋的效果图（或计算机效果图），要多运用其他鞋材来填补不足，特别是饰物的应用，装饰扣件的配置，要多走访鞋材市场，掌握最新的配件和皮料的变化需要。

女浅口开中缝鞋主要注意部件在内、外怀区分时所反映出的效果情况，侧重内外不同的外观视觉和感觉，注重工艺在部件上的变化应用情况，而在取跷上不用作任何处理，由于女浅口鞋开中缝把内、外怀区分开，故在设计上应多用立体设计法对楦体进行设计和分割纸样，要掌握好笔的表现技法和美工刀的操作技巧，要注意内、外怀部件在对接后成型的效果。

七、女浅口鞋不对称结构的设计

女浅口鞋不对称结构指的是鞋帮内、外怀分割设计成不同造型的结构，它是在浅口类鞋的基础上演变出的鞋款，主要反映的是侧重于鞋的外怀部件造型上，同时利用各种加工手段来突出某一部位的亮点，如利用电脑绣花等工艺设计各种造型图案，加插细小的装饰物件等，并且也可以在鞋的内、外怀部件边位置帮线的选择上利用粗细线、颜色等来作区别设计。

1. 规律性要求

（1）女浅口鞋不对称结构设计点的选取。女浅口鞋不对称结构与女浅口鞋对称结构相比，最大的区别在于其设计尺寸点在背中线上的不同找法，这决定在鞋款设计和部件处理上有不同特点。因在鞋类设计处理上，在背中线 V 点前的部件，其背中线近似于一直线，在前帮部位的处理上可利用这一近似直线作为前帮内、外怀的对接线来展开即可，在展开后的内、外怀部件上各自制取分部件；而设计点位选在 V 点后面至 E 点的，其前帮部件所处的背中线就越成弯曲状，曲线越超过 V 后点就越明显，这样前帮部件就必须进行跷度的处理了；因此，女浅口鞋不对称结构的设计，要考虑鞋款的造型要求，还要看结构需要来进行调整部件的处理，如图 4 - 213 所示。

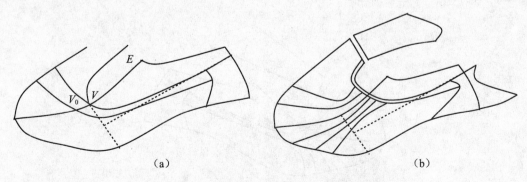

（a）　　　　　　　　　　　　　　　　　　（b）

图 4 - 213　女浅口与女深口鞋口门选取的对比

（2）女浅口鞋不对称结构部件的处理。女浅口不对称鞋由于鞋的内、外怀部件不同，要在平面上完成设计和处理较容易出现差错，处理后的部件反映的效果难以达到要求，所以，一般较少采用平面设计法来创作和处理，再加上女鞋创意设计上要求的是线条所反映的造型美观，体现的是艺术感。因此，女浅口不对称鞋的设计要求是利用立体设计法来完成设计步骤，要求直接利用楦体曲面来绘画实物图，同时要有各种资料作参考，要在楦体上粘美纹纸，在楦的内、外怀利用美工刀剪取各自部件来展平即可，将各自部件直接在平面上展平，同时要利用好背中线作对称线展开来调整内、外怀部件的各种结构关系。

（3）女浅口鞋不对称结构鞋款与跟高关系。女浅口鞋不对称结构的鞋款一般要求简单明确，不要在复杂的工艺上考虑太多，应侧重于鞋帮部件的造型结构变化，如鞋帮边线的各类创意设计，鞋帮内、外怀不同造型的演变，但不要过多穿插各类装饰物件，由于此类鞋考虑的是造型艺术，故鞋的后跟高应为中跟和高跟为主，鞋跟造型上要细致，跟的两边有一定弯度的造型，同时要配合楦前头的具体形状，鞋跟才能起衬托美化作用；而鞋的外底应是组合部件结构，外底成卷跟式和插带式，不要设计为船掌式和粗旷型鞋跟，同时也要考虑楦头前部的造型实际情况，总之是应以女浅口鞋的各变化规律要求为主，如图 4-214 所示。

(a)   (b)

图 4-214　女浅口不对称鞋的跟高

2. 结构性要求

（1）女浅口鞋不对称结构内、外部件的不同造型要求。女浅口鞋不对称部件的制取，主要为鞋帮内、外怀帮部件造型的不同而区别处理，而鞋帮内、外怀部件造型的不同也要有互相协调性，结构上不要有太大的区别差异性，设计的重点应放在鞋外帮结构上，鞋外帮造型包括部件的工艺造型，加插物件的变化等，而鞋内侧只作简单的设计即可。

由于考虑鞋的内、外怀结构的不同，在设计上应先确定好外帮的形状后，在外帮造型结构的基础上再延伸到内帮部件处理上，要利用好背中线作为对称线的协调作用，要考虑鞋外帮与内帮的一致性，如图 4-215 所示。

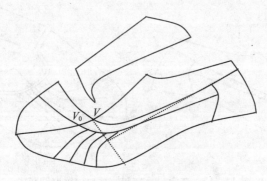

图 4-215　女浅口鞋不对称结构

（2）女浅口鞋与女深口鞋不对称部件的不同处理要求。不对称结构的处理，不管在平面处理或在曲面处理，都必须利用好背中线来展平，而女浅口鞋不对称结构因背中线较短（一般为 AV_0 段），近似于一直线，故在处理上直接利用 AV_0 背中线作对称展开即可，不用作其他跷度处理，而女深口鞋因前后整段背中线的长度超过 AVE 曲线，就出现了背中线为一段曲线状的现象，这样就要对其进行跷度处理，一般要用到转换取跷来将后帮作后帮升跷处理，如图 4 - 216 所示。

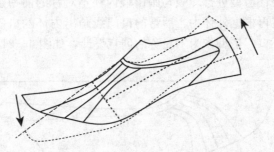

图 4 - 216　女深口鞋后帮升跷

3. 女浅口鞋不对称结构的设计

本节举了几个较简单的女浅口鞋不对称结构图的设计展示其过程，目的是在此基础上引导学员掌握和进行各鞋款的设计操作，以及把女深口鞋与女浅口鞋不对称结构的设计作出对比和分析，让学员明确女浅口鞋不对称结构设计的基本要求。

工具准备：每人一只女鞋楦，300 毫米长直尺，一张长 300 毫米、宽 200 毫米的牛皮纸，铅笔，橡皮擦，剪刀，美工刀，人造革（或真皮），胶水，缝纫设备等。

操作过程：

（1）女浅口鞋不对称结构设计。

①女浅口鞋不对称结构平面设计。女浅口鞋不对称结构因其鞋部件内、外部件造型均不完全相同，要使之达到创作效果，要求在楦面上完成效果图的设计绘画及创作构思，同时利用楦面的立体效果，直接用美工刀来剪取出各自部件进行展平处理，故要求学员在掌握了平面设计及平面处理的基础上，转换成立体（楦面）设计和展平，下面介绍其方法：

a. 鞋帮单边面的制作（外怀）。利用楦体外怀，粘贴美纹纸（或稿纸），并标出各控制点、线，因是浅口鞋类，故鞋的后帮高可达到 60 毫米左右，同时根据先前准备好的鞋款效果图，将鞋的整体线条、比例绘画于楦面上，并要考虑背中线对称，对内、外怀的对称图在连接线所表达出相应整体效果，即内、外线要理顺，如图 4 - 217 所示。

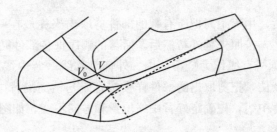

图 4 - 217　女浅口鞋外帮结构

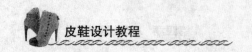

b. 鞋帮内、处怀处理。根据鞋的外怀图形，将鞋纸样外怀剪取出来（要保留少许背中线内怀的线条造型），在平面上先画出一直线，在平面上沿直线利用外怀图先将背中线与直线贴平，接着外怀斜长方向把女浅口鞋外怀前部件贴于平面上，方法是按前→中→后的顺序，把外怀贴顺平伏，注意保持原外怀型不变，最后在后跟弧线上进行适当处理（尺寸增减要按实际楦长来确定），这样外怀纸样可基本完成。

利用鞋的外怀纸样部件，在背中线（展平直线上）作对称接线来处理鞋内怀纸样，鞋帮内怀的造型先根据外怀造型进行理顺勾画出鞋内怀不对称的前帮造型，注意内、外过渡造型要互相有协调性，再根据外怀中、后帮的口门线画出内怀的口门造型线，而这里内侧部件可变化出各种内怀口门造型作为不对称的创意设计，如图 4-218 所示。

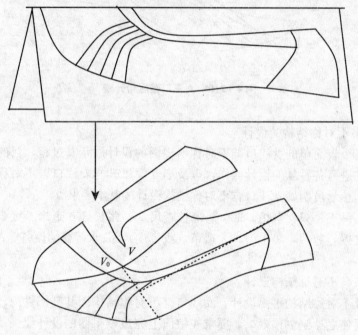

图 4-218　女浅口鞋内外帮结构

②女浅口鞋不对称结构的立体设计。首先用美纹纸（或稿纸）对女鞋楦表面进行楦面的内、外怀全贴，直接在楦表面标出各控制点、线，然后根据所设计的鞋款（或草图），在楦表面绘画出设计的鞋款，最好也能勾画出工艺车缝线路走势，使后期处理工作更方便，注意绘画前要配合鞋的外底造型、鞋跟等资料在鞋整体的比例、线条、造型等要求。

在确定绘画完成后，用美工刀把所有鞋的部件剪取出来先放在一侧等待处理，然后按鞋部件前→中→后顺序，按照先鞋外帮然后是后帮的顺序把各部件贴于平面上。

a. 在平面纸上先画一直线作为鞋帮的内、外怀对称线（背中线），在画之前要预留出内、外怀部件的纸样余位，把剪取出的部件样板按直线与楦面的背中线先粘贴上，从部件的前面开始向后粘贴背中线，先确定好背中线位置和方向不变，如图 4-219 所示。

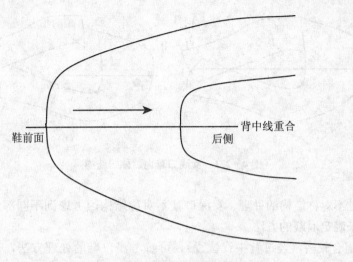

图 4-219 女浅口鞋前帮粘贴方法

b. 在确定好对称线后（背中线），先将外怀部件纸样从前头开始粘贴，按前、中、后顺序把外怀粘贴于平面上，粘贴过程要保持部件纸样的长度不变（要按着纸样中段长度方向来粘贴），而纸样的宽度只作理顺即可，不要拉宽，让整体外怀粘贴于平面上，再用同样方法把内怀部件纸样作粘贴和展平处理，注意部件内、外怀两侧不要展开太宽，同时根据鞋面的材料和设计要求在后跟弧中线上作修改处理，如图 4-220 所示。

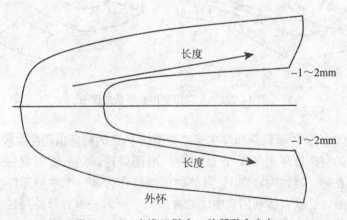

图 4-220 女浅口鞋内、外帮黏合方向

（2）女浅口鞋不对称与女深口鞋不对称结构的不同处理。

①女浅口鞋不对称结构的处理。由于女浅口鞋不对称结构的前帮部件较短，一般在背中线的 AV_0 之间，而这段曲线又近似于一直线，故一般不用作取跷处理，再加上其结构特点为不对称鞋部件（内、外帮件不同结构），所以在平跟或高跟鞋的后帮不管在展平后超越其背中线（内、外帮背中线重合于一起），都不会影响各自帮部件的展平处理结果，故可利用背中线作内、外帮部件的展平处理即可完成取跷过程，这样较简单、便利，如图 4-221所示。

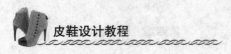
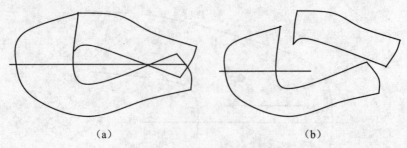

图 4 - 221　女浅口鞋内、外帮结构

②女深口鞋不对称结构的处理。女深口鞋不对称结构因考虑到不同部件的组合，要视具体部件结构来确定取跷的方法。

a. 帮部件组合较多（经过背中线位置），可参考浅口鞋的处理方法，直接利用各自剪取出来的部件，分别按各自部件的背中线来展平即可，最后按工艺要求增减其工艺量来形成各自的部件，这就不用取跷处理了，如图 4 - 222 所示。

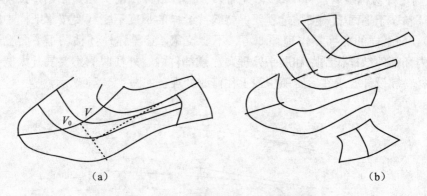

图 4 - 222　女深口鞋内、外帮处理图

b. 帮部件组合较少，而鞋帮部件在经过背中线 V 点的前后出现曲线较明显，在展平时出现背中线较大的空余量（宽度），这就要进行取跷处理，同时要根据每一种鞋类帮部件有所区别。例如在同一鞋款内，在 V_0 点前的帮部件作为某一个单独部件，在 V 点后又作为另一单独部件的，这就直接利用背中线对称即可，而另一单独部件跨越了 V 点前后出现难以展平处理操作，这就要对其背中线的曲线进行取跷处理，如图 4 - 223 所示。

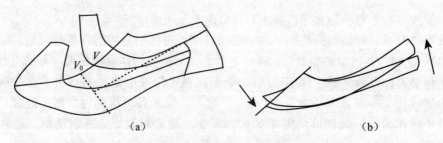

图 4 - 223　女深口鞋内、外帮处理图

为了在车缝工艺上操作方便，以及在展平取跷过程中部件与部件的对接完美，我们可以将鞋前头部件作为一个整体来取跷，如图4-224所示。

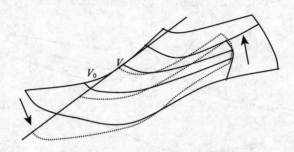

图4-224 女深口鞋内、外帮处理图

（3）里样板。由于为不对称结构，一般女浅口鞋不对称结构的里样板要在部件展平后，利用鞋部件的内、外怀展平图来设计里样板，这可理顺鞋的口门造型要求，便于操作，如图4-225所示。

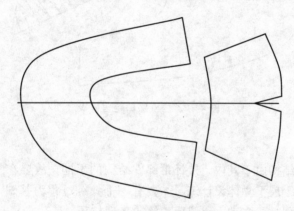

图4-225 女浅口鞋里样板

而女深口鞋不对称结构的里样板，可利用帮部件展平图来设计里样板，即根据整体转换后设计里样板，如图4-226所示。

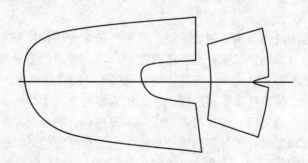

图4-226 女深口鞋里样板

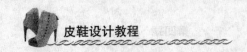
女深口鞋不对称结构的里样板考虑到深口鞋的曲面较明显，在整体里样板与鞋面板同步上，在成型平面还原到曲面（楦面）上有一定困难（或曲面不明显），故鞋面与里样板要作分别处理，即在里样板上加插工艺量来达到平面变曲面的目的，如图 4 - 227 所示。

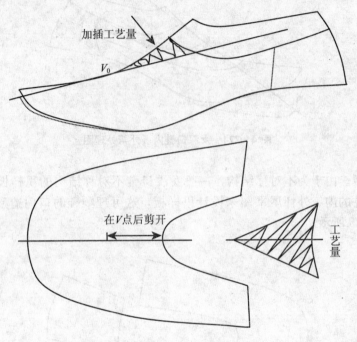

图 4 - 227　女深口鞋里样板

4. 小结

女浅口鞋不对称结构由于其内、外怀帮部件结构的不同，故要在掌握女浅口鞋设计及取跷的基础上才能便于展平立体设计练习，要有一个熟练过程为基础，特别是美工刀在楦面和展平过程中的应用，要多动手练习手工笔的表现技巧。

不管在平面和立体设计上，展平处理及取跷展平的过程，都应以鞋的外帮部件为主来确定设计的主次，同时要合理利用背中线作为对称展平的作用和操作步骤，明白设计的最终目的是要在楦体上完成绘画出造型、线条、比例，要懂得运用美术知识在鞋的创意设计上的应用，同时要利用各种鞋材在设计中穿插的衬托作用，如各种鞋面料、鞋外底、鞋跟等。

本章节女浅口鞋不对称结构图例的讲解，只是举例来分析说明基本要领，尺寸、实例只起参考作用，并通过市场信息来补充自己的创意内容，要通过多看资讯，掌握到最新的工艺演变来形成自己所要表达的个性思路，要有自己独特的设计风格。

通过学习平面和立体设计步骤和过程，学员要懂得充分利用好各种鞋材为设计服务的思路，要灵活应用好各种资讯并通过楦体的绘画来表达自己的设计意图，要熟悉并掌握好在楦体上设计的过程和要求，学员要能熟练在楦体上完成所要设计之鞋款，同时要有楦型设计知识和楦体实际操作技巧，才能更好理解和发挥自己的创意思路。

八、女鞋的分类

前面讲述过，女浅口鞋是女鞋鞋款的一个种类，而在女鞋的分类中，我们按全年的季节又分为春鞋、凉鞋、秋鞋、靴鞋，但现实生活中人们在追求个性化、品牌特征时，人们多数只考虑个人审美的要求，对穿着的要求是从个人整体形象策划角度去购买鞋子，而没有过多考虑到气候的需要；初学者对市场需求要从鞋的结构分类上进行鞋部件的细分化设计，首先清楚认识鞋子的分类，然后再进化创作演变。

下面对女鞋作初步分类，在此基础上进行创意设计其他鞋款，而部件的设计步骤、操作过程、取跷原理、注意事项、纸样的剪取等，这里不再描述。

1. 女春鞋

女春鞋的分类，一般指女鞋口门设计在背中线 VE 的 $1/2$ 点 E' 之前，V_0 点之后部件的鞋款，包括女浅口鞋在内的变化鞋款，如图 4-228 所示。

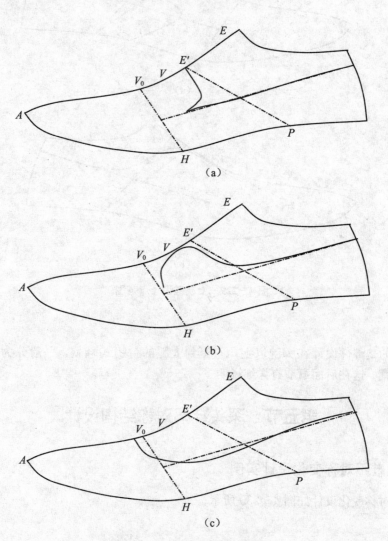

图 4-228　女春鞋设计点范围

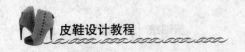

2. 女凉鞋

女凉鞋一般指鞋的形状结构为前空、中空、后空型,部件结构一般为条带状,同时结合各种浅口型、深口型及各种靴鞋型进行开放式的演变设计,设计要求主要根据脚型的各控制点作为依据,而楦型的设计造型必须仿照脚型来制造,这在后面章节会有详细说明。

3. 女秋鞋

女秋鞋的分类,一般指女鞋口门设计在背中线 VE 的 2/3 点 E'' 之后,而又在 E 点之前的深口部件鞋,如图 4 - 229 所示。

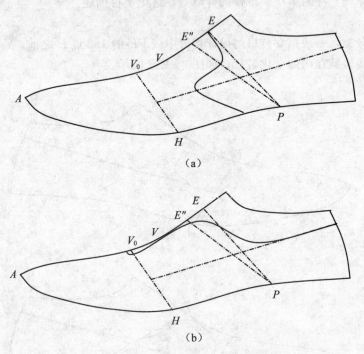

图 4 - 229　女秋鞋设计点范围

4. 女靴

女靴指的是部件设计在脚腕以上,直至到大腿的封闭式鞋款,一般分为短靴、中靴、长靴、加长靴。这在后面章节有详细说明。

第五节　深头鞋不对称结构设计

一、女鞋不对称变化设计实例

女鞋不对称变化设计如图 4 - 230 所示。

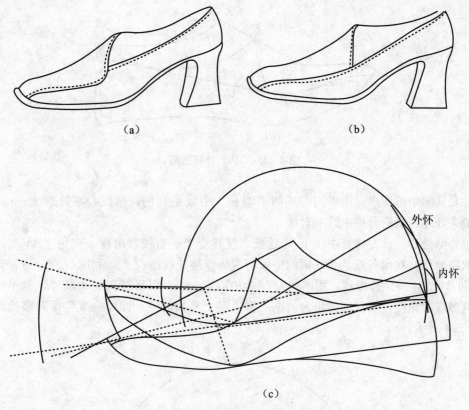

（a）　　　　　　　　　　　（b）

（c）

图 4 - 230　女鞋不对称变化设计图解

1. 楦型

方头或偏头楦：女 23 码，$L=242mm$，I 型半，$S=218.5mm$，各种跟高均可。

2. 帮结构

内、外两部件，前帮衬里和后帮衬里。

3. 镶接关系

内叠外，或外叠内均可。

4. 特殊关系

鞋口深度超过 V 点后，使背中线有两段，而在造型上，内侧与外侧不对称，故在处理上要分别取跷，最后把背中线对接即可。

5. 步骤图解

（1）首先确定外帮的造型。根据楦前头形状确定外怀的线条走向，宽度一般定为单边的 4 等份楦边来绘画，中段宽按胆鞋的宽度 O 点作参考，而后帮在 OQ 控制线上绘画，后帮要有一定曲线状，注意前后帮连接要理顺按造型要求，如图 4 - 231 所示。

内侧的设计，是在外侧的基础上进行。首先在背中线上 VE 处分 2 等份找 E' 点，在 E' 点附近确定鞋口的深度，沿外帮线绘画出内侧圆口型，按内侧造型画外侧不对称结构，注意要流畅地画出弯度的造型要求，如图 4 - 231 所示。

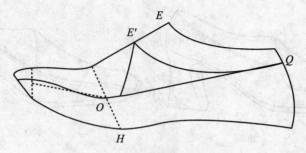

图 4 - 231　内、外怀造型

（2）从图中可看出，由于内、外侧不对称，中线是共用，所以，在处理上，可分内、外两侧来处理，最后合拼中线来对接。

①外侧处理。首先将背中线 $E'V$ 延长，使其变成一直线，出现一夹角 $\angle AVA_1$，利用转换取跷原理，找出各点，在外帮的中段与内怀连接处找出 O' 点，利用 O' 点，分别连虚线于 A 和 A_1 点，并延长虚线，用圆规以 O' 为中心点，长度以后帮高 Q 为尺寸，画出一半径弧，到虚线的角度，以虚线的量为依据，将后跟上升为跷度，即可完成后帮升跷处理，如图 4 - 232 所示。

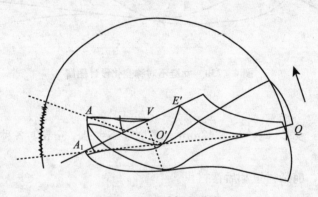

图 4 - 232　外怀后升跷

②内侧处理。取跷原理不变，前部可按上述不变，而后帮在弯角上找 O' 点，同理连出虚线，将内侧后跟升跷处理。如图 4 - 233 所示。

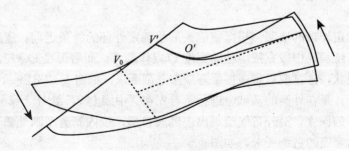

图 4 - 233　内怀后升跷

（3）样板的剪取。

①划线板。前述所制取的内、外侧，利用中线作对称，如图 4－234 所示。

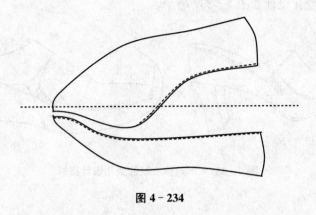

图 4－234

②开料样板。开料可按工艺来变化，如图 4－235 所示。

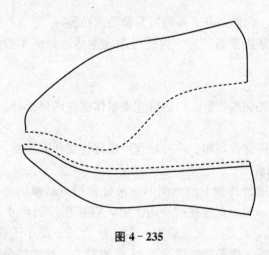

图 4－235

③里样板。利用中线把内、外处理后，按平面来处理前、后帮衬里，如图 4－236
所示。

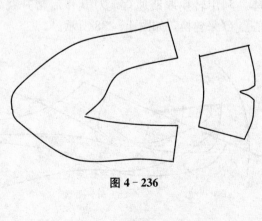

图 4－236

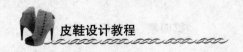

二、不对称女鞋的变化设计实例

不对称女鞋的变化设计如图4-237所示。

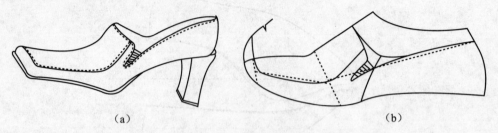

图4-237　不对称女鞋的变化设计图解

1. 楦型

方头式偏头楦：女23码，$L=240\sim242$mm，Ⅰ型半，$S=218.5$mm，各种跟高均可。

2. 帮结构

(1) 帮盖连舌、围、内侧断开，外侧可车橡筋或拉链。

(2) 外围连体，内帮连帮盖、舌、内怀可断或连体，外侧车橡筋或拉链。前帮衬里、后帮衬里连体，保险皮。

3. 镶接关系

胆叠围子，外侧车橡筋或拉链，内侧可连成整体或在内怀断开。

4. 特殊要求

外侧一橡筋时要加保强带，胆、舌的处理可视部件变化来演变。

5. 胆、围不对称图解

(1) 步骤。首先在楦的外侧上绘画图形（最好采用全贴楦的立体设计来完成）；胆前深度按楦前角度来决定。胆的宽度在楦棱边上走，直至在控制尺寸O与下降10毫米之间确定；而鞋口的总深度在$E'E$之间来确定，舌的单边宽不得小于30毫米，也不得太大，要注意与后帮的连接关系，橡筋的宽度定为15毫米左右，橡筋的斜角一般与垂直角成45°角，长度视造型确定；内侧断位要与外侧橡筋断位方向作参考，如图4-237所示。

(2) 处理。从图4-237看出内、外为不对称结构；这里可分两种方法来处理，其一是把前帮所有部件看成整体，利用转换取跷原理，对其作后帮升跷处理，因内、外为不对称，所以要分别找出中心点O'来转换，如图4-238所示。

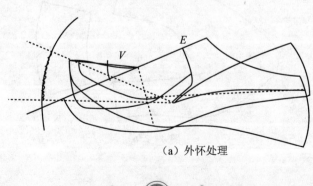

(a) 外怀处理

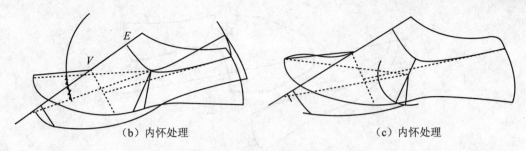

（b）内怀处理　　　　　　　　　　（c）内怀处理

图 4‑238 部件处理

其二是利用内帮处理图不变，将外帮的帮盖和围子分别来处理；先将帮盖前降成一直线，把自然量上加入到原中线上，使其背中线保持长度不变，按胆的宽度还原到直线上，即变为直胆型；另按胆转变后的边线长，来量取围子的长度，使胆与围保持长度相等，后用工艺跷来处理围子的形状，如图 4‑239 所示。

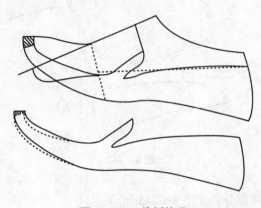

图 4‑239 外侧处理

（3）将各种跷度完成后，可分别把内、外的背中线合拼，即可得出内、外帮部件，如图 4‑240 所示。

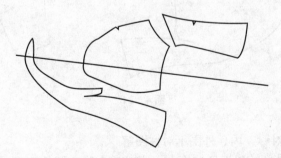

图 4‑240 部件展平处理

（4）样板的剪取。

①划线板。鞋口可车包边工艺，如图 4‑241 所示。

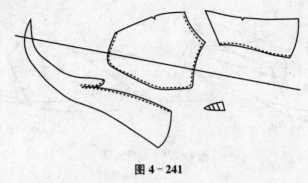

图 4－241

②开料样板，如图 4－242 所示。

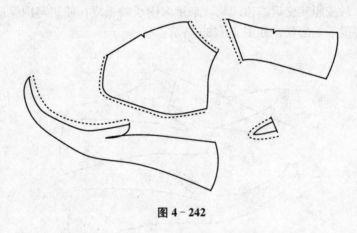

图 4－242

③里样板分前、后两部分，如图 4－243 所示。

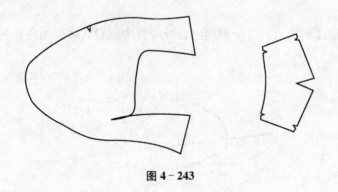

图 4－243

6.胆偏头或其他对称，内、外围不对称图解

（1）步骤。由于帮盖要根据楦型来定；所以首先确定胆的造型。可以采用立体设计法来完成，平面也可用背中线作对称，将完全转为平面上设计。尺寸按前述作参考，如图 4－244所示。

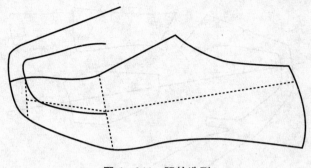

图 4 - 244 胆的造型

（2）根据所得鞋胆型，把鞋的内、外帮画出设计造型，尺寸要求同前所述，注意在个别尺寸上的造型要求，内侧的断位可视情况改变造型，如图 4 - 245 所示。

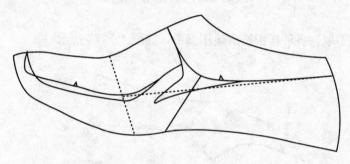

图 4 - 245 内、外帮造型

（3）从图 4 - 245 中可看出鞋内、外帮为不对称结构，这样得分别在鞋内、外帮上进行转换取跷，把帮盖下降，中、后帮不动，将胆下降后的工艺跷转换到围子上进行，按其造型来作调整，但要注意背中线在处理后必须在长度上相同，步骤、尺寸如前所述，如图 4 - 246所示。

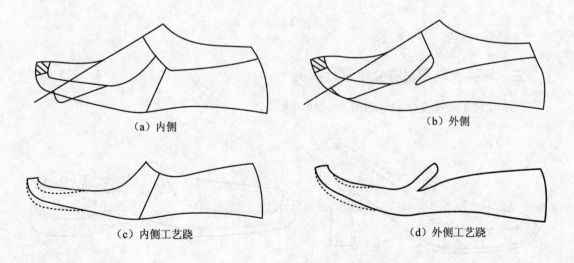

（a）内侧　　　　　　　　　　　　　（b）外侧

（c）内侧工艺跷　　　　　　　　　　（d）外侧工艺跷

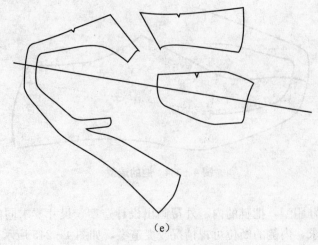

（e）

图 4-246　鞋内、外帮部件

（4）样板的剪取。各种样板按前述作参考，如图 4-247 所示。

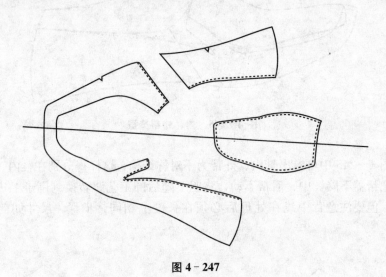

图 4-247

三、深头女鞋不对称变化设计实例一

深头女鞋不对称变化设计如图 4-248 所示。

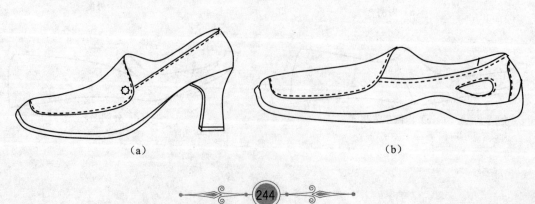

（a）　　　　　　　　　　　　　　　　　（b）

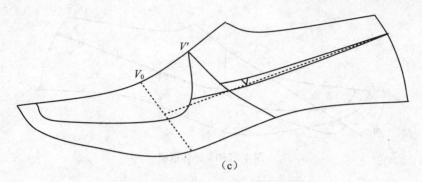

（c）

图 4-248 深头女鞋不对称变化设计图解

1. 楦型

方头或偏头楦：女 23 码，$L=240\sim242$mm，I 型半，$S=218.5$mm，各种跟高均可。

2. 帮结构

外侧连体，内胆、舌整体，或内后帮分开，前、后帮衬里。

3. 镶接关系

从图可看有两种设计图例，一种是内侧连同胆、舌是整体；另一种可看成是胆与围子分开结构，而胆的造型可按楦头设计或偏头型。

4. 内侧连胆、舌图解

（1）从图中可以看出，内、外怀是一种不对称结构，相差较大；所以在设计上最好能采用立体设计法，把楦全粘贴后在楦面上将全部部件画出，使其定型后，用介刀将背中线分开，并取出贴到平面上，分别在内、外怀上完成取跷后，将背中线合拼，既还原为整体。

这里我们是从平面设计上解释。首先确定外怀的造型设计，并按背中线将内怀单边复出，根据外怀的线条走向，按设计要求，把内怀部件画出，注意内、外部件的连接性，如图 4-249 所示。

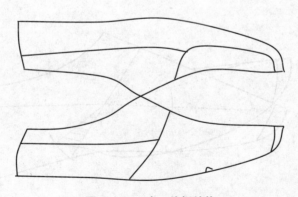

图 4-249 内、外怀结构

（2）从图看出内、外为不对称，故要分别来处理。

①外侧。从外侧可看出图分为胆与围两部件，这样可将前帮作降跷，把后帮升跷来处理；也可围子不动，胆作降跷处理，过程和步骤如前所述，如图 4-250 所示。

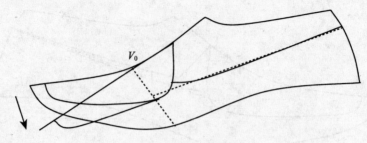

图 4 - 250　外怀取跷

从图 4 - 250 的胆、围处理后，特别是在工艺跷处理完后，你会发现围子的前头会太尖，这样要对其继续处理工艺跷，如图 4 - 251 所示。

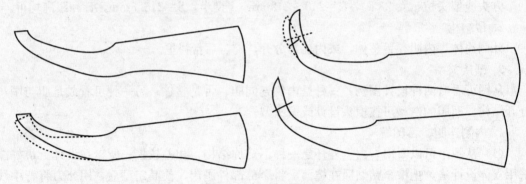

图 4 - 251　围工艺处理

②内侧。内侧前头可视为整体：把它转换成一直线时，作转换取跷，在处理中线长度时，内、外可视情况来互补，但在完毕后，必须背中线长度要一致，才能起对称作用，如图 4 - 252 所示。

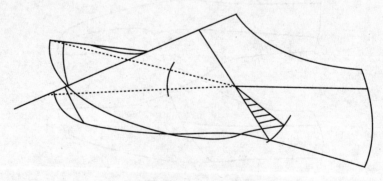

图 4 - 252　内怀取跷

③外、内两侧处理后，将两段中线合拼即可，如图 4 - 253 所示。

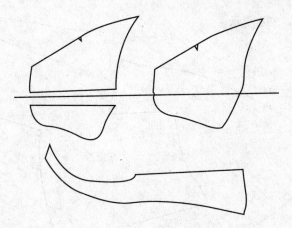

图 4 - 253 展平处理

（3）样板的剪取。

①划线板如图 4 - 254 所示。

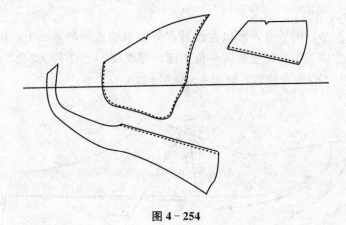

图 4 - 254

②开料样板。注意开裁时，围子的长度应转换宽度或偏斜角来对材料进行剪裁，因其长度变短，如图 4 - 255 所示。

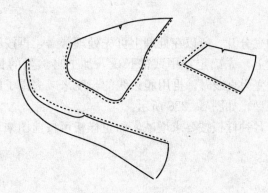

图 4 - 255

③里样板如图 4 - 256 所示。

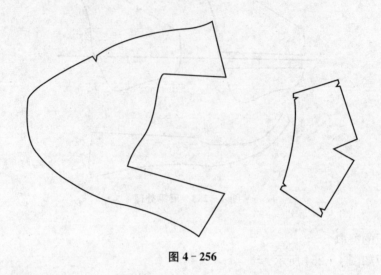

图 4 - 256

5. 围与胆分离图解

（1）由于有胆型，围分开，所以在设计好外侧单边造型的基础上，再绘画内侧图形，可用单边平面来完成。胆前深按楦前头角来定，宽度在 O 点下降 10 毫米左右，按楦边来绘画，注意内侧按 OQ 线来绘画，如图 4 - 257 所示。

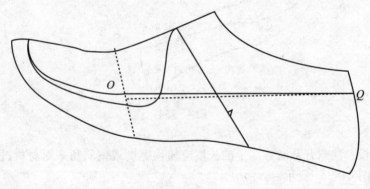

图 4 - 257

（2）由于胆与围独立分开，所以在处理上可先处理帮盖，再按胆的尺寸来处理围及其工艺跷；而在胆的处理上，先确定背中线的长度，加上自然量的长，使其保证原中线不变，这样在 AV 的中线变为直线时，再用胆边线的长度来减去围子的长度，再减去其工艺量和按胆型画出围的造型，如图 4 - 258 所示。

（3）样板的剪取。各种样板按要求增减，而里样板可按前图来设计。同时，在此基础上可变化出多种图例。

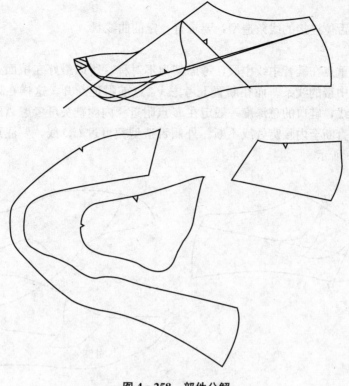

图 4 - 258　部件分解

四、深头女鞋不对称变化设计实例二

深头女鞋不对称变化设计如图 4 - 259 所示。

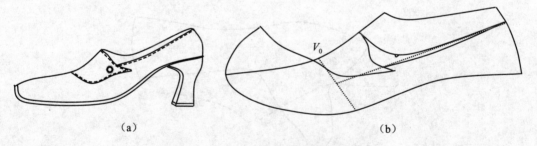

（a）　　　　　　　　　　　　　（b）

图 4 - 259　深头女鞋不对称变化设计图解

1. 楦型

各种舌式楦：女 23 码，$L=240\sim242$mm，Ⅰ型半，$S=218.5$mm，中跟或高跟。

2. 帮结构

鞋头连外帮，内侧连鞋舌，前帮衬里或后帮衬里，舌里。

3. 镶接关系

内侧叠外帮，内怀可断开，舌位车缝可车魔术带或车固定位，外加装饰扣。

4. 特殊要求

注意内、外舌位连接的线条造型，要求有一定的曲线状。

5. 步骤图解

（1）本图着重点在鞋背中线中段，考虑其为不对称，所以最好在楦面上采用全贴楦的形式来设计前、中帮的线条。而在断置上考虑 V_0 点前附近断开，这样在处理上可将分为前、后两段对接线，鞋口的总深度一般定在 E 点附近。内侧鞋头可考虑 AH 的 $1/2$ 处。内怀可根据鞋口线直断至内腰窝处或不断。外侧舌造型宽可过 OQ 线，要注意整体造型及比例，如图 4 - 260 所示。

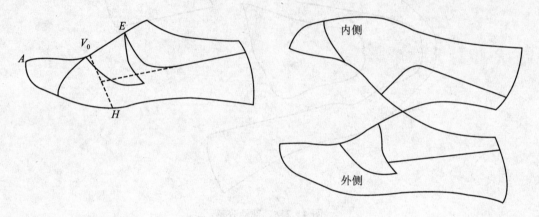

图 4 - 260　内、外帮结构

（2）从内、外帮分析得知，背中线分为前后两段，这样可直接用背中段，分别先剪出各自部件，并作取跷处理，然后分别各自作对称处理，这样就能得出内、外帮部件，如图 4 - 261 所示。

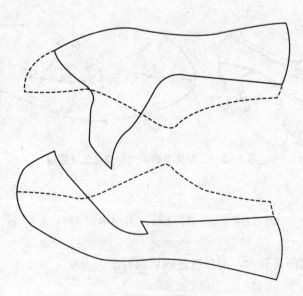

图 4 - 261　内、外帮结构

（3）样板的剪取。

①划线板，如图 4 - 262 所示。

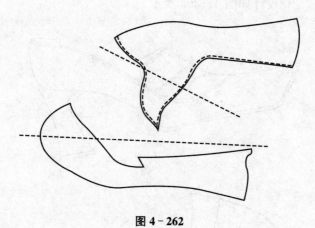

图 4 - 262

②开料样板。外侧可视工艺要求变化尺寸，车缝魔术贴或车死定位，如图 4 - 263 所示。

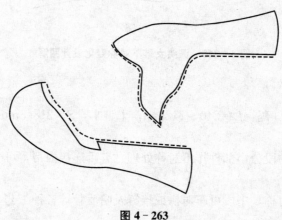

图 4 - 263

③里样板。由于考虑内、外不对称，假如按划线板形状来定，鞋头在穿着时不舒服，所以按背中线分前、中、后三部件，如图 4 - 264 所示。

图 4 - 264

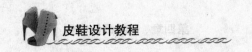
五、深头女鞋不对称变化设计实例三

深头女鞋不对称变化设计如图 4-265 所示。

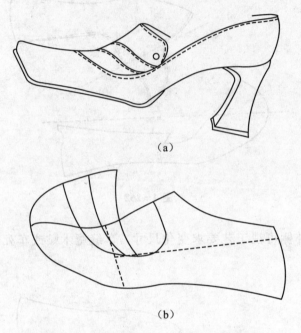

（a）

（b）

图 4-265　深头女鞋不对称变化设计图解

1. 楦型

各种舌式楦：女 23 码，$L=240\sim242mm$，Ⅰ型半，$S=218.5mm$，中跟或高跟楦。

2. 帮结构

鞋头连接外帮，中段分小部件作不对称处理，鞋舌连接内帮，可变口型。

3. 镶接关系

外帮叠缝内侧不对称，中段可车对拼或接缝及暗反骨等各种工艺。

4. 特殊要求

主要是在鞋头连接外帮的连接位上的曲线要求，注意将整体线的造型特征明显地反映出来。

5. 步骤图解

（1）从图解中可看出部件较简单，主要是外帮线的走向上，再加上在 V_0 点附近有断置部件，所以在鞋头的断置上，可考虑在 AV_0 的 1/3 等份上，鞋头内侧在 AH' 的 1/2 处开始，而口型按浅口鞋口型画出，但要注意与鞋舌及中段断置线的走势；由于内、外为不对称结构，所以最好在楦上完成线条的绘制，根据背中线对称部件，如图 4-265 所示。

（2）在图 4-265 中看出在 V_0 点附近断置的部件，将前段看成整体，将后段也看成整体，分成两大部件来处理，即根据定位取跷来完成跷度取跷，让其分别打开后再细分成各自独立部件，如图 4-266 所示。

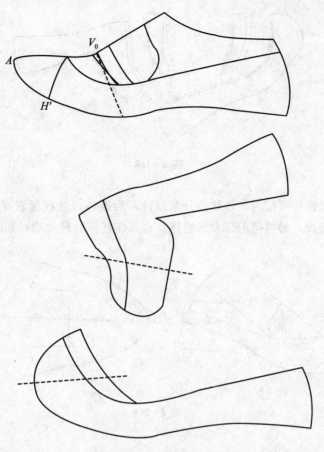

图 4 - 266 内、外处理

（3）样板的剪取。

①划线板，如图 4 - 267 所示。

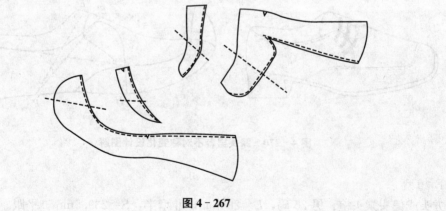

图 4 - 267

②开料样板，如图 4 - 268 所示。

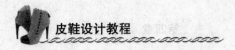
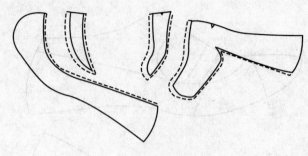

图 4 - 268

③里样板。里样板可按内、外帮分开来设计，后连体，这在穿着有伤脚面及车缝反映到鞋面上，有碍美观。另可把前部看成整体，将其作转换后跷处理，如图 4 - 269 所示。

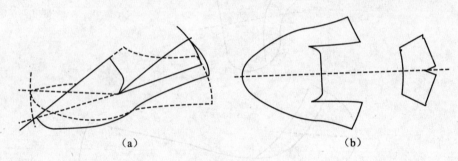

（a）　　　　　　　　　　　（b）

图 4 - 269

六、深头男鞋不对称变化设计实例一

深头男鞋不对称变化设计如图 4 - 270 所示。

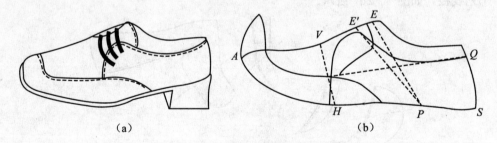

（a）　　　　　　　　　　　（b）

图 4 - 270　深头男鞋不对称变化设计图解

1. 楦型
方头或偏头素头楦：男 25 码，L＝265mm，Ⅱ型半，S＝239.5mm，平跟。

2. 帮结构
前帮不对称，外耳帮带，鞋舌可连胆，前帮衬里、耳里和后帮衬里。

3. 镶接关系
前帮外侧叠内侧，前帮在内侧可断，内耳叠中帮，外围叠后耳，舌可连前帮或在鞋带

处断开。

4. 特殊要求

前帮不对称的部件在线条的走势要按楦头梭边线走，内侧上可变动，而中帮内侧要注意连接的要求，鞋筒口可连接边或连捆边工艺。

5. 步骤图解

（1）由于本款是不对称结构，所以先设计出前帮部件，可利用楦面上立体设计来定，也可利用平面来对称设计，线条按楦型或按款式要求来做，如图4-271所示。

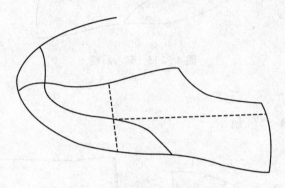

图 4-271 前帮不对称结构

（2）在前帮确定后，再确定中帮耳部件及后帮；在 VE 背中线上分 3 等份找出 E' 点，分别连接 $E'P$、EP 线，即帮耳在此范围内确定，后根据耳位在背中线上后移 8～10 毫米，将舌长度确定，舌宽一般不小于 30 毫米，画至耳位的边线后移 10～12 毫米处，如图4-272所示。

由于考虑到在后帮部件以上耳位是对称，下半部件不同，所以在设计内侧时，先将外侧耳部件用样板复出，利用对称原理，把内侧的耳位画上，再利用耳位画出内侧断位，这样就可把内帮画出，再处理鞋舌即可剪裁部件，如图4-272所示。

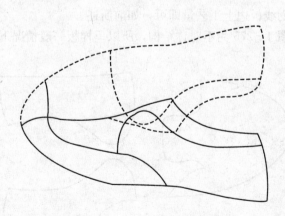

图 4-272 内、外不对称结构

（3）从图4-271和图4-272中可看出，鞋舌在经过鞋耳后，可在1/3处断开式与鞋头连在一体，这样在处理上，可利用转换取跷将鞋舌后降处理，这样可清除前帮不对称时

的部件，如图 4-273 所示。

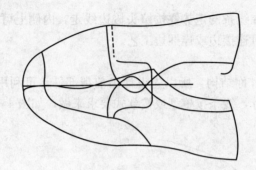

图 4-273　鞋舌后跷

（4）样板的剪取。

①划线板，如图 4-274 所示。

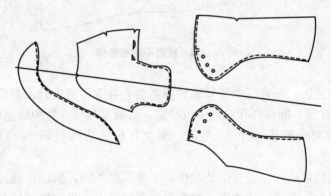

图 4-274

②开料样板。按划线板边上工艺量即可，如前所述。

③里样板。由于图 4-275 为不对称结构，所以里样板一般情况下都要依划线板来定。

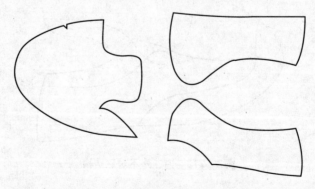

图 4-275

七、深头男鞋不对称变化设计实例二

深头男鞋不对称变化设计如图 4 – 275 所示。

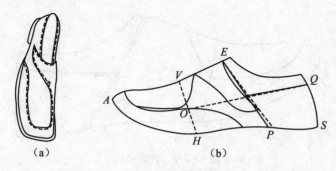

图 4 – 276 深头男鞋不对称变化设计图解

1. 楦型

偏头或方头素头楦：男 25 码，$L=265$mm，Ⅱ型半，$S=239.5$mm，平跟。

2. 帮结构

鞋围子不对称，胆连外帮、内怀、外里，内后帮衬里，加魔术带。

3. 镶接关系

围压胆，外横带叠内侧，内车魔术带，围子压内帮。

4. 特殊要求

围的外帮尽量往外腰窝处，内围在 O 点附近开始连外帮，注意横带与围要有连贯线状，内帮在部件连接上可考虑断开或连成整体。本鞋最好采用立体设计法完成楦面设计。

5. 步骤图解

（1）由于是不对称结构，所以在楦面上完成设计过程，用介刀将背中线分为内、外两个半边格，再根据处理原理对其作取跷，处理后把中线对拼即完成图纸的处理过程。

在设计上，先对外帮进行设计，根据楦前头角位定出胆前位置，再根据 O 点定胆宽度，围子在考虑整体造型上，一般延伸到外腰窝处，而口型的长度在 E 点附近确定，横带在中帮上确定，横带尾至帮脚处一般 10～15 毫米，后跟高定为 60 毫米，如图 4 - 277 所示。

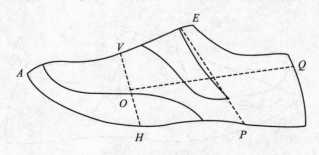

图 4 – 277 外帮结构

内帮的设计，按外帮的基础图进行；先根据胆型绘画内侧，注意内、外侧宽度的区分，在中帮与外侧横带连接上，注意有一弧度曲线，要顺其线样走向来勾画，内怀可考虑断开，如图 4-278 所示。

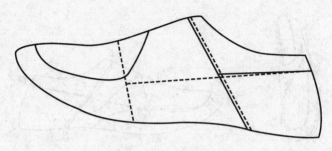

图 4-278　内帮结构

（2）处理。在分析图中线条走向得知，外帮较复杂些，所以先处理外帮，再转回内帮。根据转换原理，将 $V'V$ 背中线延长成一直线，将胆 A' 点下降至直线上，将自然量 Σ 加长，使 $A_1V=A'V+\Sigma$，根据胆的宽度画出其整胆型，使 VE 相对宽度的后帮不变，来减少胆边的长度；再根据胆边的长度，用 5 毫米为一小格，从 A_1 量胆边的长度，至与围长相交点 O'。根据格的多少来反转向围的前面量取其相等格数，截取围的长度作工艺量处理，如图 4-279 所示。

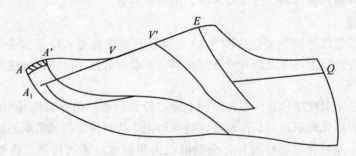

图 4-279　外帮胆的处理

同理，将内帮来处理：首先确定其中线长度一样，把胆转到中线上，再根据原理将帮盖转换，根据胆边的长度减围子的长度，即得出部件，如图 4-280 所示。

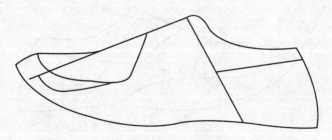

图 4-280　内帮胆的处理

（3）根据鞋内、外帮处理结果，分别先用鞋样板剪取对称鞋部件，再分别用中线作对称，即可得出各自部件，如图 4 - 281 所示。

图 4 - 281　内、外部件

（4）样板的剪取。

①划线板，如图 4 - 282 所示。

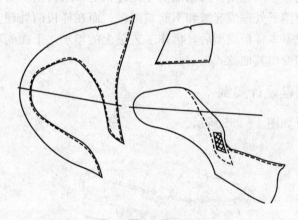

图 4 - 282

②开料样板，如图 4 - 283 所示。

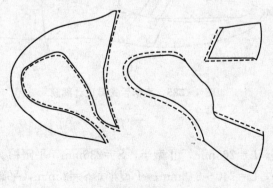

图 4 - 283

③里样板，如图 4 - 284 所示。

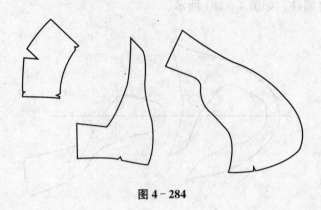

图 4 - 284

第六节　假包底鞋设计

假包底鞋主要是在手工绷便鞋的基础上变化过来的，结构主要为帮盖与围子，在处理上主要按工艺要求对围子处理成起皱和不起皱两种；而在样板的处理上，主要是对基本样板进行剪裁，待完成基本样板成型后，再作工艺量上的增加，下面先对平帮进行分析、描述，再在此基础上演变出其他款式。

一、直帮舌式鞋设计实例

直帮舌式鞋设计如图 4 - 285 所示。

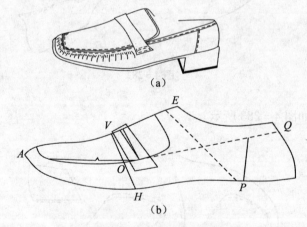

图 4 - 285　直帮舌式鞋设计图解

1. 楦型
舌式楦：男 25 码，$L=265$mm，Ⅱ 型半，$S=236$mm，平跟楦。

　　　　　女 23 码，$L=240\sim242$mm，Ⅰ 型半，$S=25$mm，平跟楦。

2. 帮结构

围子、胆、舌、横带，后包内外整体捆边条。

3. 镶接关系

胆与舌可连整体，后包叠围子，胆与围穿线，横带叠围，可车缝式穿线连接。围的筒口必须加强带车缝。

4. 特殊要求

里子可与面板同步设计。横带一般不超前于 V 点，围子可设计成起皱或变为不起皱鞋。

5. 步骤图解

(1) 胆、围设计。从楦型分析中得知，此类舌式楦前头有明显的胆型，楦的梭角较明显，一般较偏前，故胆的前端定位在男 19～22 毫米，女 16～19 毫米，主要看楦型。由于考虑鞋后帮是直帮或有橡筋结构，所以胆的宽度在 O 点处经过，直至将 Q 点设计成直线。另考虑是浅口鞋，故后高跟一般到男 65 毫米，女 60 毫米，如图 4 - 286 所示。

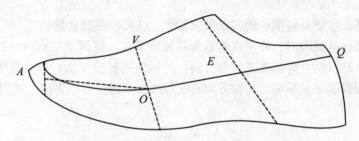

图 4 - 286 围、胆设计

(2) 其他部件。帮盖带前端线一般在 V 点之后，带中段一般男 25～30 毫米，女 20～25 毫米，两侧宽度比中间宽 5～10 毫米，横胆带中间在背中线上上升 2～3 毫米作弯曲量，下边在 OQ 线的基础上下降 10～15 毫米。

鞋舌长度在 VE 分为 3 等份的 E' 点附近确定，宽度在垂直线的基础下降至后帮线上，不得小于单边宽 30 毫米，舌与胆在横胆带的中间可断开或不断开，要由工艺来确定。

后跟在后弧中线上，Q 点前移 30～35 毫米，绘画至帮脚处，但注意后帮脚不超过 P 点或鞋跟前面，跟争高为 65 毫米，接 QD 连直线打开对称后帮，如图 4 - 287 所示。

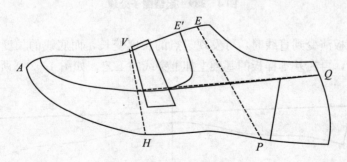

图 4 - 287 部件

按上图分别制取各自部件的基本样板，由于鞋款是穿线，所以在基本样板的围和胆上，确定三点的位置，用作其定位点，并在围上标出横胆的定位，如图4-288所示。

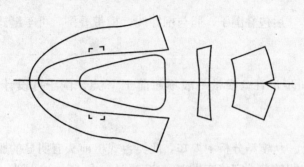

图4-288　部件展平

（3）样板的处理。搭线主要是对基本样板进行处理，而关键是围子的处理，可分为起皱和光身两种。

①起皱围子。主要是将围子的三点长度加大，就可出现皱褶量。

起皱的量是保持横胆内、外两点到后帮的长度不变，将围子三点内的控制范围用剪刀剪多个口，一般是以垂直为标准来打剪方向，将内线的长度加大，即主观皱纹的量，可在直线上处理，假设起皱量不够，再按方向转变位加大，待量合适为准，如图4-289所示。

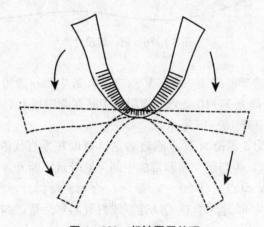

图4-289　起皱围子处理

当将基本样板演变到直线时，可发现三点的长度变长，而底线的长度会不变，这样就可出现起皱的量，再在基本样板的基础上加上穿线的工艺，如图4-290所示。

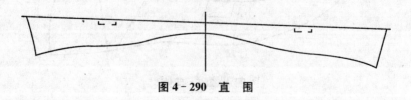

图4-290　直　围

②光身围子。就是将三点围的长度保持不变，把底线的长度减少。利用基本样板，用剪刀从底线向上剪开多个口子，保证格的宽度按每小段来还原直线上。将底线的量作重叠处理，把底线长度变短，就可得到直线格，如图4-291所示。

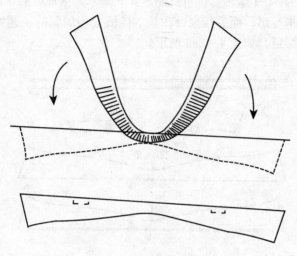

图4-291 光身围子处理

（4）穿线量的处理。本图的搭线工艺是作为单一的一种基本方法，我们在此基础上，可变化出多种搭穿工艺。设计孔数，应先从胆上开始，再根据胆上的数目，在围子上设定相同的数目，一般以三点不变为原则，可还原到原来的图纸。

①胆的设计。首先将基本样板画出，并确定其中线和相对应的三点，胆有对称或分出内、外怀区别两种，不管哪一种胆型，都必须以中点向两边量取的方向来设定点孔，孔距为5～7毫米，女鞋和童鞋一般为5毫米，大码鞋和男鞋及粗线可定到7毫米，注意是以线内来设定的，不得超出三点范围，在最后到定点时，可调整其相应的距离，在基本样板的线上加3～4毫米的工艺作保护量，而在最后一点的工艺量，要延长5毫米作保护定点量，后舌可加上折边量或作剪齐处理，如图4-292所示。

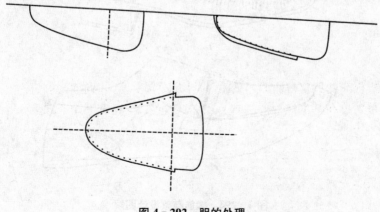

图4-292 胆的处理

②围子的设计。先将基本样板画出，根据胆设计所得的孔数，在围子的三点范围内，在线上标相同数目，最好在中点上开始，向两边分别来量取各点；围子要起皱的，围子孔上的数距应比胆距要大，因其长度增加；而围子不起皱的，胆距与围距应相同。围子的工艺量与胆增加量相同为 3～4 毫米，也可比胆多 0.5 毫米，因成鞋后，胆在内，围在外，在外观上可看出有一种平行感；而后帮也可在基本样板上相加胆的工艺宽度量，并标出各自定位点，及所有的绷帮量，如图 4 - 293 所示。

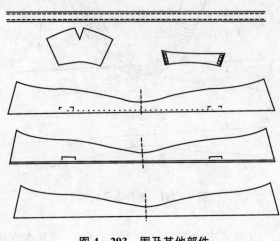

图 4 - 293　围及其他部件

二、橡筋鞋款设计实例

橡筋鞋款设计如图 4 - 294 所示。

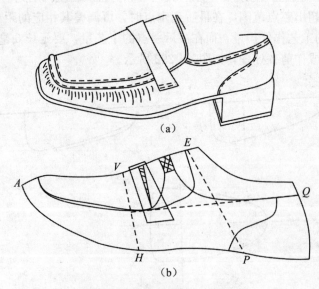

（a）

（b）

图 4 - 294　橡筋鞋款设计图解

1. 楦型

舌式楦：男 25 码，$L=265\text{mm}$，Ⅱ型半，$S=236\text{mm}$，平跟楦。

女 23 码，$L=240\sim242\text{mm}$，Ⅰ型半，$S=215\text{mm}$，平跟楦。

2. 帮结构

围、胆、舌、横带、橡筋、后包，捆边条。

3. 镶接关系

胆舌可整体或断置，胆包围穿线，横带两侧可穿线或车缝，后包叠后帮。

4. 特殊要求

面、里可同步，或在后包处另断置；胆设计上有两排孔数，内孔在前面转变处，孔距要偏少，因考虑两排孔在弯度上有内外之分；围子可分起皱或不起皱两种，胆偏前，跟楦型角度，胆宽在 O 点上经过，后包对称。

5. 步骤图解

（1）胆、围的设计。本图例的设计，基本上与前直帮图一样，区别为橡筋。胆的前端接楦梭角定深度，比较靠前，宽度在 O 点附近经过，如图 4 - 295 所示。

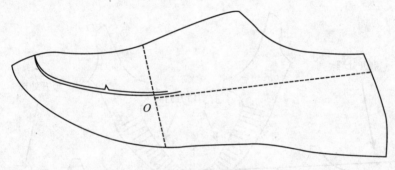

图 4 - 295　胆、围设计

（2）其他部件。

①横带的设计一般在 V 点后确定，橡筋类较直帮偏后，两侧带也是在 O 点后移 $25\sim30$ 毫米确定，注意与鞋舌配搭。

②鞋舌的后端点在 VE 分为 1/3 处的 E' 点附近确定，舌宽在其宽的 1/3 与垂直线之间确定，直到延到 O' 点上。

③后帮的设计在鞋舌确定后，橡筋位前移 $15\sim20$ 毫米来确定，橡筋宽一般 $15\sim20$ 毫米，单边长度为 15 毫米，成型总长度为 28 毫米，比原设计短，后帮线在鞋舌的角度下通过，前端画至 O' 点之上。后帮线在 QO 线上前移 $25\sim30$ 毫米，按照造型要求画出后跟型，直转画至 P 点之前。

（3）图纸的设计。分别制取出各自的部件，注意剪取的是基本样板，而胆的设计是偏窄，胆与舌可连成一体或断开，如图 4 - 296 所示。

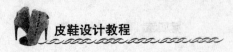
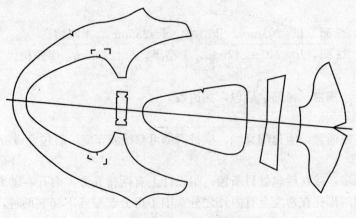

图 4-296　部件展平

从图 4-296 得出各部件，其他部件不要变动，主要是对围子作处理，如图 4-297 所示。

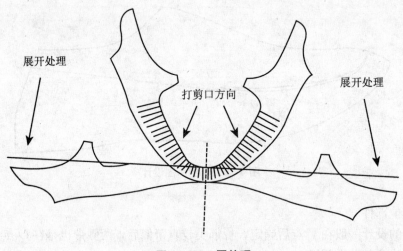

展开处理　　打剪口方向　　展开处理

图 4-297　围处理

（4）穿线工艺量的处理。本图的搭线要求是用胆来包住围子，从面上看只有双排孔线，而在底上看是十字相交法的穿线工艺。故也是先从胆上开始设计，再根据胆数来确定围子的量。

①胆的设计。首先确定胆的三点位置，胆是对称的只画单边，不对称内、外都要画出。先从中点向两侧量取 5～7 毫米的孔数；由于本款是双排孔数，故开始转弯位的孔数要密些，一般不得小于 2.5 毫米，两侧均匀即可，孔打在线内。在基本样板上，在三点的范围内加上 12 毫米，在三点垂直的位置上先确定三个孔位，按内线的孔数，相应地打出其相同孔数，要平均确定，再在此基础上，加上 3 毫米的保险工艺量，注意最后的两点不变，而保险皮要加到 5 毫米，如图 4-298 所示。

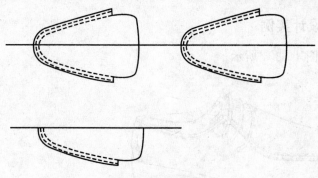

图 4－298　胆设计

②围子的设计。围子孔数在基本样板上，以胆的孔数为依根据，中点为基础，向两侧量取其数目到三点为准，不得超越两点的定位，其做法可以直帮鞋作参考，再加 3 毫米的工艺量调整样板及加绷帮量，如图 4－299 所示。

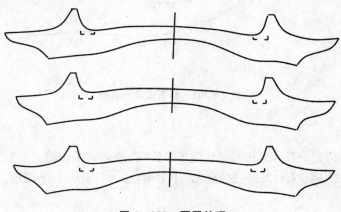

图 4－299　围子处理

从图 4－299 可得出，当前帮围与胆连成一体时，中间要穿线，可根据过程来演变出另一鞋款，如图 4－300 所示。

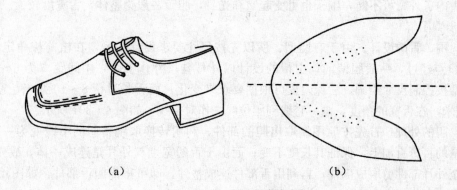

（a）　　　　　　　　　　　　（b）

图 4－300　胆、围连体变化

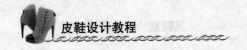

三、帮带式设计实例

帮带式设计如图 4 - 301 所示。

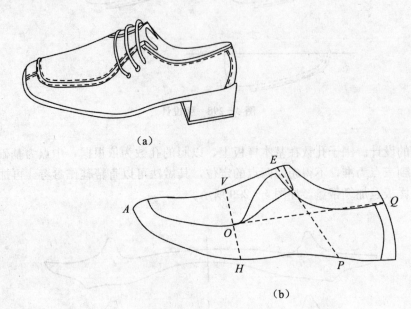

（a）

（b）

图 4 - 301　帮带式设计图解

1. 楦型

舌式楦：男 25 码，$L=265$mm，Ⅱ型半，$S=236$mm，平跟楦。

　　　　女 25 码，$L=240\sim242$mm，Ⅰ型半，$S=215$mm，平跟楦。

2. 帮结构

围子、胆、舌、捆边，后保险皮，前帮衬里，跟里。

3. 镶接关系

胆包围子搭线，围子分内、外筒口捆边，后跟内外车缝拼线后，再加保险线。

4. 特殊要求

鞋头内、外帮可不断，围子也可变起皱和光身，胆舌一般为整体，舌宽度较大。

5. 步骤图解

（1）围、舌的设计。由于有胆型、所以先按尺寸要求设计胆型，在楦前梭角定深度，宽度在 O 点经过，一般胆偏前；中帮的设计以外耳鞋尺寸作参考，中间距离为 6～12 毫米，后帮按控制尺寸绘画，后保险皮可根据要求来变化；而舌长过帮 8～10 毫米，宽单边定 30 毫米，在舌宽的角度，画一直线到胆位线，作对折线，如图 4 - 301 所示。

（2）胆的处理。首先按原图制取出胆的部件，利用转换取跷将胆的中线变为一直线，将自然量的百分百加上，保证其长度不变；而由于舌的宽度与外耳是连成一体，故先将舌的直线至外耳部件剪取成部件，再利用舌部件连成整件，即可得出胆舌部件，如图 4 - 302 所示。

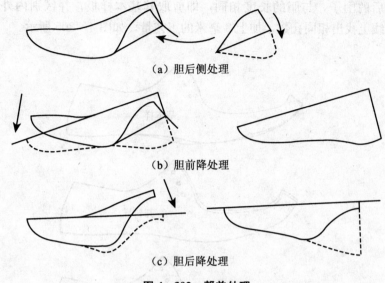

（a）胆后侧处理

（b）胆前降处理

（c）胆后降处理

图4-302 帮盖处理

另一种处理方法是按胆型来画出，将舌部件作后跷处理，将自然量加上，保持背中线不变，根据胆型顺两侧直画至舌的宽度上，这样可看出其胆、舌连顺的结构。

从图4-302得出胆的形状，这样可根据前面所述胆的孔数尺寸和要求来设计其工艺量，如图4-303所示。

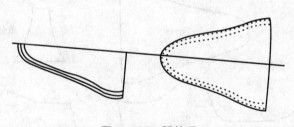

图4-303 胆处理

（3）围的处理。从图解上看出，胆经过处理后，其原背中线长度不变，从而使胆的边线变短，这样，围子必须按胆边线的长度来相应减短，这可出现围子的工艺跷度，如图4-304所示。

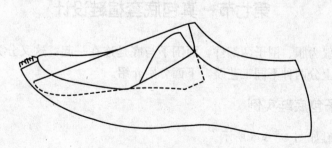

图4-304 工艺跷的取跷

经过处理后的围子，与胆的长度相同，即剪取其基本样板，并区别内外；按胆内孔数，在围子边线上找出相同孔数，加上 3 毫米的工艺量，如图 4－305 所示。

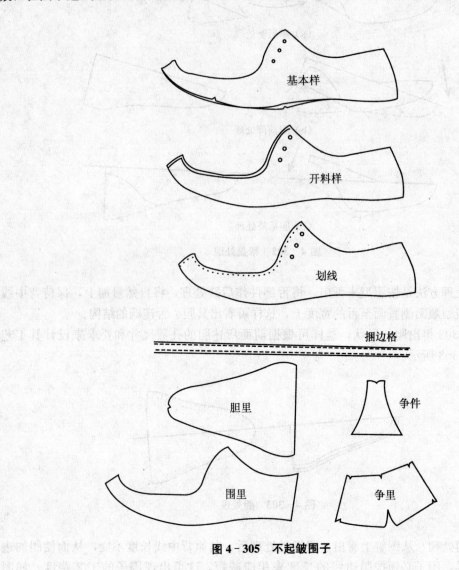

图 4－305 不起皱围子

第七节 真包底套楦鞋设计

真包底鞋一般为胆、围子两部件，而围子与底是连在一起，这又分为皱围子和光身围子两种，在处理上分两种不同工艺跷，下面分别介绍。

一、皱围子包底鞋实例

皱围子包底鞋如图 4－306 所示。

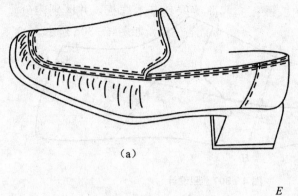

（a）

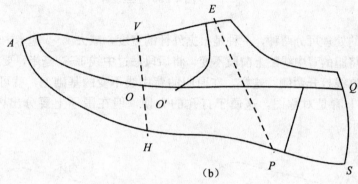

（b）

图4-306 皱围子包底鞋

1. 楦型

舌式楦：男 25 码，$L=265mm$，Ⅱ型半，$S=236mm$，平跟楦。

女 23 码，$L=240\sim243mm$，Ⅰ型半，$S=215mm$，平跟楦。

2. 帮结构

围子、帮盖、后跟、捆边、捆边加强带车缝。

3. 镶接关系

胆与围子搭线，可根据工艺要求变换穿线方法，后跟叠前身、舌和筒口车缝捆边工艺。

4. 特殊要求

胆与围的三点定位必须要准确，同时在穿线开始及结束时必须要用线锁住其定位作加强，而鞋里一般可根据划线板来设计，筒口要车加强带，同时套楦成型时样板长度比楦长度要少半码。本款要求在楦面上完成立体设计过程。

5. 步骤图解

（1）帮盖的设计及处理。款式设计可用立体和平面来完成，所以不管哪种方法，都必须先设计好帮盖，而在处理上可根据平面单边来完成帮盖。尺寸帮盖深浅按 16～19 毫米参考。在楦上按楦棱角来定，宽度按 O 点来定，鞋舌按 VE 的 $1/3E'E$ 之间来确定，舌宽不得小于 30 毫米，一般可到帮线上，而舌的定位到 O 点为 30～35 毫米，如图 4-307所示。

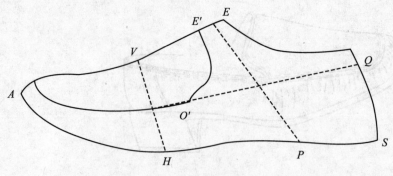

图4-307　胆设计

帮盖的处理可分两种，一种是根据外怀的宽度，减去1~5毫米内怀，而另一种是先画一条线，将胆的背中线贴上前段不变，将后段贴过中线1~2毫米，要求为一直线，让先前直线作对称线打开两侧，这样，在原胆的背中线不变的基础上，就可看出内、外怀区别，而在单边上看是对称图，这便于打孔的方便，但在围子上要分出内、外怀区别，如图4-308所示。

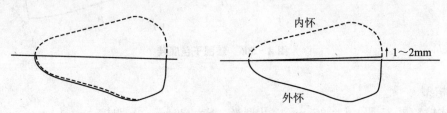

图4-308　胆的处理

（2）围与底的立体设计及处理。当胆型确定后，由于围与底是连在一起，在设计及处理上有两种方法，一种完全利用全包楦的立体设计法来完成，另一种是包贴内、外侧，利用楦底格与楦面的边缝来先确定公共定位点，将根据单边来转换成一整体。

①全贴楦法。首先用牛皮纸或25毫米宽的美纹纸将楦底、面全贴住，牛皮纸在楦底上要光滑、平伏，同时胆的两侧定位点到后帮也要平顺、贴伏，将整张牛皮纸全包住楦体，将皱褶量尽量往鞋头方向靠；注意在鞋头包纸时，要与楦底成垂直方向包，把量均匀地分开，做到要细分量，重叠量不能太大；而在帮盖的两侧定点后，O点到后跟长度上，要用多层纸贴固，不要让其长度变大，内、外侧筒口的长度最好要相同，使其相差不要大于3毫米，这样在帮盖的三点上不变，围的三点长度在处理上将会变长，即可出现围的皱纹量。

围全贴后，利用胆的原中线，贴到楦的中线上，这样胆在对称样板不变情况下，围就会出现内、外怀区别，而胆的孔数只可处理单边，打开两边是对称效果；围就根据设计图来打开纸样，就可出现围子楦底连成整体的基本样板。

由于此类套楦鞋是半包底。所以将楦底长分2等份。后半部分不要超过其1/2处，或不得超越脚的前掌凸度点，周边留15毫米作绷帮量，如图4-309所示。

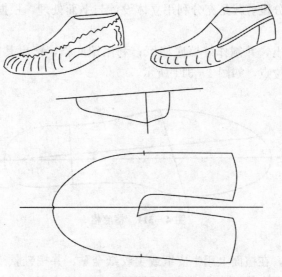

图 4 - 309　围的处理

假设用美纹纸贴楦，则将楦面全包，要多包贴其长度和宽度，使其不变形；利用胆样板的原中线贴上楦背中线，将胆型和围型完全绘画出来，或将整款鞋图绘画出来；用介刀将多余废纸介去，同时介出帮盖与围的分界线，再用介刀在围的三点范围内，垂直于楦底方向介出多条直线，让围打开后，与底连成整体，即可得出围子介开的量，会使围子三点的长度变长，再根据围子的处理，把其余各量用线连上，即变为基本样板，如图 4 - 310所示。

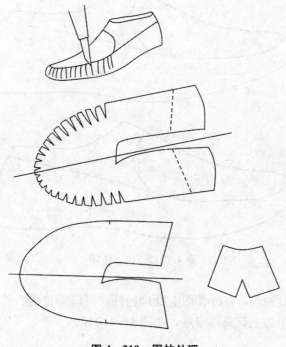

图 4 - 310　围的处理

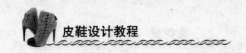
②分段处理法。分段剪裁是充分利用立体设计与平面处理，根据要求分别处理各自的特点。

首先将楦底样复出，并制作好楦底格纸；利用楦底格，标出其中轴线、分踵线、1/4线，第一、第五跖部位点，如图4-311所示。

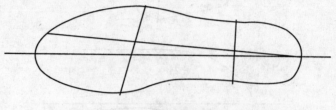

图4-311　楦底格

根据立体设计法，在楦面上用牛皮纸或美纹纸全贴，并按鞋款绘画出图形，用介刀将多余纸削去，同时将背中线、楦底边线、后跟弧中线用刀介离、使其分别得出内、外怀半边格；要切记分离前将楦底格的第一、第五跖部位点，1/4线两侧点与楦面内、外侧作记录定点，让处理时有依据，如图4-312所示。

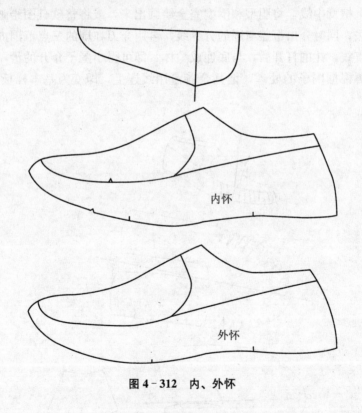

内怀

外怀

图4-312　内、外怀

还可利用平面设计原理，在外怀图上处理内怀，可以得出内、外怀半边格，这里的定点先确定外侧，再在单边上调整其定点，如图4-313所示。

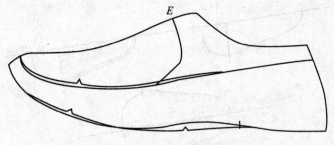

图 4 - 313 内、外怀区别

上述我们已将划线板和底格分别制取并剪成样板，这样可将各样板画出，在楦面底各定点的基础上，互相对拼，把划线板的前部分转换到楦底边线上，使其边线还原，利用划线板前段的宽度，转到楦底边上，使其原宽度不变，即可变换为整体基本样板，如图 4 - 314 所示。

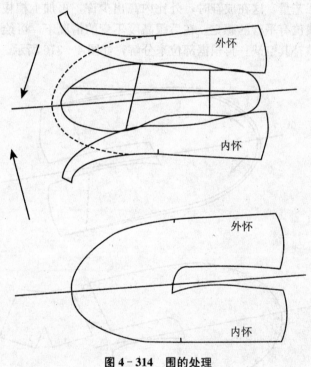

图 4 - 314 围的处理

（3）工艺量的处理。

①帮盖。帮盖的处理是在基本样板上进行，视搭线工艺的要求来演变。按一般搭线工艺来设计。由于帮盖格是对称的，故在单边上，在其三点的范围内，从中心点开始，向两侧量取 5～7 毫米尺寸的孔数；注意在线内上打孔，然后在线上加 3～4 毫米的保险量，保险量须过两侧定点的位置后 5 毫米左右；舌位可视折边或剪位增加折边量，如图 4 - 315 所示。

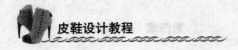

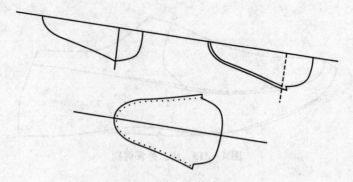

图 4-315 帮盖的处理

②围子。围子也是在基本样板上三点的范围内，根据帮盖的孔数，从中心点开始，分别向两侧确定其孔位数，必须胆、围数相同，由于围的内、外侧有区别，所以围孔距离的内、外不同，要按实际尺寸来测量；再在基本线上加上 3～4 毫米的工艺量，可根据要求围多出胆 0.5 毫米的工艺量，这在成鞋时，外比内高出少许，再加上楦梭位是一斜度，故从外观上看帮盖的搭线位有平行的感觉。在后跟高度不变的情况下，可绘画一直线到 3 毫米的工艺量上，使其填补其空缺；再根据部位来分解，如图 4-316 所示。

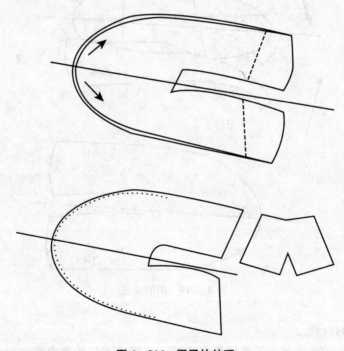

图 4-316 围子的处理

根据直帮包底鞋的设计原理，步骤，过程，可演变出多种鞋款，比如橡筋鞋，如图4-317所示。

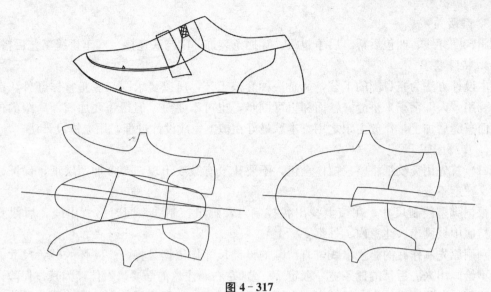

图 4 - 317

二、光围子包底鞋实例

光围子包底鞋如图 4 - 318 所示。

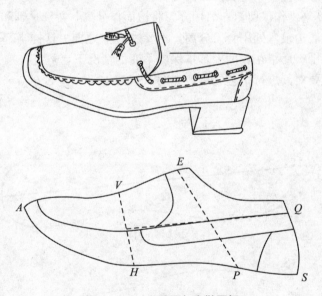

图 4 - 318　光围子包底鞋图解

1. 楦型

舌式楦：男 25 码，$L=265$mm，Ⅱ型半，$S=236$mm，平跟楦。

女 23 码，$L=240\sim242$mm，Ⅰ型半，$S=215$mm，平跟楦。

2. 帮结构

帮盖、围子、宽捆条，捆条穿花条，后包跟。

3. 镶接关系

胆、围穿线、捆包后帮，后争包跟，穿捆条装饰，围与底连接，底车拼缝工艺后搭线。

4. 特殊要求

本设计方法为光身围的工艺，又是一种套楦工艺，所以要求围与底是整体部件，在工艺上要用"人"字车来拼缝；鞋面和里可同步，也可不要里，但帮盖要加固，后跟的包皮可在面车缝后加上，作放主跟之用。本款最好在楦上完成设计过程，用立体设计法。

5. 步骤图解

（1）首先用美纹纸将整只楦体全包，不要让纸有皱纹出现，要多加两层纸，保证处理后长、宽度不变。

根据脚型控制尺寸，在楦上找出各控制点，画出控制线，同时将背中线，后跟弧中线、楦底中线画出（注意内、外都要标上）。

利用原先制作好的胆复出线，直帮鞋的设计尺寸作依据，将内、外怀的鞋舌尺寸，直帮造型绘画出来。后帮的捆条宽一般定 20 毫米左右，注意前面要舌位，因其作保险；而后包跟部件按要求设计，一般较少，主要作后跟保险，定型作用。在整个楦体上，分别记好胆、围的三点位置，这样，只要我们保证围长度分别一致，在穿搭线后也不会出现围子的皱纹。

（2）由于楦面上的部件保持不变，只有在楦底上想办法。故此，利用楦底线作参考，用介刀将其分离处理，但要在楦底前面两侧上作开叉处理，两侧长度一般 15～20 毫米，而在楦边约留 1.5～2 毫米作保留量；另用介刀将楦面作分离，特别是围和后帮线，同时将后跟弧中线，后跟楦底边最弯处用介刀分离，不要过 P 点之前。这样当部件取样出来后，楦面上三点不变，其围、后帮在长度上基本保持不变的情况下，宽度在展平过程中会出现工艺皱褶量，这样主要对其进行工艺处理，如图 4 - 319 所示。

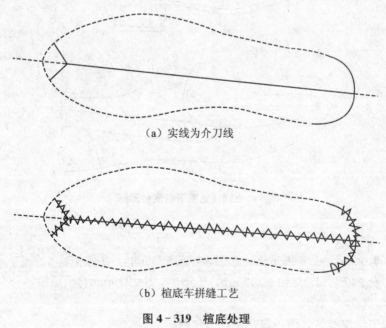

（a）实线为介刀线

（b）楦底车拼缝工艺

图 4 - 319　楦底处理

（3）鞋围处理。当楦面上的部件用介刀分别取出后，我们可分别粘到平面处理，细小部件可直接得出其基本样板。这里主要是对围子的处理，我们可将其看成整体大部件来处理，然后再分解出其他部件。

①在平面上画出坐标，横线画长些，一般按帮长度来画。

②将划线板的中线对准坐标原点，利用横坐标线来控制帮的后帮尺寸，按中线来确定划线板的定位；分别对两侧进行处理。

③在分别对内、外两侧操作中，在横坐标线上用手贴住帮面部件，使其三点长度保持不变，在贴的过程，美纹纸中间的宽度可能会出现皱褶量，这一般不用管，因材料会有延伸性，会自然消失，在操作过程中，整个原图会发生变形，这要求在样板的处理上，要多进行1～2次的复制，以及在试格过程中，作一定的修改。

④将原图处理完毕后，要用尺寸数根据来复检是否正确；围子与胆的三点长度要相同，内外两侧的开叉长度要相同，围子楦底中轴线内外要相同，后跟各自弯位的长度要相同，后跟弧中线高度内外要相同，如图4-320所示。

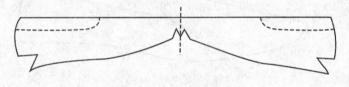

图4-320 围子的基本样

（4）其他部件设计。前面将所有部件的基本样板制取后，按搭线工艺要求来增加其工艺量；由于围子与底是连成整体，而帮盖与围子在搭线后不会出现皱褶量，所以楦底上用"人"字缝纫机车拼工艺，将底缝制成套楦模式。这样的套楦鞋就会变成光身搭线工艺，如图4-321所示。

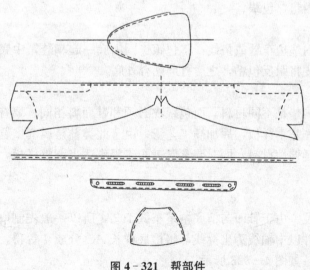

图4-321 帮部件

三、加洲鞋实例

这里所指的加洲鞋，是区别于前述制作工艺，它要求鞋面和内垫及中底一起在边线上车缝或搭线，而材料是不同质地的，有的利用内垫粘贴外底，有的在边线车缝上与增加包跟皮的材料一起车缝，然后在中底里加插全楦底的掌跟，再用包跟皮包之后，再黏合外底。可视工艺要求改变其设计方法，但原理不变。这里举一例，如图 4-322 我们可以从中推出其后款式。

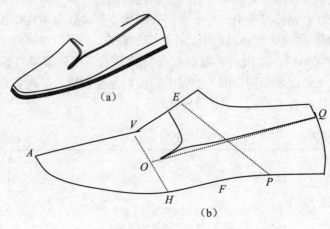

(a)

(b)

图 4-322

1. 楦型

男 25 码，$L=265mm$，Ⅱ 型半，$S=239.5mm$，平跟楦。

女 23 码，$L=240\sim242mm$，Ⅰ 型半，$S=213mm$，平跟楦。

2. 帮结构

鞋面，中底或内垫，包跟。

3. 镶接关系

鞋面与中底或内垫边车缝或搭线，将包跟连同面底一起车缝，中底面扫胶浆后把全楦跟型贴上，用包跟皮将跟反包粘，之后打磨贴合外底。

4. 特殊要求

鞋面与中底或内垫是不同材料，而包跟皮必须和鞋面料相同，要有整体感。在设计过程中，必须要先制作基本样板，后加插工艺量；由于此类鞋是属套楦鞋之类，材料要求较严，一般为不具有延伸性材料，同时要参照工艺流程作适当调整样板，达到与楦面相符的要求。

5. 步骤图解

（1）楦底格定位。由于鞋面与楦底格是车缝工艺，所以一般先制取楦底样板，在楦底样上画出中轴线，并以中轴线为坐标线，将楦底样长 AO 分成 4 等份，延长横坐标线至楦底边上，作好记号，如图 4-323 所示。

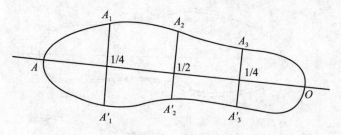

图 4 - 323　楦底格

（2）划线板。在楦底定好位后，在楦上可用全粘设计法，把楦面内、外粘上，并按鞋款绘画出线条，在楦底围边定出各定位标志点，使其划线板与底样周边长一致，楦面各点与楦底各点相一致，使得车缝时长短一致。

另一种可利用平面设计法，在半边格设计完后，利用背中线作对称，分出内、外怀。

不管是立体设计还是平面设计，划线板的底边定位，必须与楦底边的定位一致，这样才能符合车缝工艺，如图 4 - 324 所示。

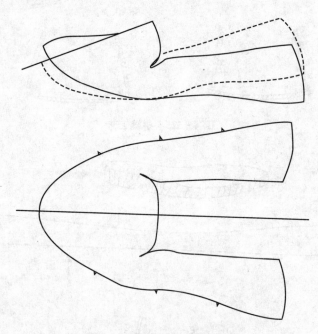

图 4 - 324　平面处理基本定位

（3）面、底的接合。当划线板和底格的基本样板完成后，我们可根据工艺要求来变化多种鞋款。其一是分别在底、划线板的底边线上同步增加 1.5～2.5 毫米工艺量，将其面、底互相对准定位点来车缝，即可变为套楦鞋款，外车、内车均可，或不加工艺量、直接车拼缝工艺，如图 4 - 325 所示。其二，在楦底内加插入全底跟型，用掌皮与楦底边车缝后反包掌跟，使之形成一种全包的造型，最后贴上外底。注意这样套楦工艺要根据材料的厚度来增减其工艺量，如图 4 - 326 所示。

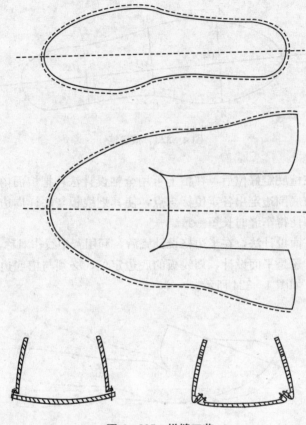

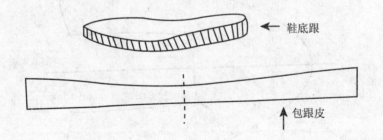

图 4 - 325　拼缝工艺

鞋底跟

包跟皮

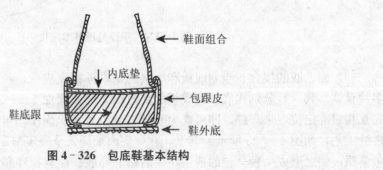

鞋面组合

内底垫

包跟皮

鞋底跟

鞋外底

图 4 - 326　包底鞋基本结构

第八节　靴鞋设计

靴类主要是指包住脚腕以上部件的鞋子，主要分短靴、中筒靴、长靴三大类，它们的高度和宽度分别以脚腕、脚肚、膝下的尺寸为设计依据；靴的设计主要在坐标的基础上进行，同时参考立体设计，一般在楦体表面上绘画出鞋款，绘画出在楦体上靴的比例造型尺寸，再利用坐标原理确定出脚腕以上的部件结构，使靴筒与地面能保持于近似垂直关系。

靴类的设计，首先应该根据各自靴型的分类要求制作好所需的楦体，确定好前期的尺寸为设计依据，再按数据开展设计步骤、过程，完成各类靴的设计，同时要确定和考虑到穿着方便和美观，另设计前应注意如下事项。

1. 楦型

靴楦与便鞋的区别（如图 4 - 327 所示）在于靴楦是以脚腕以上设计为依据，所以其楦后身比便鞋要高，而靴楦的筒口的宽和长也比便鞋要宽和长，靴楦的跖围、跗围、兜跟围等尺寸和便鞋楦的尺寸也有所不同；下面以男 25 码素头楦，女 23 码中跟楦的数据来说明。

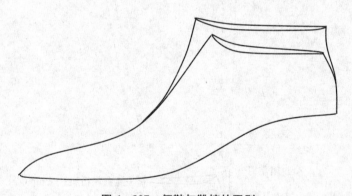

图 4 - 327　便鞋与靴楦的区别

表 4 - 1　　　　　　　　　　　鞋楦尺寸（25# Ⅱ/23# Ⅰ）　　　　　　　　　　单位：mm

	男鞋	男靴	女鞋	女靴
楦底样长	265	265	242	242
楦跖围	236	243	216	222
楦跗围	239	248	218	222
兜跟围	—	338	—	310
后身高	70	100	65	90
筒口长	100	110	90	102

靴楦在设计和制造中最关注的应该也是楦筒口宽和长的变化；比如短靴类，帮带鞋，单侧拉链鞋，两侧有橡筋的，筒口长可小些，参考尺寸为男 25 码 110 毫米；女 23 码 102 毫米，而中靴、长鞋有拉链或橡筋单侧开口和帮带鞋的，筒口长也可以此尺寸作参考；而全封闭靴类，筒口长必须加大，有的可达到 130～140 毫米，具体操作在楦筒口后延伸 3～5 毫米，余下数据加到楦筒口前面即可；而靴面的设计实际过程，要考虑到客户需要、材料延伸性、工艺加工要求来调整尺寸数据，如图 4－328 所示。

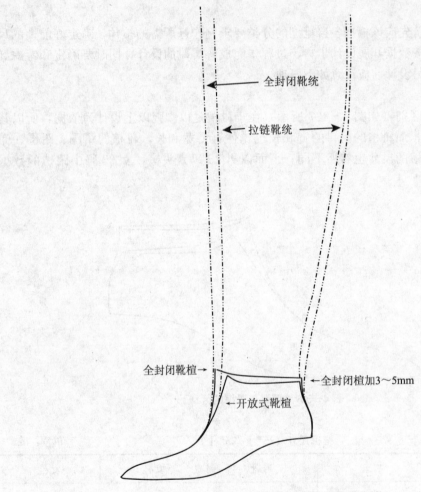

全封闭靴统

拉链靴统

全封闭靴楦

全封闭楦加3～5mm

开放式靴楦

图 4－328　单侧开口与封闭靴楦和靴筒造型

2. 定型

靴型的定型一般有两种；一种是放插板定型，插板主要利用两条半圆型胶板（有长、短两种），在靴鞋绷帮成型后，分别在楦的筒口前后插到鞋内，再用一块木板（上大、下小形状）放到两条插板之间，使靴筒变得直挺，最后放到温度箱加热和冷冻，定型。另一种利用设备定型，在未车缝前，用靴面定型机将靴面作 90°角定型（前帮整体部件），再进行鞋面帮的车缝、绷帮成型，再用插板，加热设备来定型，如图 4－329 所示。

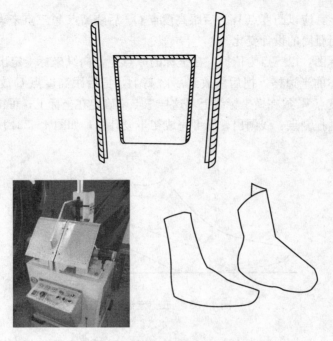

图 4－329　插板和定型设备

3. 设计依据

前面提过，靴的设计，最好能在楦面上完成绘图的比例造型，再利用坐标来确定靴筒的尺寸；所以不管是立体设计还是平面设计，都必须先在楦的单边上确定其控制点尺寸，考虑靴的部件较大，可以只找出楦的单边 V、H、C 点，其他点不用找，但必须找出前掌凸度边缘点 W，楦的后跷高度尺寸；而剪口量（自然量）较大，故可在 V 点前后各打剪口量，在设计取跷时将合二为一，如图 4－330 所示。

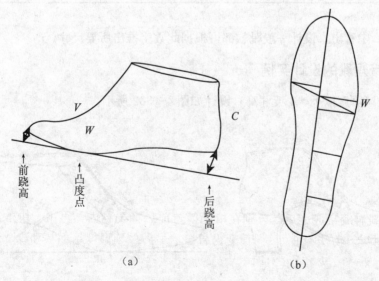

（a）　　　　　　　　　　　（b）

图 4－330　控制尺寸

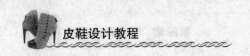
半边格的确定，应以凸度点 W、后跟高度点 C、后跷高点 V 三点来确定设计图，然后在此基础上，进行靴筒的设计变化。

首先画出坐标图，以三点为依据，在坐标的原点上，向纵坐标上定出后跷高的尺寸数据，分别利用楦体的半边格，把后跟放到后跷高上，把后跟高度点 C 放在纵坐标高度线上，再把前掌凸度点 W 放在横坐标线上，这样三点就确定在坐标上，可得出半边格的方向及位置，再把其他控制点、线画出，即可完成初步设计图，如图 4‑331 所示。

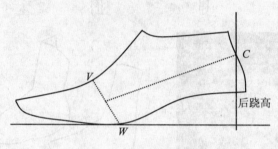

图 4‑331　三点定设计图

以后不管是何种楦型，跟高多少，大鞋或小鞋，男靴或女靴，都必须以三点定设计图作为参考来定出各种楦的设计图，然后再根据各种靴类款式的尺寸来开展设计鞋款。

4. 数据的换算

由于现在市场的变迁和出口鞋靴的要求，部分企业为了操作的便利，设计依据上采用英寸制，这就要掌握中国米制与英寸制之间的换算关系，如表 4‑2 所示。

表 4‑2　　　　　　　　　　　英寸与毫米换算关系

英寸	1	2	3	4	5	6	7	8	9	10	11	12	13	14
毫米	25.4	50.8	76.2	101.6	127	152.4	177.8	203.2	228.6	254	279.4	304.8	330.2	355.6

从表 4‑2 中看出，设计一般靴款都可根据此数字推出所要尺寸。

一、帮带短靴的设计实例

帮带短靴（脚腕以下，4 英寸高）设计如图 4‑332 所示。

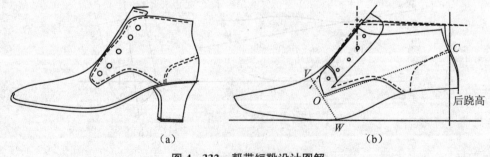

（a）　　　　　　　　　　　　　　　　　（b）

图 4‑332　帮带短靴设计图解

1. 设计尺寸（男 25 码/女 23 码）

按脚腕的高度作短靴的参考数据，其规律值为 52.19％L，男 25 码为 130 毫米，女 23 码为 120 毫米，短靴习惯上分为脚腕以下和脚腕以上两大类，本短靴尺寸按不超过脚腕来设计，故高度设计尺寸为男 25 码：110～120 毫米，女 23 码：100 毫米，宽度则按脚腕围度作参考，规律值为男 89.25％S，25 码为 120 毫米，女 83.2％S，23 码为 110 毫米。

2. 楦型

靴楦：男 25 码，$L＝265mm$，Ⅱ型半，$S＝243mm$，平跟，筒口长＝110mm。

女 23 码，$L＝242mm$，Ⅰ型半，$S＝222.2mm$，中跟，筒口长＝102mm。

3. 帮结构

前帮，内、外耳后帮，鞋舌，里样板跟面设计，后跟里可对称为整体。

4. 镶接关系

属外耳式鞋，后压前，前帮与舌位可连成整体，后耳一般可车缝假线作装饰。

5. 特殊要求

注意三点定单边设计图，本设计尺寸一般以帮带类为主，单侧拉链靴可作参考，靴楦由于跷度较大，在分析图的断位上，可灵活改变其取跷方法。

6. 步骤图解

(1) 设计控制范围。首先，以三点来确定其半边格，如前述，以此为基础来设计。

先在纵坐标的半边格后跷高 M' 的基础上，按男靴 25 码/靴 23 码的尺寸向上量取 110～120毫米/100～110 毫米的尺寸，定出高度点 T，在 T 点作纵坐标的垂直线，按宽度男/女尺寸作出宽度 120 毫米/110 毫米的尺寸，定出宽度点 T'，在 T' 点作横线的垂直与纵坐标线平行，在 T' 点向上量取 7～10 毫米找 R' 点；在横线 T 点向前量取男 7 毫米/女 5 毫米找 R 点，将 $R'R$ 连线，即出现前高后低的短靴尺寸，而后跟将 RC 连线，并作 RC 的内弯曲线，一般最宽处为 1/2，C 点往下按后跟型绘画，一般加 1～1.5 毫米，这要看材料的厚度来设定，这样基本尺寸即可完成，如图 4-333 所示。

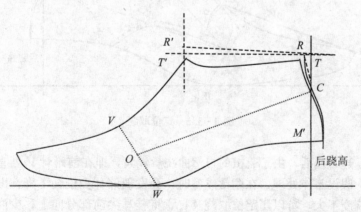

图 4-333 设计尺寸

(2) 外耳部件设计。首先将 VO 分为 3 等份上连线于 T' 点。即鞋耳在 1/3 与 T' 线经过，可按造型设计成直或弯曲，而耳尖位在 O 点的 ±5 毫米范围上变化，帮脚在 FP 之间落点，靴的筒口在其控制范围内画出即可，如图 4-334 所示。

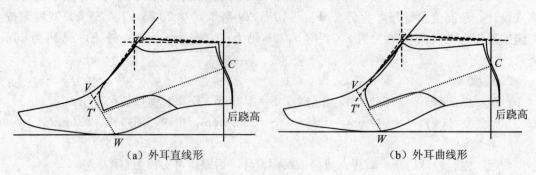

（a）外耳直线形　　　　　　　　　　　　　（b）外耳曲线形

图 4-334

（3）取跷处理。鞋舌的设计，是在背中线的基础上，从 E' 向上延伸出鞋耳 15 毫米，作延伸线的垂线，宽度 30 毫米，再在耳尖位加前帮的压荐量 8 毫米直至帮脚，在耳尖叠位线向后移 13 毫米找 O' 点，将 O' 点连接舌的宽度上，即可确定其舌型。

按外耳鞋 VE 的 1/3 处找 E' 点作参考，将 $E'O'$ 断开，根据定位取跷原理，在 O' 点上作加跷处理得出 E' 点，前帮可连 AE'' 作对称线，打开即成整体部件。

外耳的鞋孔根据外型作平行线，作 15 毫米间距为鞋孔，再作 15 毫米的平行线作装饰双线为车缝线，而在 C 点作一后弧线为装饰线，如图 4-335 所示。

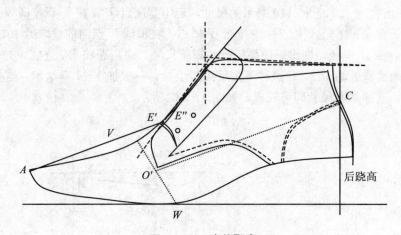

图 4-335　定位取跷

当前帮 AE'' 连直线后，由于靴楦的自然曲跷量较大，即在前跗骨 V 处直线与原曲线多加了工艺宽量，假设不作处理，在绷帮成型时，会发现外耳尖位会下降，出现与原设计不符的现象，如跷度不大，可以用定位取跷及有意将鞋耳尖前部分向上移少许，绷帮时复原位；如跷度较大要利用转换取跷原理，将 $E'V$ 线小段延长成一直线 $E'A_1$，将 A_1V 线作转换处理，如图 4-336 所示。

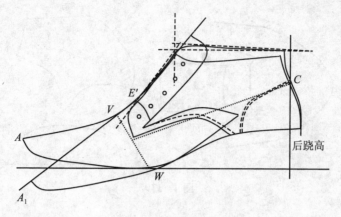

图4-336 转换取跷

（4）样板的制取。

①划线板。按图剪取即可，如图4-337所示。

图4-337

②开料样板。前帮可按划线板不变，舌边可折口或剪齐边，主要后帮折量，如图4-438所示。

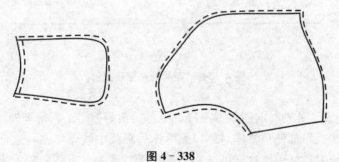

图4-338

③里样板。可按划线板同步，只加处理量，后跟可作对称处理，而里在划线板的后弧中线基础上减2毫米，在C点以下减2毫米、3毫米、5毫米的收入量，如图4-339所示。

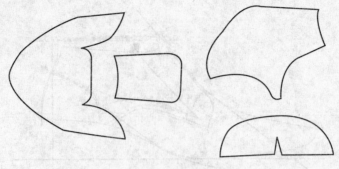

图4-339

二、帮带靴鞋变化实例

帮带靴鞋的变化（脚腕以下，4英寸高）如图4-340所示。

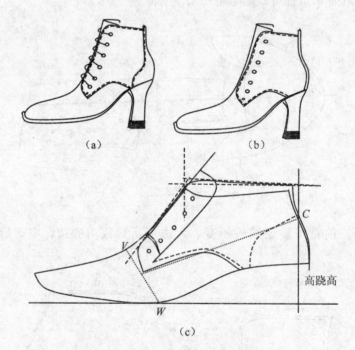

图4-340 帮带靴鞋变化图解

图4-340的设计处理与前图基本一样，只是后跟要根据工艺量来处理其宽度。

从图解中看出后跟部件是整体对称，而楦体后跟弧中线是弯曲，这样只有将后跟变换成一直线，才能作对称处理。这样可过 C 点连接筒口变换一直线；将上半部分的工艺量向后移动，保证其宽度不变，而将下半部分的量用样板作移动实物，向前移出其工艺量。这样在前部件不变的情况下，后跟部件在车缝工艺上利用材料的延伸性，将其量作还原，如图4-341所示。

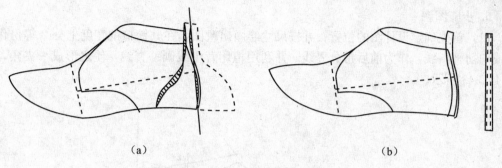

（a） （b）

图 4–341 后跟部件处理

三、光身两侧断短靴实例

光身两侧断短靴（脚腕以下，4 英寸高）如图 4–342 所示。

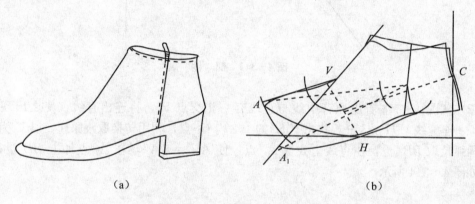

（a） （b）

图 4–342 光身两侧断短靴图解

1. 设计尺寸

按短靴不过脚腕的尺寸作参考；本图例高度以楦的筒高作参考，以不过筒口高为依据，因高于筒口以上按另一种处理方法来解决。按男 25 码为 100 毫米，女 23 码为 90 毫米左右设计尺寸。

2. 楦型

靴楦：男 25 码，$L=265mm$，Ⅱ型半，$S=243mm$，平跟，筒口长$=110mm$。

女 23 码，$L=242mm$，Ⅰ型半，$S=222.2mm$，跟高按要求，筒口长$=102mm$。

3. 帮结构

前帮、后帮、面、里同步或车后帮衬里。

4. 镶接关系

外侧车拉链、内侧车缝、前帮可变换多种鞋款。

5. 特殊要求

图 4–342 是以部件楦体为依据，帮利用原楦背中线来处理其跷度，如超越楦体则另取跷，图 4–342 最关键是工艺量如何分配和处理。

6.步骤图解

(1) 首先确定设计图的位置，并按尺寸绘画出靴图，在其筒口的宽度上分 2 等份作垂线或向前画斜线，作为前后帮分界线。并利用楦跗背中线画一直线，使之形成一夹角，如图 4-343 所示。

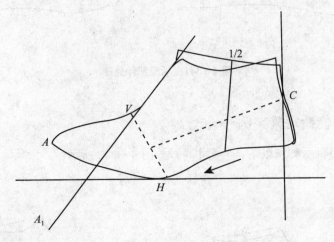

图 4-343 部 件

(2) 从图 4-343 看出原背中线与直线有一相交点 V'，将连出直线，使之出现夹角 $AV'A_1$，连虚线 $V'H'/\!/VH$，找出 $V'H'$ 的 1/2 得 O_1 点，利用转换取跷原理，以 V' 为中心点，画弧量取 BB_1 量，在直线上找取 A_1 点，使 $AV'=A_1V'$，在 A_1 点加上 BB' 量得 A_2 点，如图 4-344 所示。

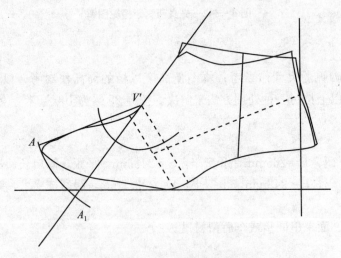

图 4-344 中线取跷

(3) 利用直线上 V' 点与断位线之间的相对宽度作参考，找取 O_1' 点，要求尽量保证 V' 点以上部件的宽度不变，又要考虑转换还原的尺寸；用虚线连接 AO'、A_2O' 点，使之出现

一夹角 $L<AO'A_2$，以 O' 为中心点，至帮脚长为半径画一弧度，相交出 RR' 量，根据 RR' 量的 100% 左右加到帮脚线上，作为还原量；在背中直线 $A_2-\sum=A_2'$，利用原半边格画出底线。注意要保持原半边格的宽度不变，原 AV' 曲中线与 A_2V' 直线的夹角不变，这样可发现还原底线与原来底线的形状会改变，可在试格过程中修改其形状，达到与楦体相符，如图 4-345 所示。

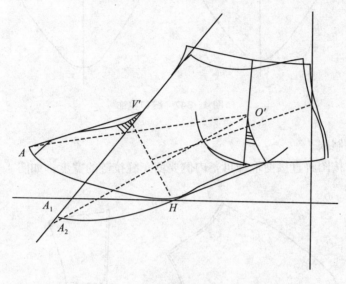

图 4-345　转换跷

（4）其他部件。鞋口部件在处理过程中发现，当直线延长后，与原背中线之间有工艺量，假设这量不算大，我们可利用材料的延伸性来处理即可，假设是较大的工艺量，可将此量移至中帮部件线上，如图 4-346 所示。

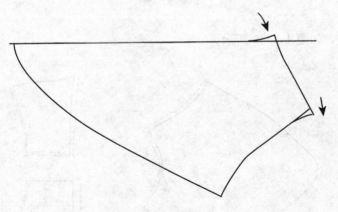

图 4-346　工艺量处理

鞋口在经过处理后，将背中线对称线打开后，会出现一尖凹角，这样可将其修改成圆形，要注意以中线的长度不变为原则，如图 4-347 所示。

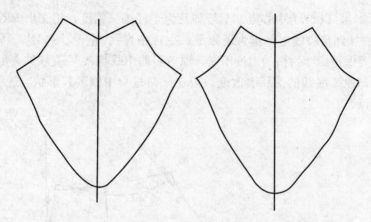

图 4 - 347　鞋口整饰

（5）样板的制取。

①划线板。按图解直接剪取即可，内侧要留车缝拉链的宽度，如图 4 - 348 所示。

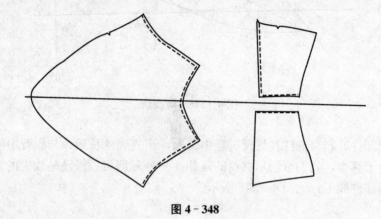

图 4 - 348

②开料样板，如图 4 - 349 所示。

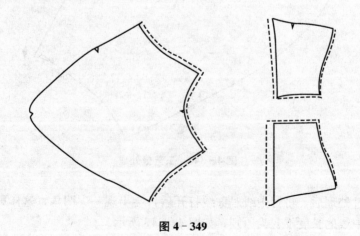

图 4 - 349

③里样板。里样板可按划线板设计，也可在后跟上处理，如图 4 - 350 所示。

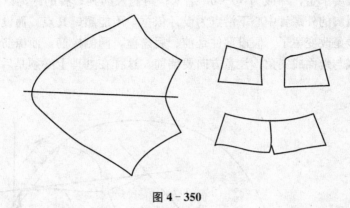

图 4 - 350

四、橡筋断位光身靴实例

橡筋断位光身靴（脚腕以下，4 英寸高）如图 4 - 351 所示。

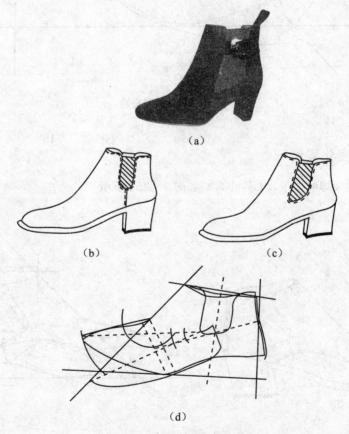

图 4 - 351 橡筋断位光身靴图解

图 4－351 的设计依据与前述一样，只是两侧改为橡筋，橡筋的摆设以筒口宽的1/2处作参考，尺寸按要求定，一般为 40～60 毫米；两侧橡筋到帮脚的距离以高度控制线为参考，同时又要以脚的外踝骨中心下沿点为设计依据，不能超越其点。而设计处理过程与前述一样，只是线条改变罢了。假设部件是前、后连体，两侧橡筋，而橡筋最基本要与地面成垂直形状，或与地面成夹角，注意方向要偏前，这样在处理上必须是后帮升跷处理，如图 4－352 所示。

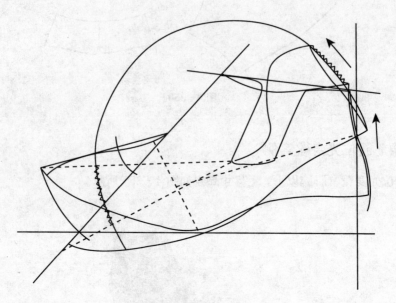

图 4－352 后帮升跷

五、短靴变化实例一

短靴的变化（脚腕以下，4 英寸高）如图 4－353 所示。

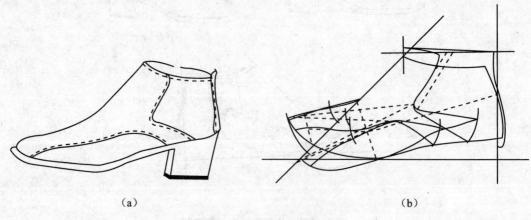

（a） （b）

图 4－353 短靴变化图解

以上设计尺寸，按前所述数据作参考，根据要求变化款式。

从分析图中线条，造型可知，前帮部件在处理过程中，可看成整体，处理完毕后，再在平面上分解部件。后帮部件不动。

图4-353在分析过程中，只对重点部件作分解，其他自己完成。

由于本鞋款的前帮有两部件，故要分别找出 O'、O'' 点作转换中心点，在转换完毕，其造型要根据工艺量适当地修改，使其保持原设计效果，如图4-354所示。

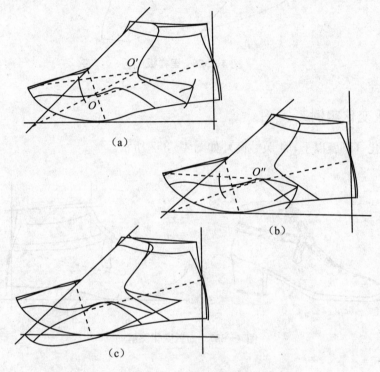

图4-354　部件的处理过程

划线板的剪取，按图制作。注意内、外部件有区别，内高，外低，前帮筒口打开时要作适当的弧度处理，不要起尖角，如图4-355所示。

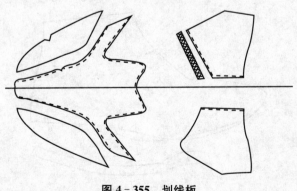

图4-355　划线板

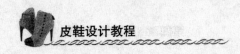
里样板将前帮看成整体，后帮跟划线板设计，如图4-356所示。

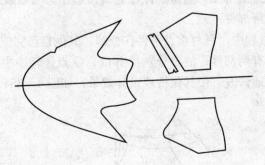

图4-356 里样板

六、短靴变化实例二

短靴的变化（脚腕以下，4英寸高）如图4-357所示。

（a） （b）

图4-357 短靴变化图解

图4-357背中线断开，中间车拼缝工艺或车拉链，分开内外两侧两边加装饰带及扣。设计尺寸、数据按前述参考。

由于中缝断开，在处理上保持原中线长度不变即可，一般不用考虑取跷，直接制取部件，定点即可，帮脚分内、外怀区别，如图4-358所示。

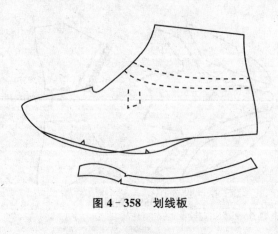

图4-358 划线板

里样板由于考虑中缝断开，假设跟划线板设计，中缝较厚，影响美观，所以，我们可在内侧腰窝处断开，而后跟也可以连体处理，这样较合适，如图4－359所示。

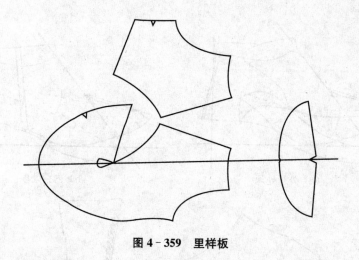

图4－359　里样板

七、短靴变化实例三

短靴的变化（脚腕以下，4英寸高）如图4－360所示。

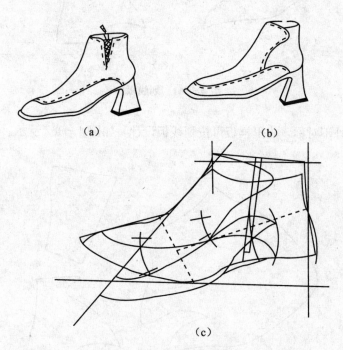

（a）　　　　　　　　　　　（b）

（c）

图4－360　短靴变化图解

图4－360的变化，主要内帮一般为拉链，外帮则封闭，图形不同；另鞋头的变化可设计成围、胆，也可设计成不对称图形，这样在处理上，内、外要分别进行取跷，再利用中

线的长度相等来合二为一；这样在图纸打开后，可根据款式来设计出多种图形，如上述两效果图，处理不变，只是改变纸条及造型，如图4-361所示。

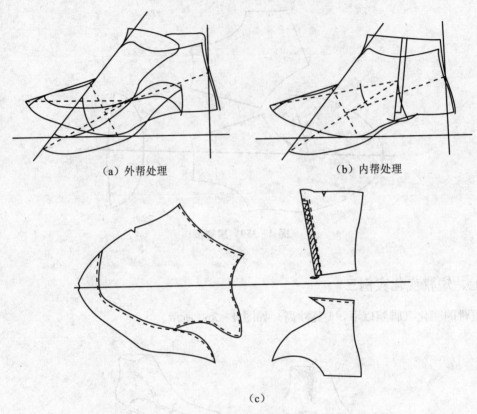

（a）外帮处理　　　　　　　　　　　　（b）内帮处理

（c）

图 4-361　划线板

由于考虑内外不对称，故里样板可按划线板设计，如图4-362所示。

图 4-362　里样板

八、短靴变化实例四

短靴的变化（脚腕以下，4英寸高）如图4-363所示。

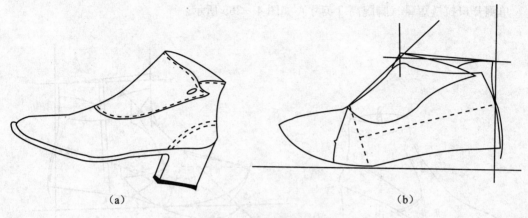

（a）　　　　　　　　　　　　　　　　（b）

图4-363　短靴变化图解

图4-363为两部件不对称结构，内侧封闭，外侧车活动扣，方便穿着，前、后分界线一般在V点附近，由于是短靴类，帮利用背中线变为一直线即可完成对接中线，利用定位取加入自然量即可，要注意外侧要有定点位，外侧的后帮定点位后要加大其活动的叠位量，一般为25～30毫米。本款主要在样板的剪取上，要分别按各自的部件先取，然后按背中线对拼就可完成，如图4-364所示。

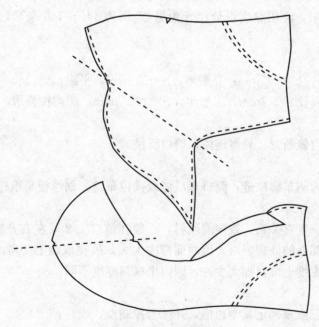

图4-364　部件结构

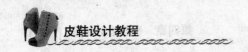

由于图 4 - 364 为不对称，并且部件较大，故里样板可按划线板来设计，按其工艺量加减即可。

九、单侧开口拉链短靴实例

单侧开口拉链短靴（脚腕高 5 英寸）如图 4 - 365 所示。

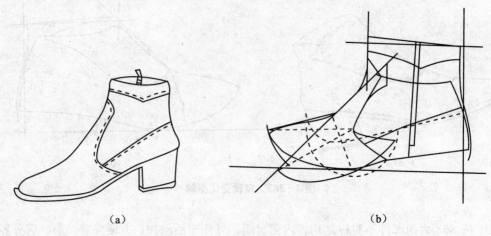

（a）　　　　　　　　　　　　　（b）

图 4 - 365　单侧开口拉链短靴图解

1. 设计尺寸（男 25 码/23 码）

本图设计依据也是以脚腕为参考，也属短靴类，以设置在脚腕以上为依据，高以超过脚腕高≥130 毫米/120 毫米，常用高度设计尺寸为 140 毫米/127 毫米（约 5 英寸高），宽度侧以脚腕围为依据，常用宽度设计尺寸为男 25 码为 140～145 毫米，女 23 码为 128～133 毫米。

2. 楦型

靴楦：男 25 码，$L=265mm$，Ⅱ型半，$S=243mm$，平跟，筒口长$=110mm$。

女 23 码，$L=242mm$，Ⅰ型半，$S=222.2mm$，跟高按要求，筒口长$=102mm$。

3. 帮结构

鞋头，帮脚，内侧断置，外侧连体，筒口反接。

4. 镶接关系

鞋头压后帮，内侧车缝拉链，筒口车反缝或接位车缝，划线板与里样板各自设计。

5. 特殊要求

拉链可与地面成垂直关系，或向前偏斜，一般在筒口 1/2 处左右开始，拉链内要有保险皮；要注意前头部件的处理要求，因曲面弯度太大，故在取跷上要考虑将背中线两边降低来处理；靴面的宽度上可以加大少许，因内里材料厚度不同。

6. 步骤图解

（1）首先根据三点来确定其半边格，并标上控制点、线。

在后跷高的坐标纵向上，上升男 140 毫米/女 130 毫米的尺寸找 T_1 点，作 T_1 点的垂线画坐标横线的平行线，按宽度尺寸男 140～145 毫米/女 128～133 毫米确定其宽度 T_1'

点，并作 T_1' 点的垂直线，向上量取 7～10 毫米定 T_1'' 点，在 T_1 点横线上量取男/女＝5/3 定 F_1 点，将 $T_1''F_1$ 连成斜线；后跟在 C 点后移 1.5 毫米，后跟下延按后跟弧中线 1.5 毫米来绘画出靴筒后弧线，前背在 $T_1''T_1'$ 下延线与楦背中线交界点外画一弧线，一般距相交点 8 毫米左右，这样，整个短靴的基本控制图即可完成，如图 4-366 所示。

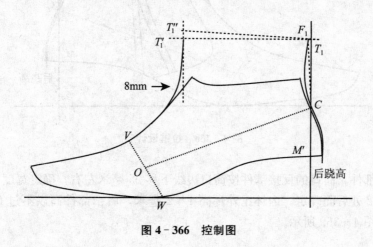

图 4-366　控制图

（2）鞋头部件的深度，按要求来确定，而其形状可按鞋款来演变，单边宽一般在 18 毫米左右来确定造型，按弧度来绘画出前帮部件，落脚点在 F 附近，注意弧度在 OQ 控制线上确定，弧度的角度方向最好有向鞋头的感觉，如图 4-367 所示。

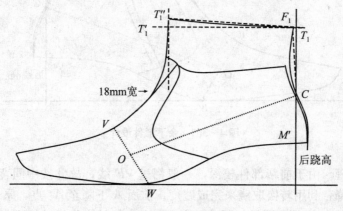

图 4-367　前帮部件

（3）拉链的设计。一般从筒口宽的 1/2 处开始，按照拉链宽度来确定开槽位，在 1/2 点上作横线的垂线，即位链一般为垂直，可以拉的方向偏前、偏斜，但不得向后偏，这里注意前拉链车缝部件为直线状，后部件设计成开槽位，开槽位与帮脚一般为 10 毫米，如图 4-368 所示。

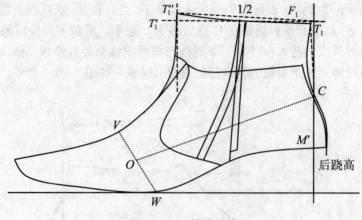

图 4-368 拉链设计

（4）其他部件。筒口的反接部件按筒口边线下移 25 毫米左右，确定宽度，而尖位一般在其宽度的 1/2 处后面确定，内怀比外怀高 1～2 毫米，后帮部件高以不过 Q 为原则，绘画出形状，如图 4-369 所示。

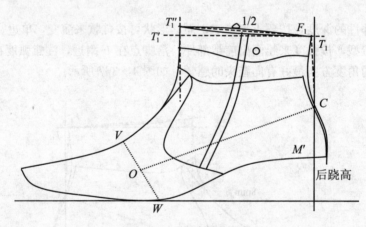

图 4-369 余下部件设计

（5）部件处理。由于前帮部件较深，一般都过 VE 线，故此按中间背中线作一直线，将前、后中线下降，利用转换取跷来完成跷度，前面 A 下降至 A_1 点，原理、步骤按要求来进行，在 O' 点上转换其还原量；而后则按 8 毫米为每一格作尺寸按 E_1' 点中线上量取格数，量至原中线交点 V_1'，要保持 8 毫米不变，再以 V_1' 点为起点，向后直线量取相同的格数后，再加多一个格 8 毫米，定出还原点，先将部件用牛皮纸剪取出来备用，利用尖角的形状，尽量保持宽度不变，用牛皮纸分小段来画出还原轮廓，必须按工艺量来绘画，以保持原图形不变为原则，如图 4-370 所示。

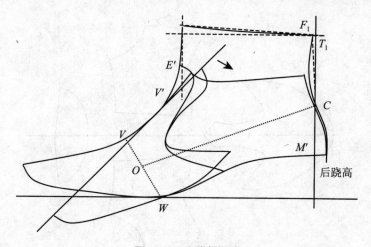

图 4 - 370　前帮取跷

（6）样板的制取。

①划线板。如图 4 - 371 所示，部件可按图剪取，但注意后帮大身的部件，本鞋是将中线处断开，分为内、外两个部件，假设是连成整体则可参看图 4 - 372。

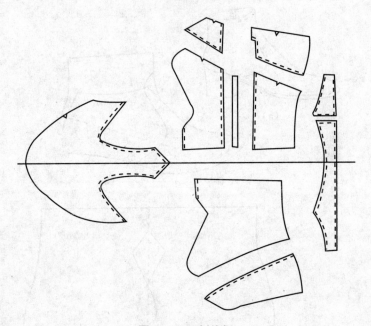

图 4 - 371　划线板

②开料样板。按工艺要求加减即可，这里不加说明。

③里样板。鞋头按前帮，后身分内、外，在中缝断开，后跟可设计或按后身来设计，注意 C 点以上要减 2 毫米，C 点以下按便鞋的减 2 毫米、3 毫米、5 毫米来设定，如图 4 - 372 所示。

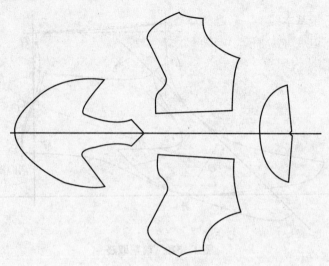

图 4 - 372　里样板

（7）短靴的变化，如图 4 - 373 所示。

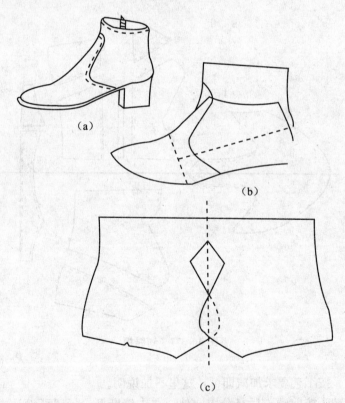

（a）

（b）

（c）

图 4 - 373　后帮部件重叠

从图解及部件重叠位可以看出，有些部件按要求设计时，考虑美观造型上偏前，后身部件连接时，压茬量会出现双重叠位现象。

　　分析中得出后帮基本线上，后身部件要增加压荐量 8 毫米，故此，在前帮线最弯位上先增加 8 毫米量找边点 V'，将 $E''V'$ 连一直线，这样在 $T_1''E'$ 线与直线有一夹角量，利用后身制作成样板，按 E' 为中点，将 $T_1''E'$ 转至直线，将其量的宽移至后跟线，如图 4 - 374 所示。

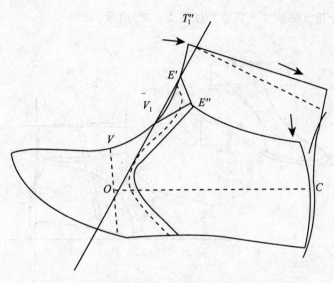

图 4 - 374　工艺量处理

　　从图 4 - 374 看出，工艺移后跟线时，在样板不变情况下，筒口后跟高度同时向下移动，这样便于部件不变为原则。再利用 V' 为中点。按压荐量为移动线，将后跟底部件的宽度，后跟高移至筒口线，这样可保证其宽、高度不变，最后再绘画出后跟弧形状，这里要注意工艺量处理。如图 4 - 375 所示。

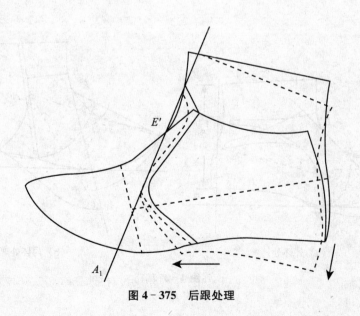

图 4 - 375　后跟处理

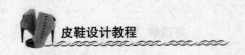

这样后身经过处理后，即可连接为内、外整体，而鞋头部件按前述，用转换取跷来完成还原。

这鞋款作为基本图，可利用原理，变化出多种后身鞋图不同的款式。

十、拉链短靴变化实例一

拉链短靴的变化（脚腕高 5 英寸）如图 4-376 所示。

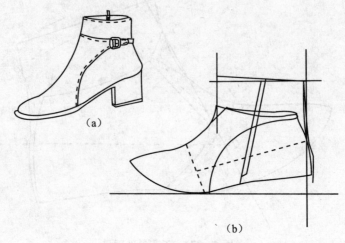

(a)

(b)

图 4-376　拉链短靴变化图解

图 4-376 的设计尺寸，要求与前画一样，所不同的是内、外为不对称结构，在处理上要分别对内、外怀进行处理，然后利用各自中线对接即可，由于前帮部件较长，所以在处理上，按 VE 段中线作对称直线，将前、后转换取跷，后段要注意工艺量的处理，如图 4-377 所示。

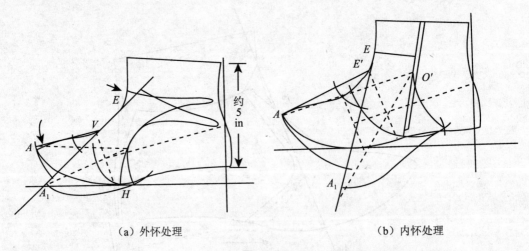

(a) 外怀处理　　　　　　　　　　　　(b) 内怀处理

图 4-377

划线板按各自线对接即可，要注意各自工艺量，如图4-378所示。

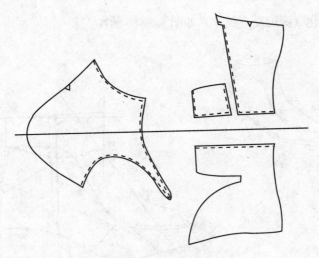

图4-378　划线板

里样板由于考虑到划线板部件较多，故要设计成活动里，最后车缝筒口和拉链即可。即面板和里样板分别制取，如图4-379所示。

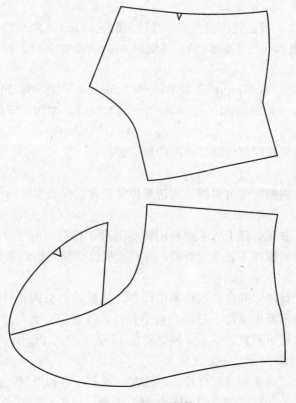

图4-379　里样板

十一、拉链短靴变化实例二

拉链短靴的变化（脚腕高 5 英寸）如图 4-380 所示。

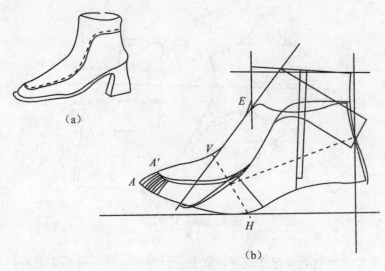

(a)

(b)

图 4-380　拉链短靴的变化图解

1. 设计尺寸（男 25 码/女 23 码）

图 4-380 的尺寸，按前述作参考，也是以过脚腕≥130 毫米/120 毫米为依据，高度一般为 140 毫米/130 毫米（约 5 英寸高），宽则以 140~145 毫米/128~133 毫米为参考。

2. 楦型

靴楦：男 25 码，$L=265\text{mm}$，Ⅱ 型半，$S=243\text{mm}$，平跟，筒口长 $=110\text{mm}$。

女 23 码，$L=242\text{mm}$，Ⅰ 型半，$S=222.2\text{mm}$，中跟，筒口长 $=102\text{mm}$。

3. 帮结构

靴胆，鞋围，内侧在腰窝处断开，内帮加拉链。

4. 镶接关系

帮盖压缝围子，内侧断位可对拼，内帮车拉链后再加保险皮，内里另按图解设计。

5. 特殊要求

由于帮盖较长，故在处理上可考虑利用转换处理，将前、后帮分别处理，由于围跟帮盖的长度不变，故要将围作工艺量的处理，开料要横纹或斜纹当宽来剪取。

6. 步骤图解

(1) 首先确定设计图，并按鞋款绘画出线条，注意胆要分内、外处理，胆宽因考虑到与后身部件相连，故不要太宽，一般在 O 点上经过，注意后身宽与帮盖要相似，要注意其造型，比例。内侧拉链可垂直或偏前，拉链脚留 10 毫米距离，而围子考虑节约，故可在内窝处断开，如图 4-380 所示。

(2) 部件的处理。由于帮盖部件较长，故在处理上，可利用 VE 的中线为基础，将前、后中线来转换；前段的，按剪口量的 80% 加到 VV' 处，使中线保持长度不变，用剪取出来的胆格，按胆每段的宽度来绘画出直线的帮盖，这样会发现，保持中线长度不变，胆边线在处理后会变短，我们可以用尺，从帮盖前头向两侧量取长度尺寸，以得出的尺寸为基础，再从原来中线的围子上，以中线为起点，向两侧同时量取胆的尺寸，使其相互一致；在量取围子后发现会比胆线长，按其多出的量，在围子上以工艺量的方法来减去，使之长度相同。而后段在背中线与直线相交点上找 E'，作 E' 直线的垂线找相同的 O' 点，作样板，按住 O' 点，把后段的造型移至直线，这会比原曲线长，可适当在筒口前处理成凹的弧形，如图 4-381 所示。

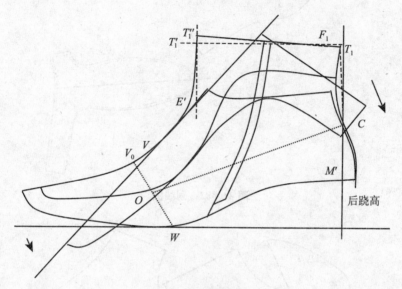

（a）双线取跷及工艺

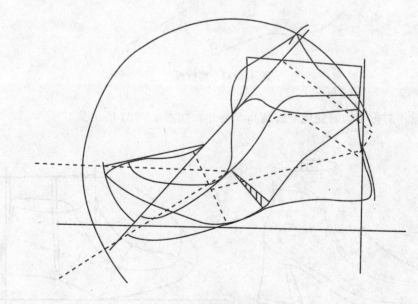

（b）前帮降跷而后帮升跷

图 4-381

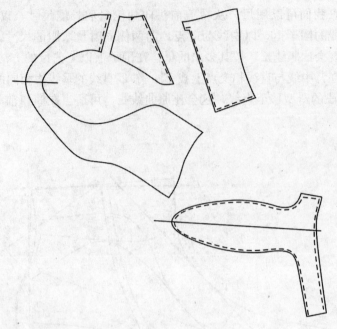

图 4 - 382　划线板

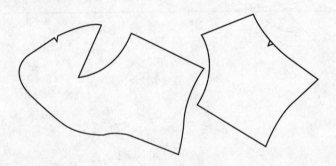

图 4 - 383　里样板

（3）短靴不对称结构的变化（脚腕高 5 英寸）如图 4 - 384 所示。

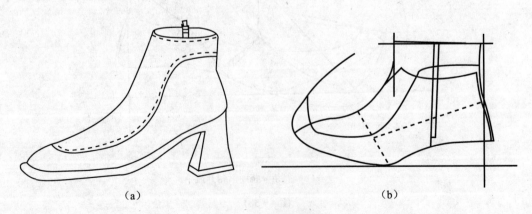

（a）　　　　　　　　　　　　　　（b）

图 4 - 384　基本图解

图 4-384 是在前面帮盖图上变化为不对称结构，所以在处理时要分别进行，利用各自的背中线来对拼成整体部件；外帮利用后跷，而内帮利用转换，如图 4-385 所示。

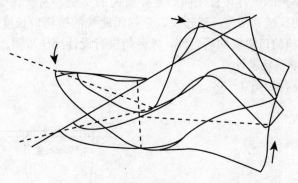

（a）外怀处理

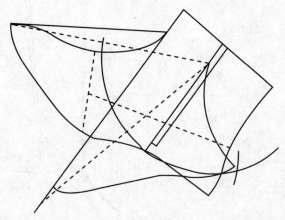

（b）内怀处理

图 4-385

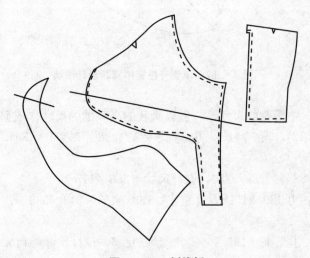

图 4-386　划线板

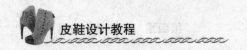

十二、中筒靴的设计（脚肚高 11 英寸）

前述所说，中筒靴的设计，首先应确定好所需的楦型，主要在楦的筒口长度变化上，而改变区别是靴统的拉链和帮带一般较少，全封闭靴统的楦筒口长度较大，有个别特殊的靴统（如后倒靴），楦筒口更要向后延伸，才开始进行设计操作步骤。

1. 单侧开拉链中筒靴设计

单侧开拉链中筒靴如图 4-387 所示。

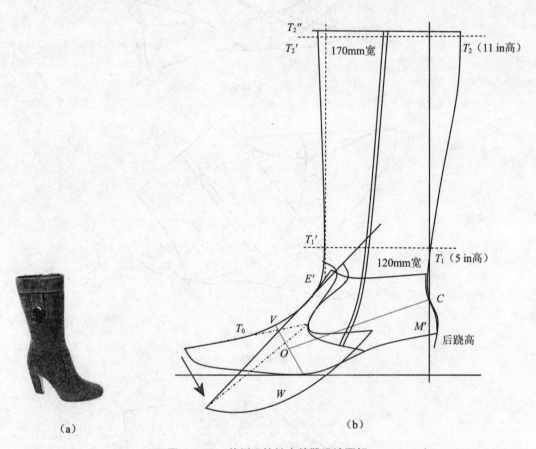

图 4-387　单侧开拉链中筒靴设计图解

（1）设计尺寸。中筒靴的尺寸，一般以脚肚的高和围的尺寸作依据，拉链靴尺寸如下：

高度规律值为 121.88% 脚长：男 25 码＝121.88%×250＝304.7，设计尺寸＝305（12in）

女 23 码＝121.88%×230≈280，设计尺寸＝280（11in）

围度规律值为：男 139.34%S，Ⅱ 型半＝139.34%×243≈338.6，设计尺寸＝169.3＋10－20≈160

女 131.76%S，Ⅰ 型半＝131.76%×222≈292.5，设计尺寸＝146.3＋10－25≈131

表4-3		中筒靴参考尺寸	单位：mm
		短靴尺寸位置	中靴尺寸位置
男 25#	高度	130（约 5 in）	305（约 12 in）
	宽度	130 左右	180 左右
女 23#	高度	120（约 5 in）	280（约 11 in）
	宽度	120 左右	170 左右

注：本宽度尺寸也可用于帮带靴类和全橡筋靴统类，而宽度尺寸可以更小。

（2）楦型

靴楦：男 25 码，$L=265$mm，Ⅱ型半，$S=243$mm，平跟，筒口长$=110$mm。

　　　女 23 码，$L=242\sim245$mm，Ⅰ型半，$S=222$mm，中跟，筒口长$=105$mm。

（3）帮结构

前帮、内外帮、内侧车拉链、加插后帮配件、里不同划线板。

（4）镶接关系

前帮压后帮，内、外在中缝断开车对拼缝或整体部件，内侧拉链宽按实际宽来定，筒口里车缝部件、使筒里不同材料。

（5）特殊要求

主要为靴的尺寸要求。本款拉链靴按坐标原理找出尺寸图，靴里一般要求车缝活动里，即将面、里各车缝好，最后才车缝筒口、擦上少许胶，即可粘完。

（6）步骤图解

① 基础设计图的设定。先根据三点来确定靴的设计图，在延长坐标线后跷高上分别根据脚腕高男 130 毫米/女 120 毫米定 T_1 点，并作 T_1 点的横向坐标 T_1T_1' 线，和脚肚高男 305 毫米/女 280 毫米定 T_2 点，并作 T_2 点的横向坐标找 T_2T_2' 线，根据脚腕宽男 130 毫米/女 120 毫米量取 T_1T_1' 线长，并以 T_1' 点作垂直线 $T_1'T_2'$，再根据脚肚宽男 180 毫米/女 170 毫米量取 T_2T_2' 线长，可根据要求前移 10～15 毫米找 T_2'' 点，这样靴筒前端可与地面成直线或前移状；而靴筒的后弧线分别按各宽度尺寸连接虚线 T_2T_1、T_1C，根据脚肚后跟状绘画出靴筒后弧线造型，使之配合拉链靴的尺寸要求，这样在设计尺寸图完成后，就可根据各种鞋款设计纸样。

注意：本尺寸为参考，具体要根据实际要求作调整，如材料延伸性、穿着松紧感等，如图 4-388 所示。

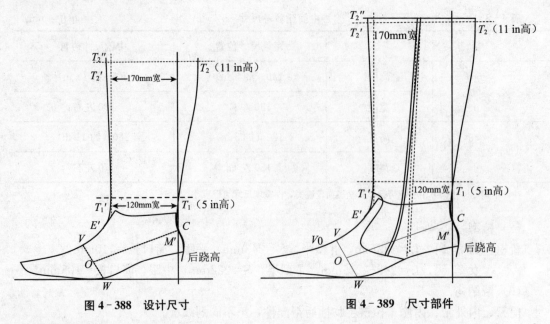

图4-388　设计尺寸　　　　　　　图4-389　尺寸部件

首先在脚腕高 T_1' 点下 E' 点上确定前帮部件深度，根据造型要求绘画弧形，其单边宽一般定18毫米，转角位在 OQ 线上绘画，落脚点在 F 点后；内侧拉链位置在筒口的 $1/2$ 附近开始，可设计成垂直或向前偏斜，拉链绘画前帮部件上或到帮脚边的10毫米，拉链宽按拉链实物来定，筒口前高后低，后帮部件在 OQ 控制线上经过也可连为整体，如图4-389所示。

②部件在绘画完毕后，把前帮部件，利用转换取跷将前后降跷原理，步骤如前述；而后帮部件可在中缝上断开分内、外怀，按图剪取样板即可，也可将内、外怀连为整体，也是按前述整体转换，如图4-390所示。

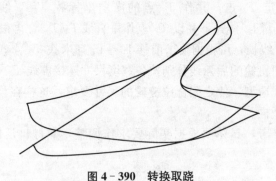

图4-390　转换取跷

③样板的剪取。划线板和开料样板按图解分别剪取即可。

④里样板。里样板按原图重新设计，内侧在 V 点断，分内、外怀两大部件，后跟另设计，筒口按要求设计、虚线为里样板，如图4-391所示。

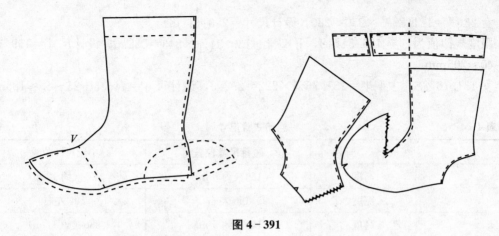

图 4-391

2. 封闭式中筒靴（脚肚高 11 英寸）

封闭式中筒靴如图 4-392 所示。

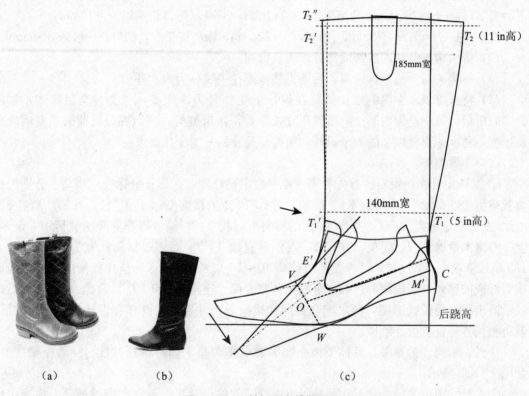

（a） （b） （c）

图 4-392 封闭式中筒靴图解

（1）设计尺寸。中筒靴的尺寸，一般以脚肚的高和围的尺寸作依据，封闭式靴尺寸如下：

高度规律值为 121.88% 脚长：男 25 码 = 121.88% × 250 = 304.7，设计尺寸 = 305（12in）

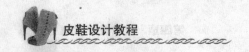
女 23 码＝121.88％×230＝280，设计尺寸＝280 （11in）

围度规律值为：男 139.34％S，Ⅱ型半＝139.34％×243＝338.6，设计尺寸＝169.3＋25～40≈205mm

女 131.76％S，Ⅰ型半＝131.76％×222＝292.5，设计尺寸＝146.3＋25～40≈185mm

表 4-4		封闭式靴尺寸	单位：mm
		短靴尺寸位置	中靴尺寸位置
男 25#	高度	130 （约 5 in）	305 （约 12 in）
	宽度	160 左右	205 左右
女 23#	高度	120 （约 5 in）	280 （约 11 in）
	宽度	140～150	185 左右

注：本宽度尺寸作参考，要根据实际情况作调整。

（2）楦型。主要是封闭式靴楦筒口比拉链靴楦筒口要长。

男 25 码，$L＝265mm$，Ⅱ型半，$S＝243mm$，平跟，筒口长＝120～140mm。

女 23 码，$L＝242～245mm$，Ⅰ型半，$S＝222mm$，跟高按要求，筒口长＝115～130mm。

（3）帮结构。前帮、后帮两部分，加装饰扣。

（4）镶接关系。前帮压后帮，后帮为整体或在中线分为内、外帮。

（5）特殊要求。中筒靴或长筒靴在设计上主要分为两大类，一类为全封闭式，如图 4-392 所示，另一类为内侧拉链单侧开放式和后帮帮带鞋类。所以在设计前必须要明确是属于哪一种。中筒靴以上的靴子设计，主要是尺寸的基本变化要求。

（6）步骤图解。

① 基础设计图的设定。首先利用三点来确定设计图，在延长坐标线后跷高上分别根据脚腕高男 130 毫米/女 120 毫米定 T_1 点，并作 T_1 点的横向坐标 T_1T_1' 线，和脚肚高男 305 毫米/女 280 毫米定 T_2 点，并作 T_2 点的横向坐标找 T_2T_2' 线，再根据脚腕宽男 160 毫米/女 140 毫米量取 T_1T_1' 线长，并以 T_1' 点作垂直线 $T_1'T_2'$，再根据脚肚宽男 205 毫米/女 185 毫米量取 T_2T_2' 线长，可根据要求前移 10～15 毫米找 T_2'' 点，这样靴筒前端可与地面成直线或前移状；而靴筒的后弧线分别按各宽度尺寸连接虚线 T_2T_1、T_1C，根据脚肚后跟状绘画出靴筒后弧线造型，使之配合封闭式靴筒的尺寸要求，这样在设计尺寸图完成后，就可根据各种鞋款设计纸样。

注意：本尺寸为参考，具体要根据实际要求作调整，如材料延伸性、穿着松紧度等，如图 4-393 所示。

②在尺寸图出来后，就可在此基础上进行鞋款的设计了。首先在脚腕处 T_1' 前确定出前帮部件，宽度一般定在 18 毫米左右，而前帮弯位造型尽量往前移，一般以高度控制线勾画帮轮廓；靴筒口的造型可前高后低，或中间高两边低等造型，如图 4-394 所示。

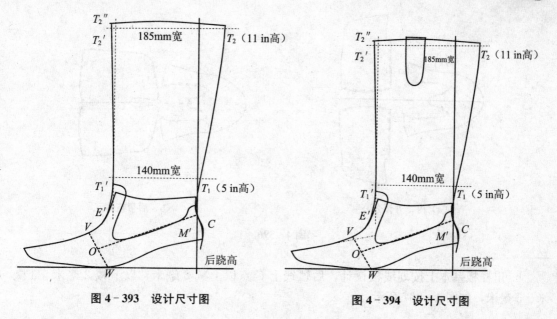

图 4-393 设计尺寸图　　　　　　　图 4-394 设计尺寸图

设计图完成后，可按取跷方法对靴前头部件作转换处理，如图 4-395 所示。这里要说明的是靴筒部件的制取有两种，一种是在靴筒前中缝断开，分内、外两部件，另一种是整体，如划线板图。

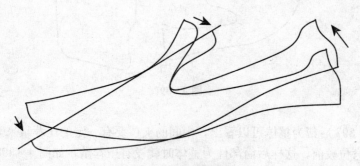

图 4-395 前帮取跷

③样板的剪取。

a. 划线板。按图剪取，如图 4-396 所示。

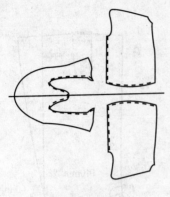
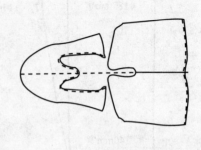

(a) 内、外怀分开　　　　　　　　　　(b) 后帮整体

图 4-396

b. 里样板基本上按划线板设计，后弧线上 C 点以上减 2 毫米，以下减 2 毫米、3 毫米、5 毫米，如图 4-397 所示。

图 4-397

④从图 4-397 后帮为整体可以看出，中间的夹位要有一定的压荐量来车缝；但有些造型上，前帮的弯位较前，这样后筒部件为整体时就没有压荐量，如图 4-398 所示。

图 4-398　后帮中线重缝

这样就要根据原理，将靴筒作转换处理。先在 O' 叠位上加 8～9 毫米的量，将 $O'E'$ 连线并延长；按 E' 点，将 $T_2'E$ 线转换到 RE 线上，即出现夹角量 $LT_2'E'R$，利用样板同步将 $T_2'T_2''$ 转换致 RR' 线上，最后按 O' 为中点，将筒口高部件转换到 Q' 点，注意原中筒高不变，按后弧造型画出即可。这样，样板可利用中线对称，在车缝工艺中部件就可还原，如图 4-399 所示。

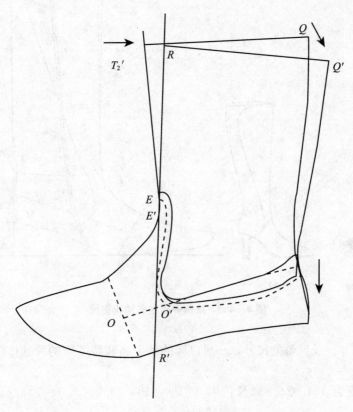

图 4-399　后帮转换

十三、长筒靴设计（膝下高 15 英寸）

长筒靴的设计，同样应确定好所需的楦型，才能开始设计操作过程，而楦体的变化主要在楦的筒口长度上，一般规律是拉链靴和帮带靴的筒口长度较短，而全封闭靴筒的楦筒口长度则较大，有个别特殊之靴筒（如后倒靴），其楦筒口更要向后偏歪。

1. 单侧开拉链长筒靴设计

单侧开拉链长筒靴如图 4-400 所示。

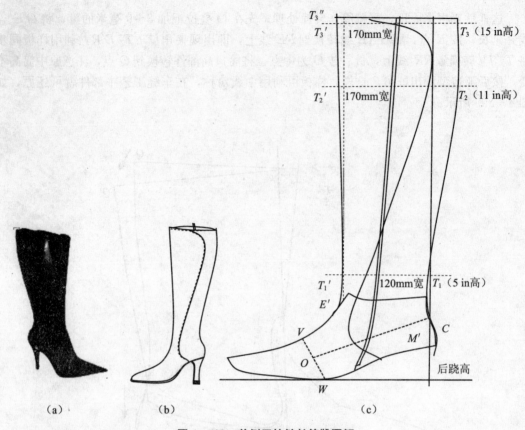

图 4-400　单侧开拉链长筒靴图解

（1）设计尺寸。长筒靴的尺寸，一般以脚的膝下高和膝下围的尺寸作依据，拉链靴尺寸如下：

高度规律值为 154.02 ％脚长：男 25 码＝154.02％×250＝385，设计尺寸＝406（16in）

女 23 码＝154.02％×230＝355，设计尺寸＝380（15in）

围度规律值为：男 130.91％S，Ⅱ型半＝130.91％×243＝318，设计尺寸＝159＋10～20≈180

女 120.98％S，Ⅰ型半＝120.98％×222＝268.6，设计尺寸＝134.3＋15～30≈170

表 4-5　　　　　　　　　　长筒拉链靴的参考尺寸　　　　　　　　　　单位：mm

		短靴尺寸位置	中靴尺寸位置	长靴尺寸位置
男 25#	高度	130（约 5in）	305（约 12in）	406（约 16in）
	宽度	130 左右	180 左右	180 左右
女 23#	高度	120（约 5in）	280（约 11in）	380（约 15in）
	宽度	120 左右	170 左右	170 左右

注：本宽度尺寸也可用于帮带靴类和全橡筋靴筒类，而宽度尺寸可以根据要求调整大小。

（2）楦型、靴楦。

男 25 码，$L=265mm$，Ⅱ型半，$S=243mm$，平跟，筒口长$=110mm$。

女 23 码，$L=242\sim245mm$，Ⅰ型半，$S=222mm$，中跟，筒口长$=105mm$。

（3）帮结构。前帮和后帮，内、外不对称结构，内拉链，里可跟面设计，另行设计款式。

（4）镶接关系。前帮叠后帮，拉链宽度按实际尺寸确定，一般要拉链到帮脚留 10 毫米空余。

（5）特殊要求。拉链鞋宽度要少，在脚腕部件，也可前减 5～10 毫米，后减 5 毫米；拉链设置一般为筒身的 1/2 处，可垂直或向前偏少许。

（6）步骤图解。

① 基础设计图的设定。先根据三点来确定靴的设计图，在纵轴坐标线的后踵高度点分别量取三段高：根据脚腕高男 130 毫米/女 120 毫米量取 T_1 点，并作 T_1 点的横向坐标找 T_1T_1' 线，根据脚腕宽男 130 毫米/女 120 毫米量取 T_1T_1' 线长，并以 T_1' 点作垂直线 $T_1'T_2'$；脚肚高男 305 毫米/女 280 毫米定 T_2 点，并作 T_2 点的横向坐标找 T_2T_2' 线；膝下高男 406 毫米/女 380 毫米量取 T_3 点，并作 T_3 点的横向坐标找 T_3T_3' 线；这样可按各自尺寸从前端线 $T_1'T_3''$ 分别向后量脚腕宽男 130 毫米/女 120 毫米左右、脚肚宽男 180 毫米/女 170 毫米左右、及膝下宽男 180 毫米/女 170 毫米左右，使之配合拉链靴的尺寸要求，可在楦筒口前少许标画一条直线（与横坐标垂直）致膝下高 T_3' 点，再根据要求前移 10～15 毫米找 T_3'' 点，这样靴筒前端可与地面成直线或前移状，而靴筒的

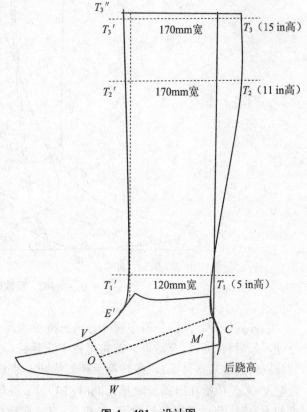

图 4 - 401　设计图

后弧线分别按各宽度尺寸连接虚线 T_3T_2、T_2T_1、T_1C，根据脚肚后跟状绘画出靴筒后弧线造型，使之配合拉链靴的尺寸要求，这样在设计尺寸图完成后，就可根据各种鞋款设计纸样。

注意：本尺寸为参考，具体要根据实际要求作调整，如材料延伸性、穿着松紧感等，如图 4 - 401 所示。

②在设计图确定后，根据造型设计鞋图。拉链位置，一般在筒口的 1/2 处开始，形状可垂直或偏前，一定要直线状，要求链位至帮脚要留 10 毫米余量，这样成型外底时便于黏合；外侧造型在筒口的 1/2 等分后绘画弯度，直至脚腕处开始转弯，要求弯位形状要大些，

直至外腰 F 点处，如图 4-402 所示。

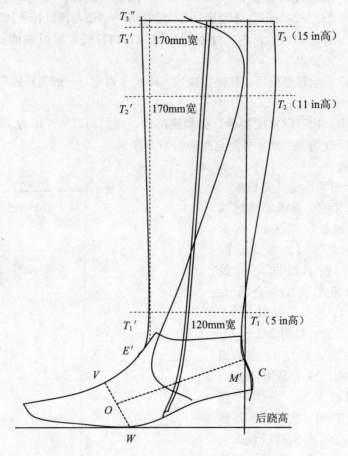

图 4-402　鞋款造型

③外侧处理，从图分析中得知，内、外侧为不对称结构；故要利用背中线分别作转换处理，最后将中线重合即可。首先将背中线延长，后帮整体不动，将鞋头下降作转换（也可分别将前、后帮转换），按转换原理转换成一直线，根据被转换的夹角 $AT'A_1$ 量，在前帮弯度 O' 点开始补回其所缺量，同时将 $O'F_1$ 线段减少 5～10 毫米，分成两段记录好 F_1 点和 F_2 点，最后根据前帮的 F_1 点和 F_2 点，在后帮相对应的地方也找出 F_1' 点和 F_2' 点，这样在车缝时发现前帮比后帮短，前帮要利用材料延伸性拉回原位置，即靴面在成型过程中会出现曲面状，如图 4-403 所示。

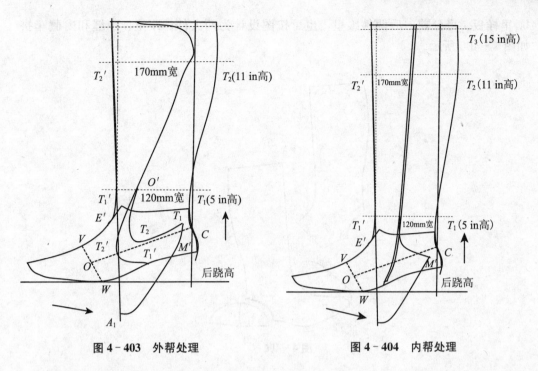

图 4-403 外帮处理　　　　　图 4-404 内帮处理

④内帮处理，同理将背中线延长，在延长线上找出 A_1，在内帮线找 O' 点（要求在背中线相对的宽度上找），同样将 $O'F_1$ 线段减少 5～10 毫米，分成两段记录好 F_1 点和 F_2 点，最后根据前帮的 F_1 点和 F_2 点，在后帮相对应的地方也找出 F_1' 点和 F_2' 点，这样在车缝时发现前帮比后帮短，前帮要利用材料延伸性拉回原位置，即靴面在成形过程中会出现曲面状，如图 4-404 所示。

⑤样板的剪取。

a. 划线板。划线板利用各自中线来重合即可，但注意要根据材料的延伸来修改划线板，如图 4-405 所示。

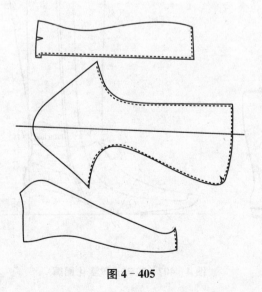

图 4-405

b. 里样板。可分前、后两件跟里，也可按图设计为两大件、跟里、中缝和内侧车拼缝，如图 4 - 406 所示。

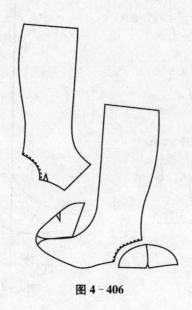

图 4 - 406

2. 拉链长靴的变化设计（膝下高 15 英寸）

拉链长靴的变化设计，如图 4 - 407 所示。

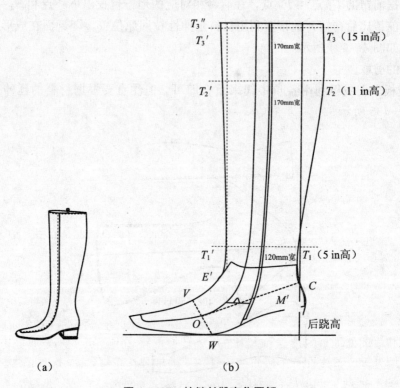

（a）　　　　　　　　　　（b）

图 4 - 407　拉链长靴变化图解

（1）设计尺寸

与前拉链靴一样，同理。

（2）楦型

与前拉链靴楦相同。

（3）帮结构

整舌式、鞋围、内拉链，在内腰窝处断开，里另设计。

（4）镶接关系

鞋舌压围子、内腰断车拼缝或对接，内侧车拉链，外围至后身为整体。

（5）特殊要求

主要是整鞋舌的处理，由于考虑较长，故采用转换取跷将前、后分别来处理，同时利用定型机将靴胆和舌定型为曲状，注意加工工艺的车缝处理要配合。

（6）步骤图解

①同理，根据三点先确定设计图，定出尺寸设计图。在设计图上，按楦前梭确定帮盖深度 J，并在 O 宽度上先绘画出帮盖（因考虑为整舌式，故胆宽度不要太宽），按照胆的造型，绘画后身舌型，胆要分内、外处理，在筒口的 1/2 处开始设计拉链位置，宽度先量取拉链的实际宽度，直至帮脚、距离帮脚为 10 毫米左右车缝合位，内侧在内腰腰处断开，外侧为整体，如图 4 - 408 所示。

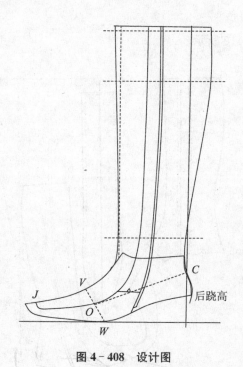

图 4 - 408 设计图

②帮盖和舌的处理，因帮盖和舌为整体要转换取跷，围子可工艺处理，其他部件可直接剪取，不用处理。首先在背中线将两边延长；前部分在相交点 V' 上加上自然量 Σ 找 V''，将胆 JV' 转至 A_2V'' 线上，保持背中线不变；这样会出现胆围线变短；为保证车缝吻合，故

在胆和舌与围子相对应位置找出三个车缝定位点，利用材料将胆边拉长以与围一致。而后部分可视围边长度不变。增加其背中线长度，但要注意两者车缝长度要相同，如图 4 - 409 所示。

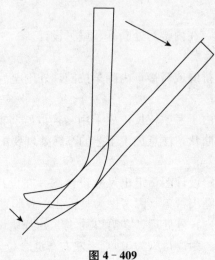

图 4 - 409

③样板的剪取。

a. 划线板，如图 4 - 410 所示。

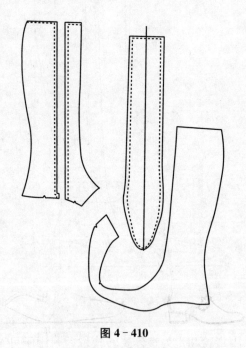

图 4 - 410

b. 里样板，如图 4 - 411 所示。

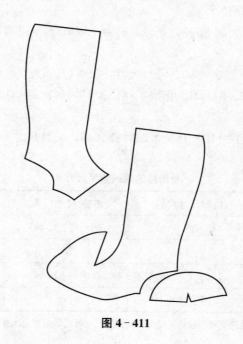

图 4 - 411

3. 帮带长靴的设计（膝下高 15 英寸）。

帮带长靴的设计，如图 4 - 412 所示。

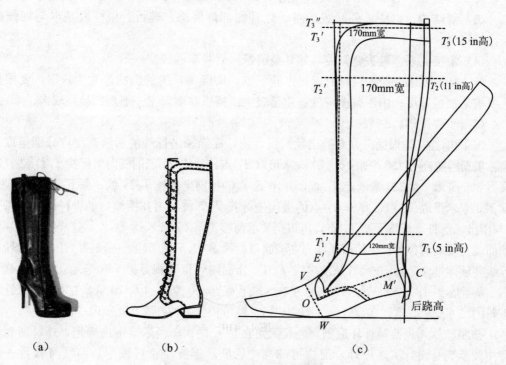

（a） （b） （c）

图 4 - 412 帮带长靴设计图解

(1) 设计尺寸。长筒靴的尺寸，一般以脚的膝下高和膝下围的尺寸作依据，拉链靴尺寸如下：

高度规律值为 154.02 ％脚长：男 25 码＝154.02％×250＝385，设计尺寸＝406（16in）

女 23 码＝154.02％×230＝355，设计尺寸＝380（15in）

围度规律值为：男 130.91％S，Ⅱ型半＝130.91％×243＝318，设计尺寸＝159＋10～20≈180

女 120.98％S，Ⅰ型半＝120.98％×222＝268.6，设计尺寸＝134.3＋15～30≈170

表 4-6　　　　　　　　　　　　长筒拉链靴的参考尺寸　　　　　　　　　　　单位：mm

		短靴尺寸位置	中靴尺寸位置	长靴尺寸位置
男 25#	高度	130（约 5 in）	305（约 12 in）	406（约 16 in）
	宽度	约 130	180	约 180
女 23#	高度	120（约 5 in）	280（约 11 in）	380（约 15 in）
	宽度	约 120	170	约 170

注：本宽度尺寸可用于帮带靴类和全橡筋靴筒类，而宽度尺寸可以根据要求调整大小。

(2) 楦型，靴楦。

男 25 码，L＝265mm，Ⅱ型半，S＝243mm，平跟，筒口长＝110mm。

女 23 码，L＝242～245mm，Ⅰ型半，S＝222mm，平跟，筒口长＝105mm。

(3) 帮结构。鞋头、外耳或后身、外耳加部件装饰、鞋舌、里样板基本与划线板同步，后跟里。

(4) 镶接关系。鞋头叠鞋舌，外耳叠前帮，后身车假线。

(5) 特殊要求。靴在设计时，要以膝下围，脚肚围，脚腕围的尺寸为依据，要根据工艺要求来加减宽度；由于靴楦弯度自然量较大，所以在取跷上一般用转换跷较多。

(6) 步骤图解。

① 同前述，先根据三点来确定靴的设计图，在纵轴坐标线的后跷高度点分别量取三段高：根据脚腕高男 130 毫米/女 120 毫米量取 T_1 点，并作 T_1 点的横向坐标找 T_1T_1' 线；脚肚高男 305 毫米/女 280 毫米定 T_2 点，并作 T_2 点的横向坐标找 T_2T_2' 线；膝下高男 130 毫米/女 120 毫米量取 T_3 点，并作 T_3 点的横向坐标找 T_3T' 线；再在楦筒口前少许标画一条直线（与横坐标垂直）至膝下高 T_3' 点，再根据要求前移 10～15 毫米找 T_3'' 点，这样靴筒前端可与地面成直线或前移状，靴筒后弧线先在楦筒口后移 1～1.5 毫米绘画一段曲线使之形成靴后跟弧线并延伸过 T_1 点，按尺寸从前端线 $T_1'T_3''$ 分别向后量脚腕宽男 130 毫米/女 120 毫米左右、脚肚宽男 180 毫米/女 170 毫米左右、膝下宽男 180 毫米/女 170 毫米左右，使之配合帮带靴的尺寸要求，这样在设计尺寸图完成后，就可根据各种鞋款在此范内进行设计了。

按照鞋款，先绘画外耳造型，外耳尖角在 O 点的 ±5 毫米范围内确定，外耳造型，按背中线及统身设计图来设计，筒口可前高，后低，脚腕位置可偏窄；前帮与鞋舌一般在 EV 的 1/3 处断开，要加上叠位量，这便于取跷，如图 4-413 所示。

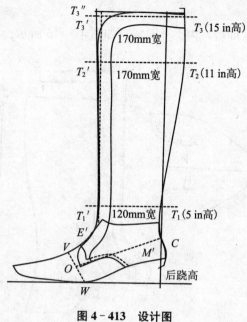

图 4 - 413　设计图

②鞋舌宽度由于较窄，可直接按背中线向后延长，宽度单边为 30 毫米，而鞋头与舌位以 VE 的 1/3 处作参考，利用转换原理，将 $V'V$ 两点连延直线，按转换取跷将前帮作降跷处理，在弯角上找 O' 点作还原处理，如图 4 - 414 所示。

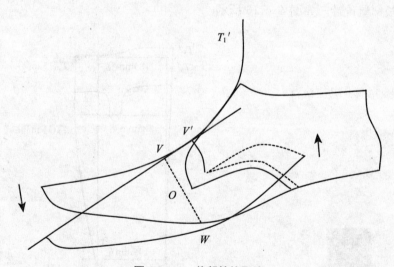

图 4 - 414　前帮转换取跷

③样板的剪取。

a. 划线板。按图剪取即可，内、外同步，如图 4 - 415 所示。

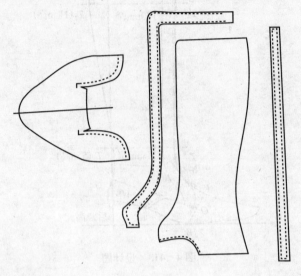

图 4 - 415

b. 按划线板设计，后跟可作对称处理。

4. 封闭式长筒靴设计（膝下高 15 英寸）

封闭式长筒靴设计，如图 4 - 416 所示。

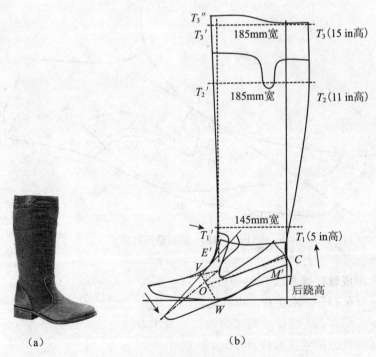

（a） （b）

图 4 - 416 封闭式长筒靴图解

（1）设计尺寸。长筒靴的尺寸，一般以膝下的高和围的尺寸作依据，封闭式靴尺寸如下：

高度规律值为 121.88％ 脚长：男 25 码 ＝ 121.88％ × 250 ＝ 304.7，设计尺寸 ＝ 406（16in）

女 23 码 ＝ 121.88％ × 230 ＝ 280，设计尺寸 ＝ 380（15 in）

围度规律值为：男 139.34％S，Ⅱ 型半 ＝ 139.34％ × 243 ＝ 338.6，设计尺寸 ＝ 169.3 ＋ 25～40 ≈ 205

女 131.76％S，Ⅰ 型半 ＝ 131.76％ × 222 ＝ 292.5，设计尺寸 ＝ 146.3 ＋ 25～40 ≈ 185

表 4-7　　　　　　　　　　　　　　封闭式靴尺寸　　　　　　　　　　　　　　单位：mm

		短靴尺寸位置	中靴尺寸位置	长靴尺寸位置
男 25#	高度	130（约 5 in）	305（约 12 in）	406（约 16 in）
	宽度	160 左右	205 左右	205 左右
女 23#	高度	120（约 5 in）	280（约 11 in）	380（约 15 in）
	宽度	145 左右	185 左右	185 左右

注：本宽度尺寸作参考，要根据实际情况作调整。

（2）楦型。主要是封闭式靴楦筒口比拉链靴楦筒口要长。

男 25 码，$L＝265mm$，Ⅱ 型半，$S＝243mm$，平跟，筒口长 ＝ 120～140mm。

女 23 码，$L＝242～245mm$，Ⅰ 型半，$S＝222mm$，跟高按要求，筒口长 ＝ 115～130mm。

（3）帮结构。前帮、后身统、筒口部件，前后帮衬里、筒口里。

（4）镶接关系。前帮叠后身，后身部件可中缝车对拼或全件，筒口部件压后身。里车缝套里（即面、里成型后最后车筒口位）。

（5）特殊要求。全封闭靴与单侧开或帮带靴区别在宽度设计尺寸上的差距，要按脚型和工艺需要作调整和修改。

（6）步骤图解。

① 基础设计图的设定。先根据三点来确定靴的设计图，在纵轴坐标线的后跷高度点分别量取三段高：根据脚腕高男 130 毫米/女 120 毫米量取 T_1 点，并作 T_1 点的横向坐标找 T_1T_1' 线；脚肚高男 305 毫米/女 280 毫米定 T_2 点，并作 T_2 点的横向坐标找 T_2T_2' 线；膝下高男 130 毫米/女 120 毫米量取 T_3 点，并作 T_3 点的横向坐标找 T_3T' 线；再在楦筒口前少许标画一条直线（与横坐标垂直）致膝下高 T_3' 点，再根据要求前移 10～15 毫米找 T_3'' 点，这样靴筒前端可与地面成直线或前移状，靴筒后弧线先在楦筒口后移 1～1.5 毫米绘画一段曲线使之形成靴后跟弧线并延伸过 T_1 点，按尺寸从前端线 $T_1'T_3''$ 分别向后量取脚腕宽男 160 毫米/女 145 毫米左右、脚肚宽男 205 毫米/女 185 毫米左右、及膝下宽男 205 毫米/女 185 毫米左右，使之配合封闭筒的尺寸要求，这样在设计尺寸图完成后，就可根据各种鞋款在该设计范围内进行设计了。

注意：以上尺寸为参考，具体要根据实际要求作调整，如材料延伸性、穿着松紧感

等，如图 4-417 所示。

②在尺寸控制图的基础上，靴筒的筒口可设计成前高后低、平行或中间高、两边低等各种鞋款；鞋头深度一般以脚腕为依据，葫芦位的宽度一般在 18～23 毫米，转弯位一般要求偏前并且在 OC 控制线以上绘画，后跟部件可整体造型，如图 4-418 所示。

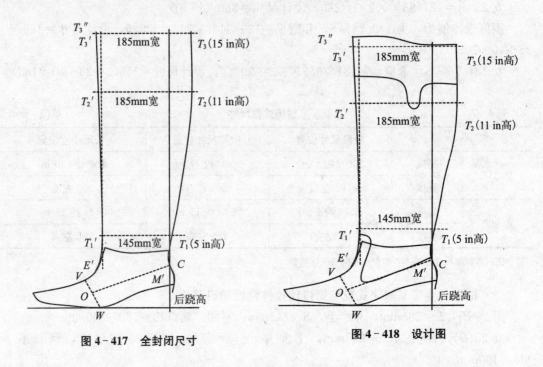

图 4-417　全封闭尺寸　　　　图 4-418　设计图

设计的鞋头为整体，可按转换取跷将前帮转为一直线，两边分别按步骤处理，如图 4-419所示。

图 4-419　取　跷

③样板的剪取。

a. 划线板。本样板的剪取，是将后身部件在中缝上断开，分为内、外两部件，其他部件相同，如图 4-420 所示。后帮部件设计为整体，中缝不断，利用取跷将部件作转换，如

图 4 - 421 所示。

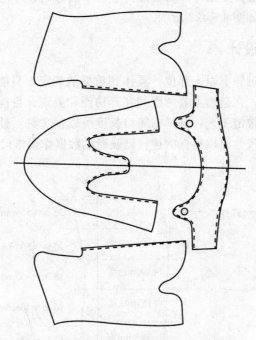

图 4 - 420　在背中线断开分内、外怀区别

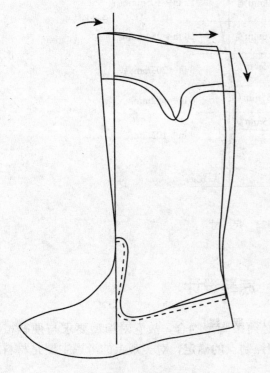

图 4 - 421　靴筒处理

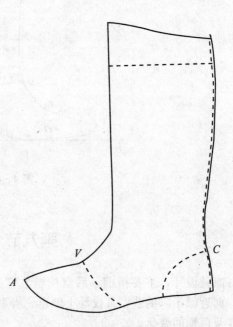

图 4 - 422　虚线为里样板设计线路

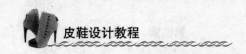

b. 里样板。里样板的设计比较灵活，可以按前述外侧不断，内侧在内腰处断开；又可以在 VA 前中线对称在腰窝处断开，而后帮衬里在中缝分内、外两部件，后跟可在 C 以下对称，筒口加保险里，如图 4-422 所示。

十四、超长靴的设计

超长靴指的是高度过膝下以上部位，具体到数据的确定，只能提供参考，因顾客和市场的要求不同有所区别；在造型上要考虑到穿着功能和美观，目前采用较多的是在脚腕高度的上下之间开口车缝拉链工艺，这样楦筒口长度可以偏少许，使得超长靴筒的造型曲线有一定的变化，而数据尺寸可以根据前述拉链长靴的数据作调整尺寸，如图 4-423 所示。

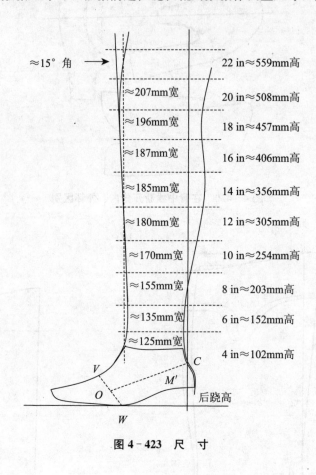

图 4-423 尺寸

第九节　凉鞋设计

凉鞋设计，主要指前、后空凉鞋。它必须跟脚型吻合，故它对楦型要求与便鞋楦不同，而近似于脚的造型，设计上侧重于脚型控制点的确定，对美观上的考虑主要是材料的改变及色彩的变化。

由于凉鞋部件比较少，脚型基本为暴露，所以在设计时必须要在楦底样上确定脚的特征部位点，再根据要求和美观来设计。下面按脚型及所露脚趾，列出图例，在设计时作参考，同时会发现所露脚趾越少，楦前头越少、越尖，如图 4－424 所示。

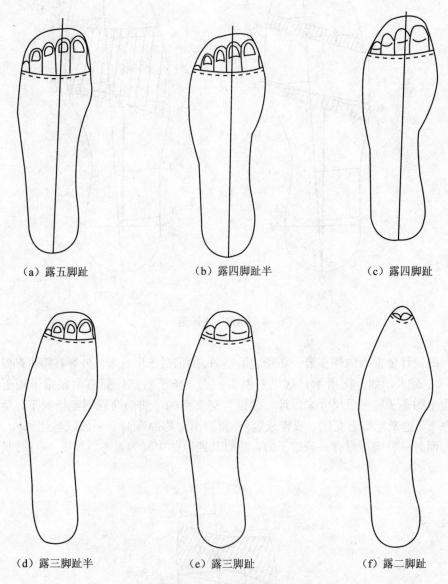

（a）露五脚趾	（b）露四脚趾半	（c）露四脚趾
（d）露三脚趾半	（e）露三脚趾	（f）露二脚趾

图 4－424　露各脚趾尺寸

　　具体到确切数据时，根据脚型的各控制点，楦底样上确定出的设计尺寸作为依据。女凉鞋口的设计，外怀的一般以小趾前端边沿点前后±5 毫米范围，内怀则以拇趾外突边沿点前后±5 毫米范围来确定。如条子凉鞋，外怀在前端点设定为小趾前端点 A_3 的后移 5 毫米，内侧从拇趾外突点 A_2 的前移 5 毫米来设定；如不对称结构凉鞋，位置则相反，外怀在小趾前端点 A_3 前移 5 毫米，内怀在拇趾外突点 A_2 后移 5 毫米，如图 4－425 所示。

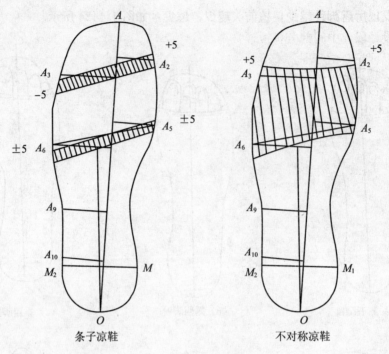

图 4-425　设计图

中间的设计依据为内怀在第一跖趾边沿点 A_5 的前后±5 毫米，外怀在第五跖趾边沿点 A_6 前后±5 毫米，如上图所示；这里要说明一点，条子鞋前段只有两条带子而近似平行的，可按上图条子鞋所示尺寸来设计，假设为交叉型的，前面两点不变情况下，后面两边沿点可在±5 毫米范围上变化（或露或包）；而为不对称凉鞋时，一般以包住 A_5、A_6 两点为基础。而另一种前帮只有一条带子的，应以其四点的中间为参考，如图 4-426 所示。

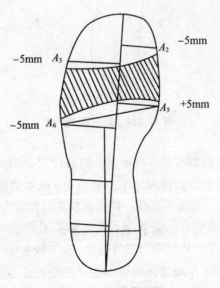

图 4-426　单带凉鞋

注意几点：①后部件空缺位置，一般以楦底样的 20%L 作踵心线的平行为参考，一般不要过这一设计段，中间部分可视鞋款来改变，如图 4-427（a）所示。

②楦面设计点，由于是凉鞋，应按脚型控制点来确定，而常用设计点为 V_0、V、E、P'、Q 由于凉鞋为后空跟，故跟高一般要比便鞋高，男 25# = 65 毫米，女 23# = 55 毫米，如图 4-427（b）所示。

③由于凉鞋一般前帮、后帮分离，故在部件处理过程中，一般不用作取跷处理，在确定楦底样的控制尺寸后，我们直接采用楦面设计——经验设计法，在楦上贴纸，用介刀将部件介离，利用背中线作对称处理，再利用后跟中线作对称，即可得到部件，如图 4-427（c）所示。

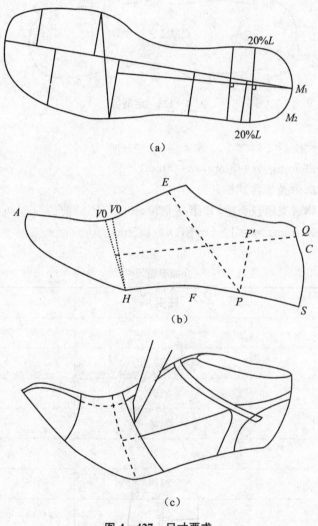

图 4-427 尺寸要求

④上述步骤操作后，还要作绷帮用的定型板（飞机板），按鞋面尺寸在楦底边的位置确定后，经过楦底边线上的设计点，来确定鞋条子的绷帮位置，如图 4-428 所示。

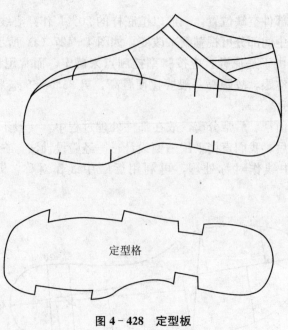

图 4-428 定型板

⑤前、后空凉鞋楦。

男 25 码，$L=265\text{mm}$，$m=5\text{mm}$，$n=4\text{mm}$，

Ⅱ型半，$S=236$（类似舌式楦）

跗围=244～243（类似素头楦），跟高=20～30。

女 23 码，$L=237\text{mm}$，$m=10.5\text{mm}$，$n=4.5\text{mm}$。

表 4-8　　　　　　　　　女凉鞋楦尺寸　　　　　　　　　单位：mm

跟　高	跖围 S	跗　围
20	213	221
30	213	219
40	215	218
50	215	216
60	217	216
70	217	214
80	217	212

注：跟越高、跖围越大、跗围越小

　　从上述我们已经知道凉鞋的基本设计方法，再根据脚型控制尺寸，市场的款式变化，就可设计出多种鞋款；下面根据几种常见的鞋款，进一步说明其原理。

一、横带凉鞋实例

横带凉鞋如图 4－429 所示。

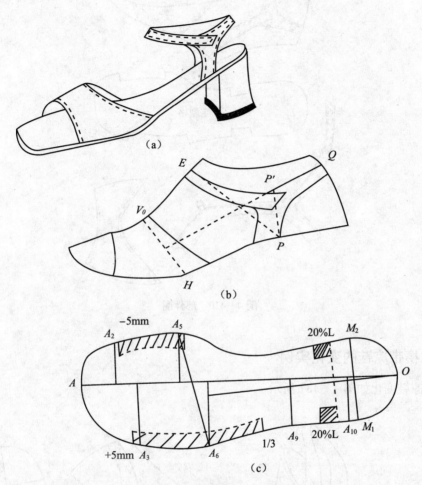

图 4－429　横带凉鞋图解

首先利用凉鞋楦出楦底样，并在楦底样上确定出脚型控制点，按具体尺寸作参考来设计即可；由于本图为不对称结构，故在拇趾外突点 A_2 后移 5 毫米，小趾前端点 A_3 前移 5 毫米，第一跖趾在 ±5 毫米范围上确定，外侧在 A_6A_9 的 1/3 等份前设计，而后帮带最小在楦长的 20%L 内设计（内、外为对称），这样楦底格基本上确定，如图 4－429 所示。

在确定出楦底的控制范围后，我们采取立体设计法，在楦面上绘画所需鞋图，然后利用介刀将图纸介开并取出，在另一平纸上画一直线，利用背中线作对称线，直接展平图纸，这样基本样板就完成，但注意后带尽量取直线；再根据划线板的边沿点来确定楦底样的定位板，要求凉鞋的绷帮量达 18～20 毫米，同时部件细小的，要加补强带，如图 4－430 所示。

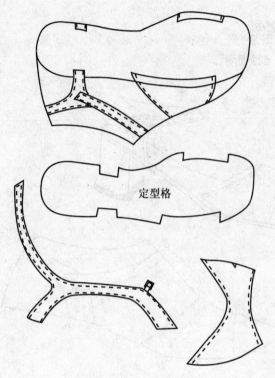

图 4-430 部件图

二、横带凉鞋的变化实例

横带凉鞋变化如图 4-431 所示。

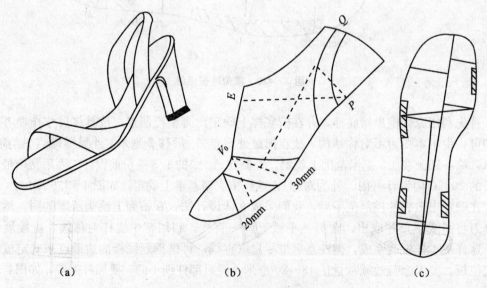

（a） （b） （c）

图 4-431 横带凉鞋变化图解

设计要点：

由于本图是单条横带鞋，内侧在控制点的 A_2A_5 之间确定，外侧以包住 A_6 为佳，内窄、外宽；后帮带在 A_{10} 点前设定，宽度按美观来设计，后帮一般在掌跟的前面设定，后带中间弯拉在工艺上最好车 15 毫米长的橡筋作补强，如图 5-432 所示。

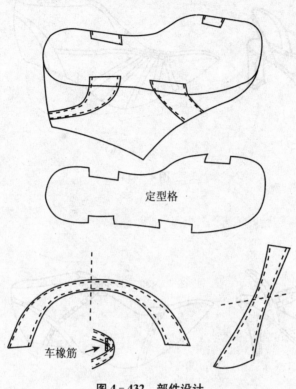

图 4-432 部件设计

三、条子凉鞋实例

条子凉鞋如图 4-433 所示。

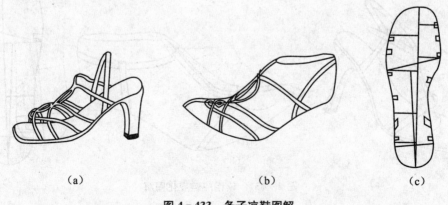

（a）　　　　　　　　（b）　　　　　　　　（c）

图 4-433 条子凉鞋图解

其他凉鞋变化款式如图 4-434、图 4-435、图 4-436 所示。

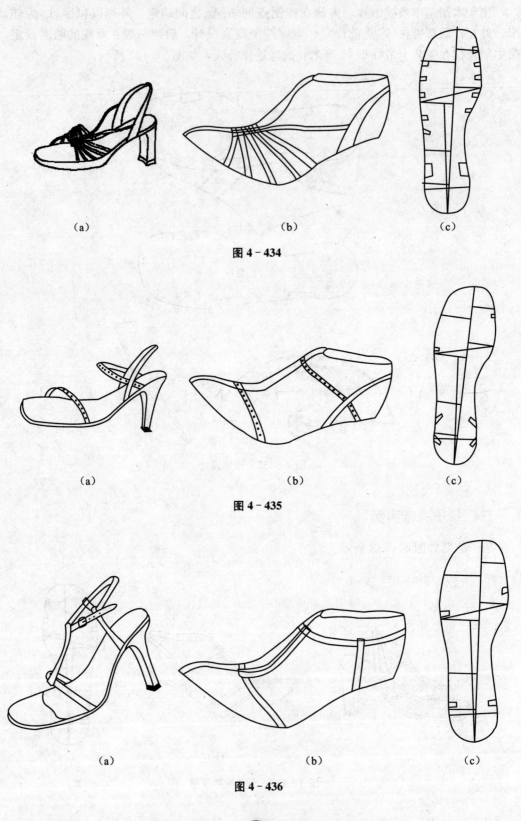

（a）　　　　　　　　　　（b）　　　　　　　　　（c）

图 4-434

（a）　　　　　　　　　　（b）　　　　　　　　　（c）

图 4-435

（a）　　　　　　　　　　（b）　　　　　　　　　（c）

图 4-436

四、夹脚凉鞋实例

夹脚凉鞋如图 4 - 437 所示。

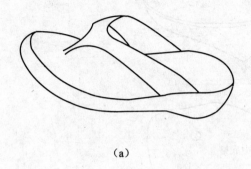 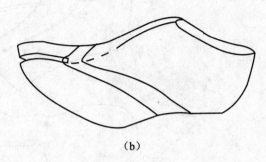

（a）   （b）

图 4 - 437

（1）楦型。由于夹脚凉鞋在穿着时要过第一、第二趾中间，故楦上要在楦前开一条开口渠，便于绷帮和穿着，而在穿孔位置上，在楦底样上先确定脚型控制尺寸，在小趾前端点上画一横宽度线，将其分为 3 等份，在其 1/3 处打开一渠口，如图 4 - 438 所示。

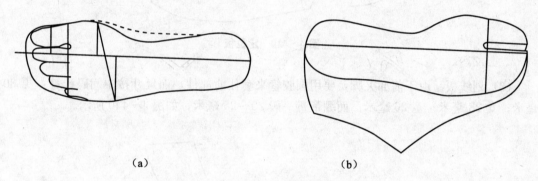

（a）   （b）

图 4 - 438 开渠位置

（2）定位板。楦型确定后，采用立体设计法在楦面上完成纸样的设计，并用介刀剪取基本样板，粘平到平面上即可。

而在楦底上，先用楦底格固定好楦底，再画出绷帮位置的尺寸，并剪掉没用部分，即可得出定位板，如图 4 - 439 所示。

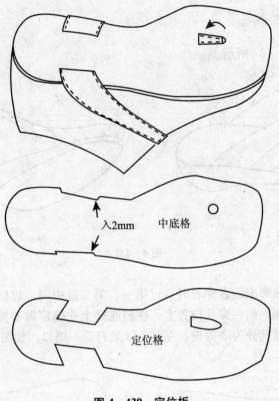

图 4 - 439　定位板

（3）划线板。由于前部夹脚，要用圆胶管来套住前部件，而尺寸按中间码计算：男 30 毫米；女 28 毫米；童 26 毫米。而绷帮量一般 20～25 毫米，如图 4 - 440 所示。

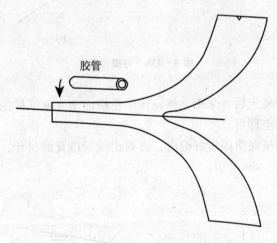

图 4 - 440　划线板

外夹脚趾凉鞋如图 4-441 所示。

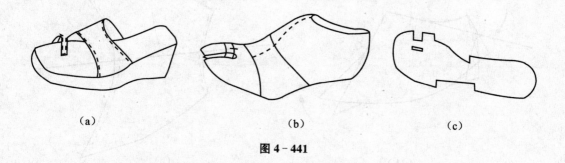

（a）　　　　　　　　　　　　（b）　　　　　　　　　　（c）

图 4-441

五、整片式凉鞋实例

整片式凉鞋如图 4-442 所示。

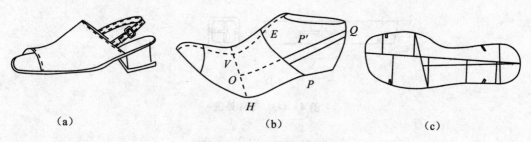

（a）　　　　　　　　　　　（b）　　　　　　　　　（c）

图 4-442　整片式凉式图解

（1）立体设计。要先确定好控制尺寸后才绘画楦面上的线条，主要是不对称结构，所以拇趾外突点后移 5 毫米，而第五趾前端则前移 5 毫米；楦面背中线在 E 点前设计即可，帮脚在楦底样的 $30\%L$ 前确定；后带高在 CQ 之间定，一般可达 Q 点，注意鞋扣在设计时要尽量在 P' 点下经过。

（2）前帮处理。由于前帮部件在设计时已经过 V 前后，即背中线出现两条 AV、EV，这样在部件剪取出来后，可利用转换取跷来展平取跷，即将 EV 延伸为直线，按其减量在后帮线上补回自然量，如图 4-443 所示。

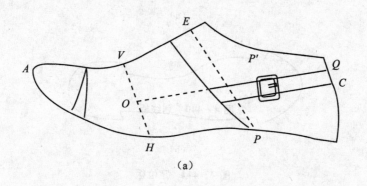

（a）

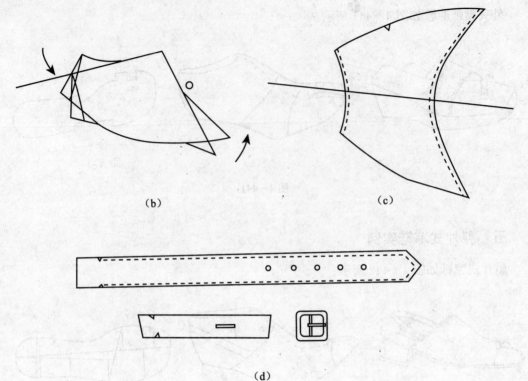

(b)

(c)

(d)

图 4-443　部件处理

（3）定位板。按前述在楦底上确定，如图 4-444 所示。

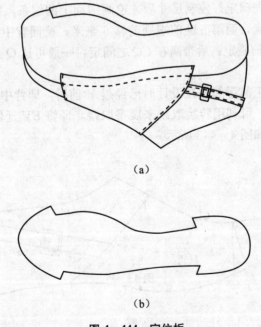

（a）

（b）

图 4-444　定位板

整片式凉鞋变化，如图4-445所示。

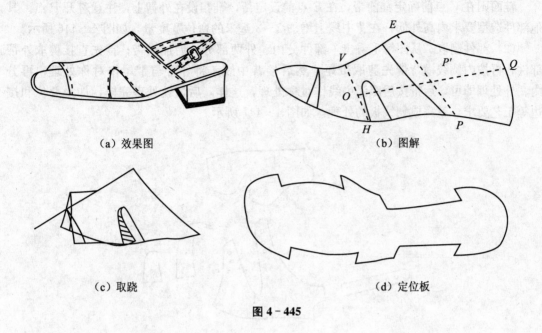

（a）效果图　　　　　　　　　　（b）图解

（c）取跷　　　　　　　　　　（d）定位板

图4-445

六、背带扣凉鞋实例

背带扣凉鞋如图4-446所示。

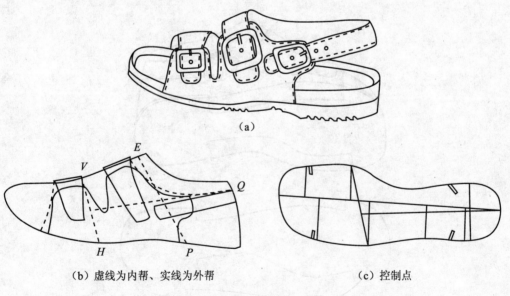

（a）

（b）虚线为内帮、实线为外帮　　　（c）控制点

图4-446

（1）本图的样板。分内、外两部分，内帮为伴带条，外帮车缝扣位。在设计上，底格按脚型控制点来确定，本款按不对称结构来设计；即拇趾外突点后移5毫米左右，小趾前

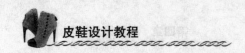
端点移 5 毫米，作鞋口控制范围尺寸，后段可按 $25\%L$ 长来参考设定。

鞋面则在 V 点前确定鞋前帮，在 E 点前设定帮，鞋扣设在外帮上，注意避开 P 点。其他部件造型要求内高外低，在背中线上增加 2～3 毫米的弯位宽度量，如图 4-446 所示。

（2）部件制取。从图解上看出，部件分内、外两部分，后加横带；首先直接剪取外帮部件，再按内侧线横背带先剪取带尾，然后接背中线，将外帮与带尾作对称处理，再分内、外处理即可，后带按后跟弧中线作对称处理，这样，后带就处理完毕，加上叠位和接边等工艺要求，就完成划线板的处理，如图 4-447 所示。

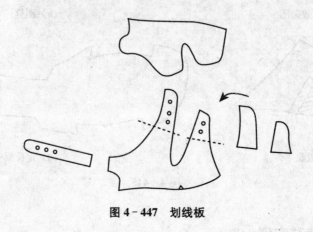

图 4-447　划线板

（3）定位板。用中底样板在楦底上确定好，再根据划线板纸样来确定出楦底的定位板，如图 4-448 所示。

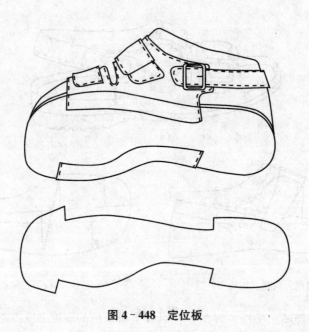

图 4-448　定位板

第十节　鞋面扩缩

　　鞋面的扩缩，就是将划线板的中间码纸样进行扩大和缩小；而在操作过程中，一般可用划线板来操作，但有些要求较严格，要用基本样板来扩缩，然后再加上其工艺量。

　　鞋面的扩缩，要根据使用中的实际号差和围差来进行，例如：中国码的要用号差为5毫米，围差为3.5毫米的；英国码的就要用号差为4.23毫米，围差为2.5或者3毫米的其中一种。

　　鞋面的扩缩方法，是在坐标原理的基础上，变化出多种扩缩方法，这里主要介绍几种。我们可在理解的基础上灵活掌握并使用，但不管哪种方法，都必须注意前、后部件的连接线要相互一致，不要出现码数跨度越大，相差越明显的现象；所以，在扩缩过程中，要按鞋码逐级来操作（即完成1个码的部件，再按原理操作下一个部件），不要出现跳码操作，否则会有误差。为减少其误差，我们可以在放码时，先将前帮部件全部扩缩齐所需的样板，再进行中帮部件的扩缩操作，而在中帮操作时，可用前帮纸来复制与中帮相同的线条，这就免去误差数，最后再进行后帮的操作。

一、坐标原理扩缩法

　　本扩缩法实际为坐标原理扩缩（坐标原理在楦底样扩缩上已讲述，这里不多说明）。

　　同样是坐标原理，所以有长度和宽度，根据长度和宽度数据先制作两把尺（长度尺和宽度尺），分别来量取各自尺寸的等差，并在相交线上找出各自的码数，再按各自尺码来相连所要部件的图案。

　　1. 缩尺的制取

　　要求在相同的鞋楦上来制取尺码数据。

　　例：男素头楦：25码

$L=265\text{mm}$ 　　　　　　$\Delta L=5\text{mm}$（中国鞋号）

$S=239.5\text{mm}$ 　　　　　$\Delta S=3.5\text{mm}$（中国鞋号）

　　（1）长度尺。首先画出坐标原理图，在横线上量取楦底样的实际长度265毫米作为尺的长度，并作垂直线，在垂直线上量取5毫米（整号差10毫米）作为高度R，连接AR斜线，斜线和横坐标线之间距离即为等差数，一般尺的制作宽度为20毫米宽即可，如图4-449所示。

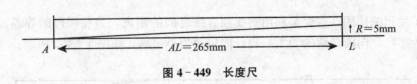

　　　　　　　　　　　　　　$\uparrow R=5\text{mm}$

$A\ \longleftarrow\ AL=265\text{mm}\ \longrightarrow\ L$

图4-449　长度尺

　　（2）宽度尺。同理画出坐标原理图，在纵线上量取楦的围度239.5毫米作为尺的长度，作其垂直线，在垂直线上根据围差3.5毫米（整围差7毫米）量取高度K，连接AK斜线，即斜线与坐标之间的距离为等差数值，一般尺的宽度也是20毫米左右，如图4-450所示。

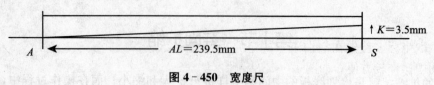

图 4-450 宽度尺

2. 注意事项

（1）扩缩一般在划线板上操作，但特殊样板要求较严格，要用基本样板（如搭线鞋），而各工艺定位点必须要在扩缩范围内（因各种折边量，绷帮量，压荐量数据较少，可不用考虑其误差值）。

（2）纸样的摆放，必须以不离开中心点为原则，而扩缩效果可以在坐标的 4 个等份上安排，与坐标位置无关，但与样板方向有关，一般以背中线为方向对称线，楦的斜长为长度线作参考，如图 4-451 所示。

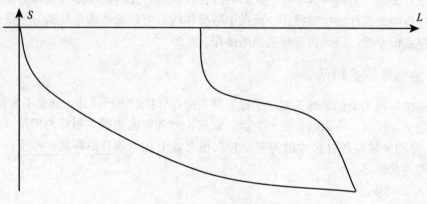

图 4-451 部件放置要求

（3）扩缩找点，部件以角度点为基础，遇到弯度较大和角度较多的，多找几个点，是直线的找两点，尽量利用坐标原点和轴线，注意在扩缩过程中，找点越多，样板越准确，但点多，会出现重复和烦琐现象，要注意适度。

（4）在扩缩时，有的部件可考虑扩缩为大、中、小号；如鞋的横担、鞋舌等，同时鞋厂规模较少的，也可考虑采用部件为大、中、小号进行跨码制作，如女鞋 34 码、35 码为小号，36 码、37 码为中号，38 码、39 码为大号，而在扩缩上只进行 34 码，36 码，38 码即可。

（5）扩缩尺的使用，主要是利用斜线到直线之间的距离，为每尺码的等差，以每点的垂直距离为半径，向前量取的为大一码，向后量为小一码，如图 4-452 所示。

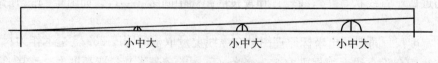

图 4-452 扩缩尺的应用

3. 扩缩步骤

（1）取坐标。首先在空白纸上确定好坐标原理图，并标出长度方向 L、宽度方向 S，这样在图中操作较方便，如图 4-453 所示。

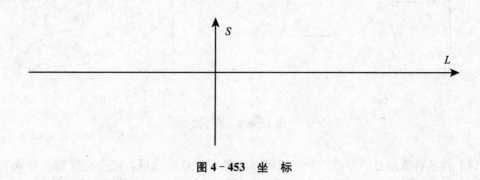

图 4-453 坐 标

（2）定中号样板位置。不管样板如何摆放，都不准离开中心点，离开其控制号差和围差就不起作用，一般为了便于操作都会把纸样放到一边，同时纸样长度和宽度，要与坐标方向一致，如图 4-454 所示。

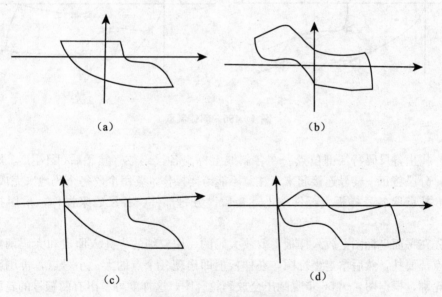

（a）　　　　　　　　　　　　　（b）

（c）　　　　　　　　　　　　　（d）

图 4-454 样板位置要求

（3）找特征部位点。在部件的转弯位上找点，在弯角上多找一个或两个点，尽量保持两点之间近似于直线状，在弯线较直和较长的距离中间多找一点，如图 4-455 所示。

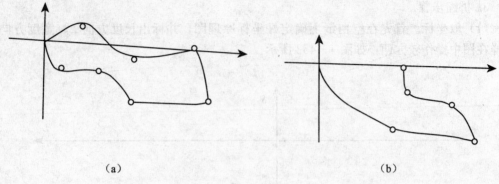

（a）   （b）

图 4－455　找　点

（4）找各特征位点的等值，并连成斜线。各部位点找出后，按坐标原理，分别利用长度尺和宽度尺，找出各自的大、小码等差。按长与宽的相交点来相连大、小尺码的斜线，并在斜线上找出各尺码的等值，如图 4－456 所示。

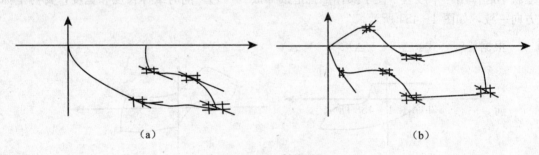

（a）   （b）

图 4－456　斜线制取

（5）找出各尺码特征部位点。在各斜线上标出各尺码数（熟悉后可不用），然后用中码样板，分段将每一鞋号连接起来，注意不能跨码操作，要每个码每个码地来完成。

（6）扎点取各号样板。部件按上述步骤，分每部件、各尺码来操作，采用扎点法来完成。

首先在平面坐标图上放入样板，要放大码的，用较细的尖扎入原点和大码两点，所有要找的点都要扎，然后拿走坐标图，在样板上即出现各个点的大、小号点，再用原纸样画出原图轮廓，根据图 4－456 步骤画出全放码轮廓图，这样就可看出有两鞋号的轮廓线，用剪刀剪取所需的轮廓，就可得到大码纸样。反之，就是小码，再用大一码就可以继续放其他鞋号，要注意分码、分部件来操作。

其他部件操作如此类推，不多说明，只要多练几次，就能学会，在明白坐标原理的基础上，根据其原理，变化出多种扩缩方法，但不管如何，都要记住定位点一定要在扩缩范围内，如图 4－457 所示。

(a)   (b)

图 4-457

二、射线换算扩缩法

射线扩缩是根据坐标原理变换出的一种快捷、方便的扩缩方法，利用楦底样长或楦斜长的数据，直接根据号差来作扩缩等差，这里只用长度来操作，宽度不用考虑，在扩缩过程中，包含了宽度数据在内，再加上相互的误差较少，直接采用号差即可。

例：男素头楦 25 码，号差 $\Delta L=5$mm。

楦底样长 $L=265$mm，$\Delta X=（\Delta L \cdot X）/L$。

根据长度公式：$\Delta L/L=\Delta X/X$　　$\Delta X=（\Delta L \cdot X）/L=\pm$等差

步骤：

1. 图例

前、后帮部件如图 4-458 所示。

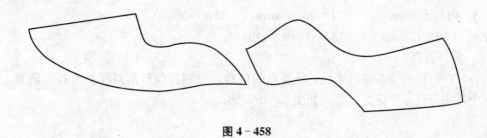

图 4-458

2. 任意找放射点 A

首先确定放射点，一般以背中线为基础，特别是不对称图形，放射点以放在一边为原则来操作，再根据图形的角度弯位找转角 B，然后从 A 点把各点用射线连接起来，形成放射状，即使各两点之间有一段距离，然后再根据长度公式计算出每两点之间的等差值，如图 4-459 所示。

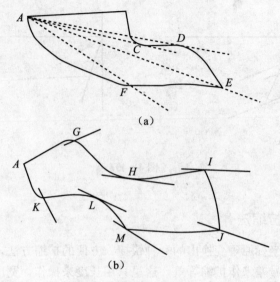

（a）

（b）

图 4－459　射线连接

假设：$AB=110$mm

根据公式 $\Delta X=（\Delta L \cdot X）/L=（5\times10）\div265=\pm2$mm

即 $AB=110\pm2$mm

根据公式推理、换算出各点的等差如下：

$AC=120\pm2.3$mm　　　$AD=160\pm3$mm　　　$AE=210\pm4$mm

$AF=115\pm2$mm　　　$AG=40\pm0.8$mm　　　$AH=100\pm1.9$mm

$AI=155\pm2$mm　　　$AJ=230\pm4$mm　　　$AK=30\pm0.7$mm

$AL=80\pm1.5$mm　　　$AM=115\pm2$mm

3. 操作过程

（1）在每段的等差值出来后，按各点的值数，分别在各自的斜线找出各尺码数，这在操作中可用分规来固定其等差，如图 4－460 所示。

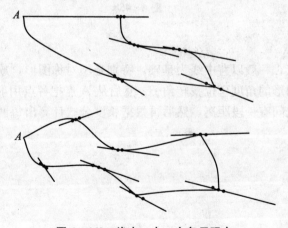

图 4－460　找大、中、小各尺码点

（2）在各尺码点出现后，初学者，最好标上码数，这样不会混乱（熟悉后不用），同坐标操作原理相同，也是采用扎点法，分步骤，分段落，按每一鞋码序号来操作完成各点之间的连线，注意不要跨码来操作，如图 4‑461 所示。

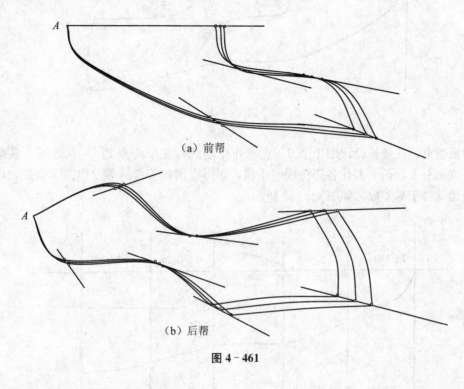

（a）前帮

（b）后帮

图 4‑461

其他部件的扩缩，都是在放射点确定之后，计算出各段的尺码来操作，一般顺序为前、中、后部件，按一整套码来完成。

三、经验扩缩

经验扩缩法，一般是人们在实际工作中，经过多次练习得出的一种快捷方法，它必须要在坐标扩缩原理的基础上去理解和消化，才能明白其操作方法，现以三节头鞋举例说明。

例：男 25 码素头楦，$L=265mm$ $\quad\quad\Delta L=5mm$

$\quad\quad\quad\quad\quad\quad\quad\quad S=239.5mm$ $\quad\quad\Delta S=3.5mm$

根据坐标原理，图形都有长度和宽度，所以将男 25 码的数据作为长度和宽度来例举。

1. 长度

根据部件的设计图，先画出坐标横线和纵线，以 AV 背中线为基础，确定好图形，如图 4‑462 所示。

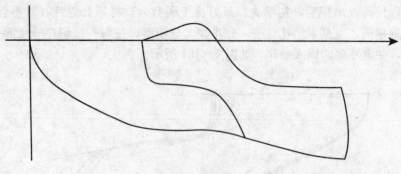

图 4 - 462

在横线上，在最长设计图上找 L_1 点，并作垂线，在中心点到 L_1 点之间，根据号差 $\Delta L=5$ 毫米分 5 等份，并作各等份线的垂线，即可得出每等份的等差值为 1 毫米，而将每等值相加就等于号差数，如图 4 - 463 所示。

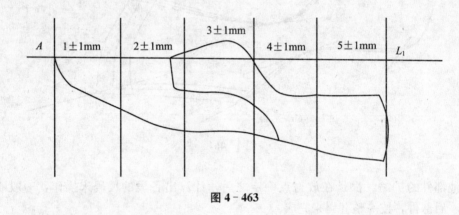

图 4 - 463

从图 4 - 463 可以看出，部件所要找的点，在长度等份上所占的比例，就是要找的等差的码数。

例如，前帮 B 点在比例图中，A 到 B 的比例所占总长度等份数约 ± 1.7 毫米或 ± 1.8 毫米，而帮脚 F 点所占的长度等份数约 ± 3.3 毫米，如图 4 - 464 所示。

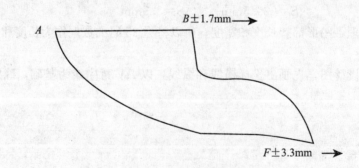

图 4 - 464 长度数据

2. 宽度

在纵坐标线上，以楦跖围为基础，作 H 点到横线的平行线，便是基础宽度尺寸，而宽度等差得出根据如下：

假如：楦底样围度的斜宽线长度为：$A_5A_6=88$mm

根据宽度公式：$\Delta X=(\Delta S \cdot X)/S=\pm$等差

即：$\Delta X=(3.5 \times 88)\div 239.5=\pm 1.3$

$\therefore AA=88\pm 1.3$mm

$\therefore$ 在跖围长度中，应 $239.5-88$

即用等差计算为：$3.5-1.3=2.2$

而在设计及扩缩中为单边样板。

$\therefore$ 应 $2.2\div 2=1.1$

由于 0.1 毫米可不用考虑。

即其宽度等差为：$AH_1=\pm 1$mm，如图 4-465 所示。

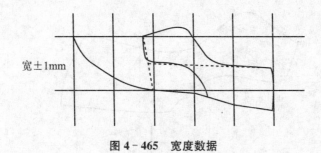

图 4-465 宽度数据

这样，可以从图看出，前帮脚 F 点在其比例宽度等差中约 1.2 毫米。而门口宽度等差约 0.5 毫米，如图 4-466 所示。

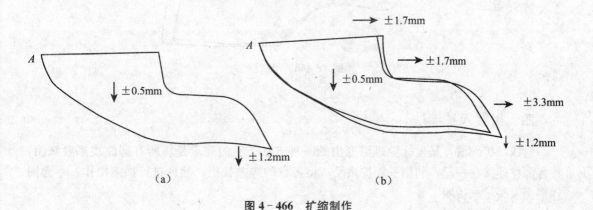

（a）　　　　　　　　　　（b）

图 4-466 扩缩制作

经过上述分析，前帮部件在等份比例中，有长度和宽度等差，按坐标原理来操作，可推理出每尺码的图案。

其他部件又如何测出等差，为方便操作，我们先在平面上画出其比例图，把各部件分

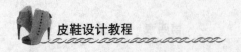

前后排列出来，即可看出各自的等差比例，如图 4-467 所示。

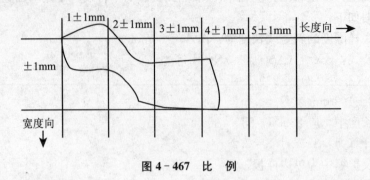

图 4-467 比 例

后帮高因操作上方便、易记，一般每码等差为±1 毫米即可；其他鞋款的扩缩，可在其原理上操作，如图 4-468 所示。

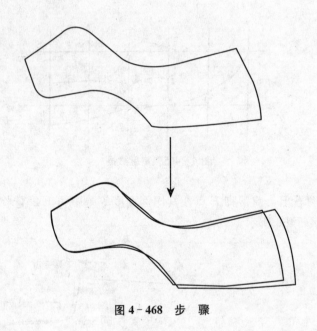

图 4-468 步 骤

四、射线尺扩缩法

射线尺扩缩法，是坐标原理演变出的一种方法，它的要求是将所有部件线都要画出，将各部件连接在一起，利用一把扩缩尺，将各点的等差找出，然后进行扩缩操作，下面同样根据素头楦来说明。

例：男 25 码，$L=265mm$ $\Delta L=5mm$

              $S=239.5mm$ $\Delta S=3.5mm$

1. 扩缩尺的制取

根据半边格的斜长数，作为尺的长度，而等差的高度，在其长度的垂直线上找取号差，而每找一等格即为各尺码的尺寸，同时可分别连出各斜线。在要截取每鞋号尺寸时，

就可量取垂直线上每格的高度，即是各尺码数，如图 4-469 所示。

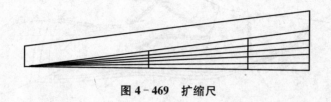

图 4-469　扩缩尺

从扩缩尺上看出，要找出各尺码的等差，就利用各自点的对折线之间的距离，量取各尺码。而扩缩尺的长度可利用设计图来截取，男 25 码在后跟弧中线自 S 向上量取 45 毫米找 R，女 23 码在后跟弧中线自 S 向上量取 40 毫米找 R，即量取 AR 的长为扩缩尺的长度，如图 4-470 所示。

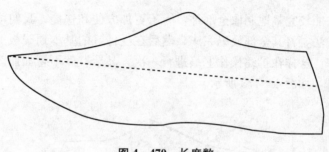

图 4-470　长度数

2. 放射点的确定及放射线的连接

首先在设计图上，将全部的帮部件绘画清楚，并将定位点同时标上，让其同步扩缩。以背中线为基础找出放射中心点 A，一般要考虑前、后部件不要与 A 点太远，要考虑操作便利并减少误差。然后在各部件的弯角上找点，要考虑前后帮部件在连接上的相同形状，并自 A 点为中心放射点，将要找出的点分别连成放射线状，如图 4-471 所示。

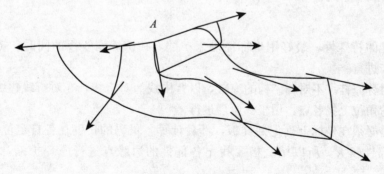

图 4-471　放射线

在各点线连接后，利用扩缩尺，以 A 为中心点，分别移动扩缩尺，量取出各尺码的等差值，然后用样板，找准各自鞋号来扩缩操作，如图 4-472 所示。

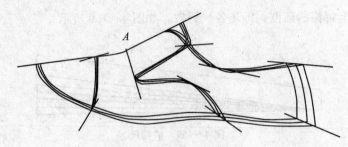

图 4 - 472　各尺码比例

本扩缩法的好处是部件不会在操作中跑错位，有利于整体的完美。为便于理解，图4－472将各尺寸线路也绘画上。而在实际操作中，部件扩大的只标画出中间码和大码点图，部件缩小的只标画出中间码和小码点图，而射线及各等差点，采用扎点法，将鞋的各纸样制取出来。

由于本扩缩法能较完整地制取全部件，为了更加方便和快捷，我们可以先将确定好的设计图，利用射线法，将其全部放码完毕，然后在设计好的基本划线板上，按各自码数的半边格，套画出来。这样在扩缩操作上只进行一次，其余鞋款不管如何改变，只要按各自半边格，套画即可，如图4－473所示。

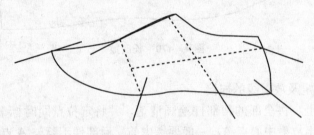

图 4 - 473　射线扩缩法

五、其他部件的扩缩

1. 凉鞋

由于凉鞋的特殊性，最好用坐标原理来扩缩，在扩缩划线板的同时，楦底格（定位板）也要同步进行。

（1）不对称凉鞋。不对称结构的凉鞋，以背中线为对折线，在对折线边缘位上找中心点，同理在弯角位上找各点，用坐标原理进行。

而楦底格必须在坐标上确定好样板，然后计算各尺码的长度在各自定位板上的位置，由于不对称部件较大，所以楦底格要找出各部件的边缘点进行原理扩缩，如图4－474所示。

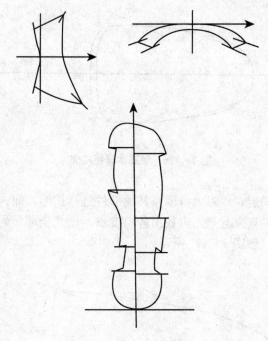

图 4 - 474 凉鞋扩缩

从图 4 - 474 看出，鞋面部件按原理操作，主要是楦底样的扩缩；在不对称结构上，只要扩缩边缘部位点即可，中间不用再找点扩缩，必须划线板、定位板用坐标方法同步进行才能保证其误差值一致。

楦底格的扩缩，用长度来计算其等差。宽度上固有各尺码，只要在等差值上加减长度即可。

（2）条子鞋。条子鞋的扩缩，在划线板上主要放宽度（按鞋的成形状态看，条子的走向是按楦的围度成型），长度因带子宽度较少，一般可不用考虑，宽度等差按宽度公式计算。

而在楦底样扩缩上，只放条子状前面的点即可，而后部件点一般不用再放，可按条子状来同步移动，如图4 - 475所示。

2. 穿线类鞋

穿线鞋（真、假包底鞋）由于在工艺上是胆、围加上工艺来缝制，其加工的工艺量基本为不变量，所以，一般要求是扩缩基本样板，在全部基本样板的尺码出来后，再增加其工艺加工量，这样才能保证所有纸样与楦型放码效果相同。

（1）真包底鞋。穿线鞋的扩缩顺序，应该是先扩缩帮盖，再扩缩围子及其他部件，而在扩缩上，必须以中轴对称线为基础，再以三点为起点，加上其角度点来进行操作，如图 4 - 476 所示。

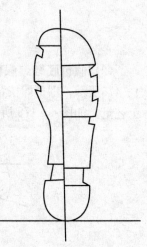

图 4 - 475 按点扩缩

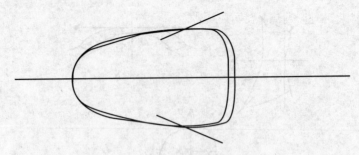

图 4 - 476　胆基本样板扩缩

　　在帮盖操作全部尺码后，再对大身围及其他部件进行扩缩，而大身围同样要以楦底中轴线为基础，也是先按三点来起点，再找出各角度点，让其全部尺码的基本样板扩缩完毕后，再一起加上工艺量，如图 4 - 477 所示。

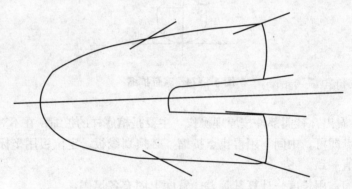

图 4 - 477　大身围基本样板扩缩

　　(2) 假包底鞋。假包底鞋同理，先扩缩帮盖，再扩缩围子及其他部件，帮盖如图 4 - 476所示；围子即按背中线为基础，向两侧分别操作，同样在基本样板完成后，再加入工艺量，如图 4 - 478 所示。

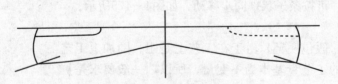

图 4 - 478　直围基本样板扩缩

第五章 鞋底部件的设计

底部件的设计，主要分内底设计和外底设计，不管是内、外底设计如何进行，都是以楦底样板为基础，进行加减其工艺量。

内底部件主要有主跟、包头、半内底、内垫和内底等；外底部件主要有外底、鞋跟、沿条、盘跟条等。

第一节 内包头设计

内包头位于鞋前头，在鞋面与鞋里之间，主要起支撑鞋头作用，保持楦型的曲线美，增强鞋的牢度，保护脚趾不受外来物体的冲击；形状主要有直线形（用于三节头鞋、靴等）、圆弧形（用于素头鞋）及月牙形（用于穿线围盖鞋），在尺码上可按大、中、小三类来分档。而设计过程可在楦的单边样上进行。

一、大型

在单侧设计图的基础上，将其中线 AV 分出 2/3 找 V_1 点，作 V_1 背中线的垂线到帮脚或到 AH 边线的 2/3 点处作参考，一般不要超过 V_1 的后面，此类适应男鞋、靴类，如图 5-1 所示。

二、小型

在背中线 AV 段分 3 等份找 V_2，在 V_2 点连接边线的 AH 的 2/3 处 H_1 点，V_2 点为最前设计点，不要超越此点，绷帮量 4 毫米，如图 5-1 所示。

三、中型

在背中线 V_1V_2 的基础上，再分 3 等份找 V_3，一般女鞋以此为基础设计。内包头的绷帮量为 4~6 毫米，如图 5-1 所示。

另有些鞋可设计成月牙状，如套楦鞋假包底鞋、运动鞋，如图 5-1 所示。

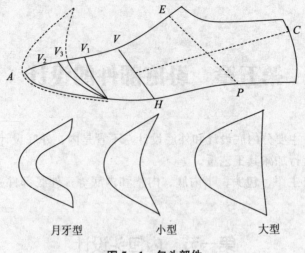

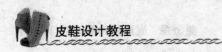

图 5-1　包头部件

第二节　主跟设计

主跟是在皮鞋中起支撑定型作用，位于鞋帮面与鞋里之间的衬件，它是根据鞋的后帮样来决定，形状也是随着款式来变化。一般分长、中、短形，也分大、中、小三个档。

一、长型

在楦底样的基础，占单边长的 48%～56%，也可在单边 HF 的 1/3～2/3 处，高度一般在 C 点，此类主跟适合女浅口鞋，男舌或直帮，及皮革材料类，可设计成内长、外短状，如图 5-2 所示。

二、中型

在楦的底口边线长度上，以 FP 之间的点来确定，高度在 C 点。此类主跟适合外耳鞋，深口鞋类，如图 5-2 所示。

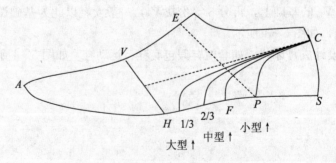

图 5-2　主跟设计

三、小型

一般在底口的 P 点以后设计，可按款式改变其造型，此类适用于平跟鞋、真假包底鞋，旅游鞋等，如图5-2所示。

另在靴类设计主跟上，高度可在 C 点上升15～20毫米，这样后跟靴的造型较能保持其形状，如图5-3所示。

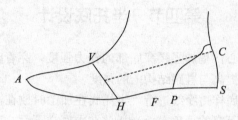

图5-3 靴主跟设计

第三节 内底设计

内底样一般指的是楦底样板，它是设计其他内、外的主体样板，也是设计其他模具的标准样板；内底样板的正确与否，与外底样和半内关系很大，它的设计必须以脚的控制点在楦底内的尺寸为参考，按照脚型的肥瘦、跟高度、鞋款的造型而定，尺寸可以以《中国鞋号及楦型设计》作参考，如图5-4所示。

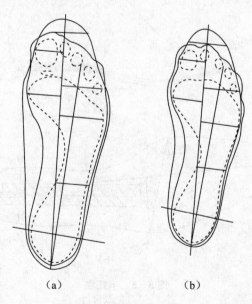

（a）　　　　　　（b）

图5-4 $L = l + m - n$

由于腰窝内侧没有明显的底边线，应按产品要求宽窄而定，一般后跟越高，内腰窝弯度越大，腰底就狭窄，脚越舒适。

另一种是在楦体上复制，先将薄型牛皮纸和楦底面同时刷上汽油胶，待干后粘贴于楦底上，前掌凸度和腰窝部位尽量做到无皱或少皱。然后铅笔倒卧于楦底边缘，画出楦底边缘的轮廓线，从楦底揭下后，粘贴到平面板上，沿轮廓边剪下楦底样，应以线内为准，按楦底边来对照取，复制成边线整齐光滑的内底样板。

也可用美纹纸来制取，前面已有说明，这里不多讲解。

第四节　半托底设计

半托底加工上鞋的勾心，是加强腰窝底部的托力强度，穿着时要承受人体的压力，保持产品结构不变形，同时提高与鞋跟结构上的强度。

半托底设计一般按内底样边缘线进行，半托底在加工时放在内底之上则腰高外侧宽度与内底样相等，形成上宽下窄的现象；而半托放在内底样下面，就可根据工艺加工勾心的厚度在腰高两侧增加 0.5 毫米的量。

半托底的长度，是楦中轴线从后跟处量起，一般按脚长的 66% 左右来设定。半内底不能超过脚的前掌凸度点，因行走时会有弯曲现象，影响脚的运动；但也不能太后，一般在脚的第五跖趾前。可按造型要求前端线在楦底中轴与前端线成 80° 的倾斜角，而侧面按楦底中轴线与平面线所出现的曲位来设计造型。

勾心的摆放，一般前端点在第五跖趾后 3～5 毫米处设定，后面必须过踵心点，最后与内底样边缘相距在 20～23 毫米，如图 5-5 所示。

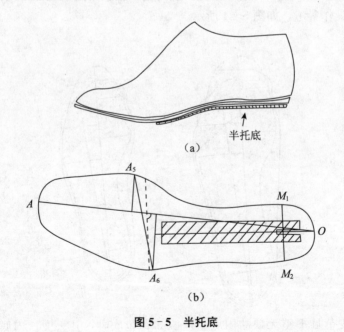

(a)

(b)

图 5-5　半托底

第五节　内垫设计

内垫是位于鞋腔内底与脚底面接触的一个部件，它的作用是遮盖缝内线的梗和钉眼不平等残迹，避免硌脚或划破袜子，也是吸湿防潮、穿着舒服的重要部件。

内垫可分为：整内垫、半内垫、后跟垫、凉内垫四种，内垫的设计是依据内底样，在各部位作适当的增减而成。

一、整内垫

粘贴于缝制工艺等满帮鞋内，它的设计原则为在跖围前段减入，跖围后段就半加，一般设计为前端点部位缩入 2～3 毫米，两侧围不变，内腰加工 2～3 毫米，外腰加 1～1.5 毫米，后跟周边加 1 毫米，然后将各点圆弧线连接成型，按线剪下即成整内垫。有些在内腰外加装棉状，让穿着更舒适，如图 5-6 所示。

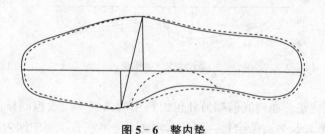

图 5-6　整内垫

二、半内垫

位于腰窝部位，其长度占内底样长的 60% 左右，其加减量的比例与满帮内垫相似，一般适用于真皮革内底的胶粘鞋，它既美观，又能节约原料，如图 5-7 所示。

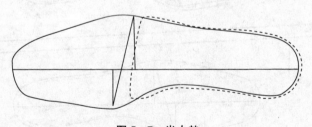

图 5-7　半内垫

三、后跟垫

一般用于真皮革且平整无缺的内底上，假如真包底鞋，其长度占内底样长的 29% 左右，后跟垫可与内底样重合，无须增加和减少，如图 5-8 所示。

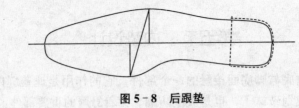

图 5-8　后跟垫

四、凉鞋内垫

它的式样多，可根据各种鞋工艺来设置不同内垫。

（1）全包凉鞋内垫。它是在中底板的基础上，周边全部增 10~15 毫米的量，让其全包住中底料，再在楦底格下按定位开槽位作绷帮定位，如图 5-9 所示。

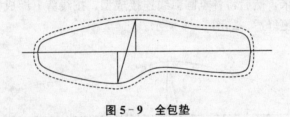

图 5-9　全包垫

（2）半包凉鞋内垫。在内底前端另外包面料用的内垫，周边包同样面料，材料形状是一条宽 12~15 毫米，长为边条全长，边条入内底 5 毫米左右，而中间为凉鞋成型后，才放入的中层内垫，如图 5-10 所示。

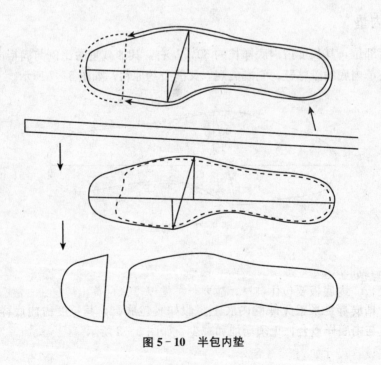

图 5-10　半包内垫

第六节　包跟皮设计

　　包跟皮就是将各种不同材质（金属、塑料、木材等）的鞋跟用面革将它裹住。设计时用薄牛皮纸揉软（或用美纹纸），粘贴于鞋跟表面，以鞋跟上下口为基础，用铅笔沿着边角画出轮廓线，将多余的纸剪去，取下展平；在跟式上分两种制取，一是卷跟或两边的包边余量为6毫米，二是压跟式的跟口面部要全包住，如图5-11所示。

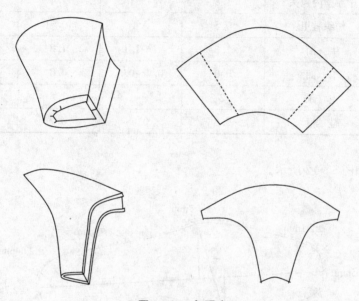

图5-11　包跟皮

第七节　外底设计

　　外底是组成皮鞋的主要部件，是承受着人体的行走和劳动时全部压力并与地面直接摩擦的部位，它的设计是否美观，直接影响整双鞋的外观，所以在设计时，要根据掌跟的造型，底材的厚薄，楦体的造型来考虑外底的美观使之相互统一。

　　外底的设计与鞋的结构有关，它的设计是根据楦底样轮廓，综合考虑到帮面里、衬托等材质的厚度，薄则少放量，厚则多放等原则，以加工切削底边损耗量等因素而定。

一、全沿边条外底设计

由于外底要加贴沿条，故要分为内底板和外底板。

（1）内底板。内底板要包住鞋材，故要材料的厚度来计算出纯空位，故一般公式为：

内底板＝楦底样＋基本放量

其中：基本放量＝材料厚度×（80%～85%）

常见外底设计尺寸如表5-1所示。

表 5-1　　　　　　　　　　　　　　外底设计　　　　　　　　　　　　　单位：mm

项　目		男　鞋		女、童鞋	
		绷帮前厚度	绷帮后厚度	绷帮前厚度	绷帮后厚度
鞋头部位	牛　面	1.3~1.4	1.1~1.2	1.2~1.3	1~1.1
	羊　面	1	0.8	0.9	0.7
	薄型内包头	1	0.8	0.8	0.6~0.7
	中厚型内包头	1.8	1.4~1.5	1.4	1.2
	纺织鞋里	0.5	0.4	0.5	0.4
后跟部位	牛　面	1.3	1~1.1	1.2	0.9
	羊　面	0.9	0.7~0.8	0.8	0.6~0.7
	主　跟	2	1.8~1.9	1.6	1.4
	鞋　里	0.8	0.6	0.7	0.6

内底设计如图 5-12 所示。

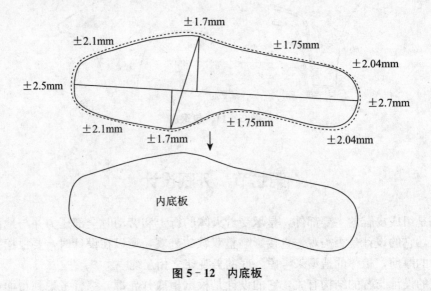

图 5-12　内底板

（2）外底板。外底板是在内底基础上左边位加上其运边的宽度后，再增加 0.5 毫米的砂边净去量，这要根据运边的宽度来设定，如图 5-13 所示。

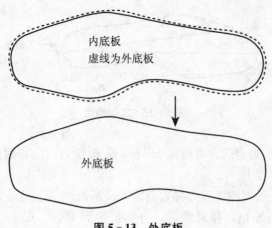

内底板
虚线为外底板

外底板

图 5-13　外底板

二、卷跟式外底设计

女卷跟一般分没有沿条或半沿条（一般到内外腰窝外）两种，没有沿条的光边外底，只是根据材料的厚度，在楦的中底板外侧上增加工艺量，而半边沿条是前部按全运边外底设置，后段按没有沿条外底设计即可。

1. 没有沿条外底

一般先取中底，要以中底外侧为基础，先用牛皮纸或美纹纸复制外格，并确定出中轴线、分踵线，如图 5-14 所示。

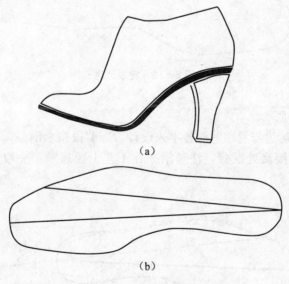

（a）

（b）

图 5-14　外底板

利用掌面在后跟分踵线上前移 2.5 毫米确定掌面位置，并设定掌前端两点在分踵线上的位置（要求掌面前端线与分踵线垂直），如图 5-15 所示。

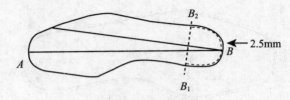

图 5−15　掌位确定

掌面前端两点 B_1B_2 确定后，再前移 $1.5\sim2$ 毫米 定 $B'_1B'_2$，因外底弯位，在半圆的内径上，中底、掌面在外径上。

外底的设计尺寸一般以围度线分界，前增加、后段减入工艺量，尺寸按材料的厚度来增减。并制取掌的前身贴格，作对称后，分别拼接到 $B'_1B'_2$ 点上，这样外底轮廓基本成型，如图 5−16 所示。

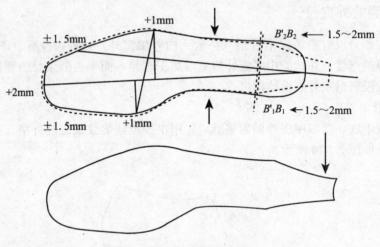

图 5−16　卷跟外底

2. 半沿条卷跟外底

半沿条外底按全运边与卷跟裁取各半来设计，即前段按全沿条，后段按没有沿条来设计，沿条一般在内外腰窝处断置，注意沿条在工艺上要理顺，一般为内前、外后，如图 5−17所示。

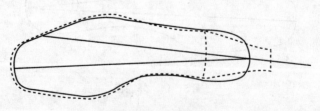

图 5−17　半沿条外底

三、压跟式外底设计

压跟式外底设计除后端被掌压入其内 15 毫米左右外，其他尺寸与前述各种规格基本一致，跟口与外底边缘适当缩小 0.5～1 毫米，如图 5-18 所示。

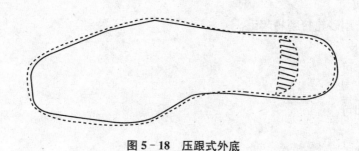

图 5-18　压跟式外底

第八节　材料的基本辨别方法与黏合事项

一、底料

1. PVC 底

有注射口，剪一小片点燃，火焰跳动带绿边，离火自熄，耐油，耐磨，绝缘性能好，防滑性能差。

2. TPR 底

有注射口，剪一小片点燃，火焰稳定无绿边，离火不熄，可溶甲苯。

3. 橡胶底

无注射口，剪一小片点燃，有废轮胎烧焦味。

4. EVA

无注射口，剪一小片点燃，有烧蜡烛焦味及熔化滴落现象，适合作微孔底，体轻有弹性，有较好的黏合力。

5. PL 底（聚氨酯）

材料轻软耐磨，耐油耐寒，弹性好，可以制成各种彩色孔底，是生产高档鞋底料，一般做成运动鞋较多。

6. 热塑橡胶底

常温下有橡胶特征，高温下有塑料的性能，便于热塑成型，有弹性，耐曲挠性和着色性，是注塑总装工艺中生产彩色或多色底的材料。

二、面料

1. PVC 革

剪一小片点燃，火焰跳动带绿边。

2. PL 革

剪一小片点燃，火焰稳定无绿边。

3. 牛皮

质地硬挺，用砂轮打磨易光滑发亮。

4. 猪、羊皮

质地柔软，用砂轮打磨易起毛。

5. PV 覆膜皮

外观判断即可。

6. 舒美绒

外观判断即可。

7. 镜面革

外观判断即可。

8. 二榔皮

外观判断即可。

9. 尼龙布

剪一小片点燃，有熔化滴落现象。

10. 帆布

剪一小片点燃，无熔化滴落现象。

三、黏合处理过程

黏合处理过程如表 5-2 所示。

表 5-2　　　　　　　　　　　黏合处理

鞋　底	处理一	处理二	处理三	鞋　面
橡胶底	打磨后处理	黏合	打磨后直上胶	真　皮
			直上胶水	舒美绒
TPR 底	用处理水		直上胶水	二榔皮
EVA 底			用处理水	PU、PVC 革
PVC 底				镜面革
PU 底				尼龙布
尼龙底			打磨后用处理水 或直接用处理水	PU 覆膜皮

四、注意事项

（1）全部要落 5％ 的硬化剂，与胶水充分搅拌均匀后，才能使用，胶黏剂的使用，应做到即配即用的原则，配入硬化剂后的胶黏剂应 3 小时内用完。

（2）不同的鞋材采用不同的胶黏剂，不同的处理剂用不同的处理方法。

（3）使用接枝胶剂和聚氨酯胶黏剂的粘全工艺和步骤：

①不同被粘物（含 PVC、PU、EVA、橡胶等材质）的粘接面应选用与之配合的处理剂清洗一次，并在（60±5）℃的温度下干燥 2 分钟。

②均匀地涂上一层已加入硬化剂的胶黏剂，并在（60±5）℃的温度下干燥 5～6 分钟。

③再一次均匀地涂上已加入硬化剂的胶黏剂，并在（60±5）℃的温度下干燥 5～6 分钟。

④最后黏合、加压巩固。

注意涂胶必须均匀，涂胶量必须适中，胶黏剂一般以稀为尺度，如：

鞋面、鞋底打磨或用处理水 → 53℃烘 1～2 分钟 → 上胶后自然干燥 5～10 分钟 →

53℃烘 2～3 分钟 → 上胶后自然干燥 5～10 分钟 → 60℃～65℃烘 5～6 分钟 →

黏合 → 加压（放置 24 小时后检查黏合是否正常）

（4）硬化剂容易与空气中的水分发生反应而变质，所以用后必须密封，并保存在阴凉通风之处（注意：硬化剂不慎接触到皮肤，应立即用清水冲洗，硬化剂应防入眼）。

（5）凡橡胶真皮必须把粘接面砂磨粗糙。

（6）一切胶黏剂取料后必须密封，以免溶剂挥发变质，影响日后操作和粘接质量，并放于暗凉通风处保存。

（7）黏合操作要求一次对准，如遇返工，可酌情再涂一次胶黏剂，再进行干燥处理黏合。

（8）一切胶黏剂、硬化剂远离火种。

常见问题及相应解决方法如表 5－3 所示。

表 5－3　　　　　　　　　　　常见问题及其解决办法

常见问题	可能原因	解决办法
胶膜全部走向鞋面	（1）橡胶底打磨得不够粗 （2）鞋底没上处理水或上错处理水 （3）处理水烘干温度太低 （4）胶浆中硬化剂不够	（1）橡胶底尽量打磨至所有光亮面消失 （2）准确辨别鞋底材料类型，选用相应的处理水 （3）处理水烘干温度调高些 （4）胶浆中多加些硬化剂
胶膜全部走向鞋底	（1）牛皮、PU 覆膜皮打磨不够深 （2）真皮打磨不够均匀 （3）革面没上处理水或上错处理水	（1）对于牛皮、PU 覆膜皮，尽量打磨深些最好处白色起毛 （2）真皮要打磨均匀 （3）革面应选取相应处理水处理
底、面均有胶但黏不上或黏力很差	（1）加压不到位 （2）加压不及时 （3）缺胶	（1）想办法加压到位，尤其是围边鞋边部最好先用锤子人工压贴或用轮子滚压 （2）多上一次胶 （3）把接近加压机的烘箱往加压机方向紧靠 1/2 距离

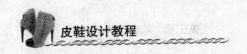
常见问题	可能原因	解决办法
底面均有胶但胶丝很长或黏力很差	(1) 硬化剂不足 (2) 胶膜烘干不够	(1) 提高硬化剂用量 (2) 提高烘箱 (3) 减慢流水线速度
有些地方黏得很好，有些地方脱胶	(1) 打磨不够均匀 (2) 加压没办法保证处处压贴	(1) 打磨尽量均匀些 (2) 想办法尽量处处压贴
鞋头或鞋跟起丝或弹开	胶浆抗拉丝级别不够	(1) 转用抗拉丝级黏胶 (2) 烘箱离加压机的距离再拉开些
泛黄连素	(1) 胶浆耐黄级别不够 (2) 硬化剂加量太多	(1) 尽量选用耐黄 PU 胶 (2) 尽量少用或不用硬化刘

第九节　材料的计算

制鞋材料用量的准确计算，关系到对鞋的成本统计，是工厂在生产中所考虑较大的因素之一。

制鞋所用的材料分为鞋面和鞋底两类。底料又分为两类，一类为天然底料如皮革、木材、竹等；二类是人工底料如橡胶、塑料、再生革、钢样板等。随着科技的发展，人工材料品种越来越多，用量越来越大。而面料的种类很多，归纳起来主要有三大类：天然皮革、人工革、纤维织物。

在日常计算上，主要有两种，一种是以材料所占面积计算，而另一种是在所规定的面积（体积）上，根据造型来划分出的件数来决定。

从表 5－4 和表 5－5 中可以找出相对应的尺寸，再根据计算要求来换算即可。

表 5－4　　　　　　　　　　　面积对比

米　制	市　制	英美制		
平方米	平方尺	平方码	平方英尺	平方英寸
1	9	1.19599	10.7639	1550
0.0001	0.0009	0.00012	0.00108	0.155
0.83613	7.525	1	9	1296.8
0.0929	0.836	0.1111	1	144
0.00065	0.0058	0.00077	0.00694	1
0.111	1	0.133	1.196	172.222

表5-5　　　　　　　　　　　　长度对比

米 制		市 制	英美制		
米	厘 米	尺	码	英 尺	英 寸
1	100	3	1.094	3.2808	39.37
0.01	1	0.03	0.01094	0.032808	0.3937
0.3333	33.33	1	0.3646	1.094	13.123
0.9144	91.44	2.743	1	3	36
0.3048	30.48	0.9144	0.3333	1	12
0.0254	2.54	0.0762	0.0278	0.0833	1

一、面积的换算

面积的换算，按物体所占的正方形或长方形来计算，公式是：长×宽＝面积。

例1：如图5-19所示为正方形假设周边各边长为600毫米，求面积为多少平方英尺？

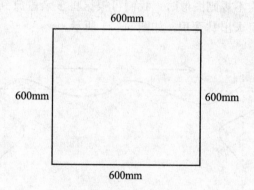

600mm
600mm　　600mm
600mm

图5-19　正方形

解：∵1英尺＝25.4mm

∴根据等比公式 $\Delta L/L = \Delta X/X$

即 $X/1 = 600/25.4 = 23.62$ 英寸

根据公式：长×宽＝面积

∴23.62英寸×23.62英寸＝557.9平方英寸

又∵1平方英尺＝144平方英寸

∴ $X/1 = 557.9/144 = 3.87$ 平方英尺

答：本图面积为3.87平方英尺。

例2：如图5-20所示为长方形，假设周边长度分别为500毫米和700毫米，求图5-20面积为多少平方英尺？

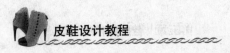

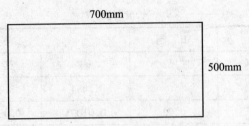

图 5 - 20　长方形

解：∵1 英寸＝25.4mm

∴ 根据等比公式 $\Delta L/L = \Delta X/X$

即 $X/1 = 700/25.4 = 27.56$ 英寸

$X/1 = 520/25.4 = 19.69$ 英寸

27.56 英寸 × 19.69 英寸＝542.66 平方英寸

又∵ 1 平方英尺＝144 平方英寸

∴ $X/1 = 542.66/144 = 3.8$ 平方英尺

答：本图面积为 3.8 平方英尺。

那么，在整张皮革为不规则图形时，我们可根据将多余量放到缺口内，尽量将其看成平行四边形图，这样就可求出其面积，如图 5-21 所示。

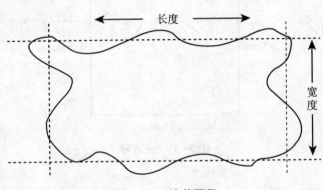

图 5 - 21　皮革面积

这种估计方法，只可作参考之用，这里有百分比值参数。

当我们在设计完毕后，要知道整双鞋的用量是多少，就可以此为依据来测算。

在一平面上画出一直角图，用中间码的开料纸来摆放，以角度为中心，向两侧推进，先大后小来排列，尽量用小部件穿插其中，排列完毕后测算出其长度和宽度，根据公式换算出本双鞋的用量，如图 5-22 所示。

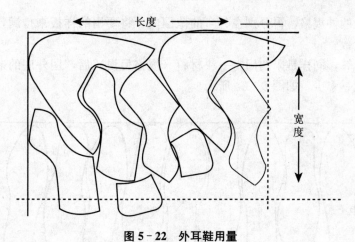

图 5 - 22　外耳鞋用量

从图 5 - 22 外耳鞋开料格的排列上，可将其四边的量作增减处理，将它看成一个长方体，这样就可换算其用量。

而另一种方法比较简单直观，就是先在一平面上画出多个正方形，每个正方形四边长度为 30 厘米，因为 30 厘米×30 厘米＝1 平方英尺，即每一格就是 1 平方英尺用量，画至 1 平方米左右。这样可以用中码的开料格排列其中，其所占格数即为所要求的面积数，如图 5 - 23 所示。

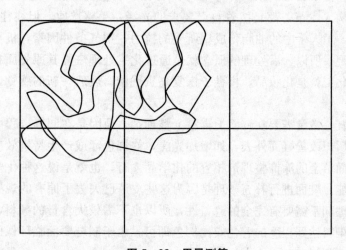

图 5 - 23　用量测算

二、用量换算

就是先在一个固定的面积内，将所要生产的均码排列其中，就可数出这一面积内所要的用量数。

例如，人造革材料通常是以每平方码来采购，而一般的人造革在生产中所产生出来的宽度尺寸有两种规格：140 厘米和 90 厘米宽，而在计算时一般按 90 厘米长＝1 码来换算。那么，在计算上就出现了 140 厘米宽和 90 厘米宽两种换算，这样我们可以分别以 1 码来作长度，分别剪出两种规格，再分别在各自的范围内，将要用的样板来排满，这就可分别得出各尺码的用量数。

而外底的换算，同样是采购回每一块材料（规格另设）后，用外底的造型来套画，画出多少，用量就是多少，如图5-24所示。

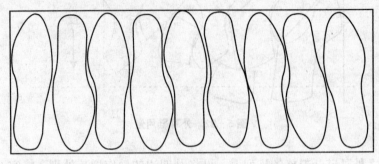

图5-24 套 画

第十节 皮料的修饰工艺

修饰工艺，往往是制鞋的最后一个程序，将鞋子在包装之前，进行一个处理的步骤，鞋厂从皮商手里购入皮革，都是按着自己要求的光泽，手感选取，但往往在缝制过程中，因经过多道工序，工人手中的油脂，成型所受的拉力，空气条件因素，机械清洁状况，均影响完成后的外观。所以，后处理的概念就是通过化工处理恢复其原先面目，如同女孩子美容化妆一样，化工就是化妆品，将鞋子恢复高贵优雅、焕然一新的感觉，使之恢复原来的光泽及手感。

皮革制成皮鞋，常常需要在鞋面上再涂上整理剂。原因是在制鞋过程中鞋面有所损伤需要修补，制鞋厂想改善鞋面外表，如增加光泽，修饰色泽或产生特别效应。这种修饰只有采用与原有鞋面革上的涂饰整理剂相容的化学品才行，也就是说这种化学品不得损害皮革本身的全面性能。鞋面进行补充整理是因为这些皮革已失去了原有的观感而为市场所拒绝，薄型涂饰整理剂不需要有完全的遮盖性，所以也不需较大含量的颜料，只要少量苯胺型颜料或可溶性染料达到程度的着色或比例色即可。由于制鞋要面临环保的压力，因而已经转向水基型的溶剂料。

鞋的整理剂能够起整理作用有两个条件。一是它要能在皮革涂饰层起黏合作用；二是它不能破坏皮革涂层固有的性能。

皮鞋表面处理剂的种类很多，按各种要求来设定，一般可分为清洁剂、水性清洁剂、填充剂、光亮剂、鞋蜡、手感剂、鞋乳、改色剂等。每种产品按特性的不同使用方法也不同，主要目的是把皮鞋处理得更美观，具有更高档次。

一、清洁剂

清洁剂适用于各类皮面，能将鞋面的污渍、油渍和手汗彻底清洁，清洁后的皮面使以后的处理更为有效，特点是干燥速度快、作业方便，操作时用海绵或棉布均匀涂抹皮表面即可。每一种清洁剂的挥发速度和清洁渗透力不同其清洁效果也不同，在生产过程选用哪一种清洁剂对鞋的工艺有一定的影响，包括黏着力、渗透力方面，而且正确使用也不会损伤皮面。

清洁剂分为油性与水性，以水性为主，其目的主要是清除鞋面的污点、余胶、汗斑、油渍及水印、笔印等。

水性清洁剂主要起着清洁和加强防寒的作用，其主要成分是丙烯酸树脂，具有微小的粒子和良好黏着力的丙烯酸树脂和其他助剂的反应物为水性清洁剂，是把缩小的毛孔完全打开以便填充，增加黏着力度。当前，市场上耐折裂、耐擦、耐低温的要求很严，因为这些都是很多厂家经常碰到的头痛问题，水性清洁剂作为中间产品，它可以通过加强黏着力来提高耐折裂、耐擦、耐低温，操作时用海绵或棉布均匀涂抹皮表面即可，涂抹时，有时会出现泡沫，属正常现象，但尽量要减少。

二、填充剂

填充剂就是让皮革表面形成很薄的膜，使表面更为自然平滑，对制鞋过程中出现的皮革表面组织层的变动进行充分填充和覆盖，调整不平滑的皮革表面，促进皮表面和光亮剂的连接，并补助光亮剂的黏着力。

填充剂是一种水性处理剂，在作进一步处理前可进行填充毛孔使皮革表面更加平滑，同时也可以加强接合力，使整个表面处理看起来很自然而不是刻意修饰。

三、光亮剂

1. 头尾光亮剂
头尾光亮剂主要喷在鞋头、鞋尾，主要起调整黑度、亮度的作用。
2. 全身光亮剂
全身光亮剂的主要作用是补充黑度、亮度，为填充作准备，填充时表面的全身光亮承受其热量，大部分被填平，为一下步抛光作准备。
3. 头尾全身光亮剂
头尾全身光亮剂作为高填充、高黑度、高光亮的水性脂水，短期内被大厂家所选用。它操作简单、实用、效果良好，它可以对头尾、全身喷涂，对毛孔粗的皮革也有理想效果，并且手感柔软，具有良好的耐寒性和防水性。
4. 高级光亮剂
高级光亮剂具有透明的光亮和高级光泽，且渗透性好，特别适用于高档鞋。
5. 油性光亮剂
油性光亮剂专门用于人造皮革，有很强的黏着力，且有高光度，耐寒性强。
上述各种光亮剂最好用喷枪喷涂，喷涂的次数由皮面状和厂家的要求而定，一般以薄为主。

四、鞋蜡

鞋蜡包括碾磨蜡，填充蜡，抛光蜡，其中填充蜡料面成分细致，细腻平滑，碾磨力

强。抛光蜡能提供光亮感并且形成保护蜡，使皮鞋表面更为顺滑，也提高了皮鞋的防水能力。

五、手感剂

一般是一种滑爽剂（有固体和液体两种），具有丝绸一样的手感，可以补充光亮、黑度。

在皮鞋表面处理过程当中，要经过擦拭、涂抹、烘干、抛光等几道物理工序，同样的产品操作工序的不同，其最终效果也完全不同，各厂家的最大目的是用最低成本生产出理想的产品，提高皮鞋的档次，但是有的厂家过分追求成本，减少工序的同时却令鞋的质量下降。因此，在正常工序操作条件下，寻找合理的降低成本的方法才正确（布轮填充：转速为 800～1000 转/分钟，羊毛轮抛光：转速为 1200～1300 转/分钟）。

后修饰工艺流程一般为：

清洁 → 填充 → 上头、尾光（两次）→ 上全身光 → 填充蜡 → 抛光蜡 → 手感剂

六、注意事项

清洁过程往往被认为无关紧要，可以省略、忽略的一个普通的步骤，其实不然，它是一个基本的，较为重要的步骤，它可以使以后的表面处理更加稳定地发挥其固有特性，使表面处理效果更为自然、美观。制鞋用的皮革一般是以油性光亮剂和手感剂为最后一道处理工序。如果在这种皮革表面不经过清洁步骤，而直接进行水性表面处理，将会防碍水性表面处理剂的渗透和黏着，皮革表面原有的油性光亮剂和手感剂等于起到离型剂的作用，在这种情况下也有可能会出现水性表面处理剂脱落或冬天爆裂等现象。另外，制鞋生产过程中要经过多道工序，在工序操作中工人手上的油脂和胶水等其他物质的黏着是难以避免的，这些都在一定程度上影响了鞋面处理的效果。

因此，在进行鞋面处理前进行彻底的清洁是一个重要环节，清洁用干布粘适量的清洁剂擦试鞋表面，很多人操作时只是将清洁剂涂抹在鞋表面而已，这种操作方法是错误的，清洁用的干布还要经常更换，清洁剂按制鞋的皮革种类的不同，其适用的清洁剂也不同。有些皮革表面用一般的清洁剂不能够彻底清洁，所以根据鞋面皮的状态选择适合的清洁剂也是很重要的。

涂抹工艺适用于水性清洁剂和填充剂的操作，一般使用海绵（尽可能使用高密度海绵）操作时必须注意水性清洁和填充剂是否渗透到鞋的皮革表面。如果在没有渗透的情况下继续操作，将会发生很多问题。在这种情况下要从清洁工序开始重新操作，彻底清洁后再涂抹水性清洁剂和填充剂。操作时要稍加用力，使药品更好地渗透，并看好毛孔的方向来操作，另外，市场上的一些水性清洁剂和填充剂存在黏手问题，因此，操作现场尽可能减少灰尘，需要经常维持环境的最佳清洁状态。

参 考 文 献

［1］高士刚．皮鞋帮样结构设计原理［M］．北京：中国轻工业出版社，1997.

［2］鞋类术语．GB/T 2703—2008．中国标准出版社．